水下无线电能传输技术原理

张克涵 著

科 学 出 版 社

北 京

内 容 简 介

水下无线电能传输技术能很好地满足目前水下航行器智能化、多功能、远航程、精确导航的发展需求。本书系统阐述水下基于磁耦合的无线电能传输(IPT)系统的电能传输机理、系统设计和控制方法,主要内容包括无线电能传输技术研究现状、IPT 系统基本原理、海洋环境物理参数对 IPT 系统影响机理分析、IPT 系统阻抗匹配、互感变化下 IPT 系统设计、海洋环境下 IPT 系统磁耦合结构设计及 IPT 系统鲁棒控制等。

本书可作为船舶与海洋工程、电力电子、自动化和电气工程专业的本科生及研究生教材,也可供无线电能传输领域的科研人员和工程技术人员参考。

图书在版编目(CIP)数据

水下无线电能传输技术原理/张克涵著. —北京:科学出版社,2023.6
ISBN 978-7-03-072636-0

Ⅰ.①水… Ⅱ.①张… Ⅲ.①水下-无导线输电-教材 Ⅳ.①TM724

中国版本图书馆CIP数据核字(2022)第108174号

责任编辑:朱英彪 李 娜/责任校对:任苗苗
责任印制:肖 兴/封面设计:陈 敬

科 学 出 版 社 出版
北京东黄城根北街 16 号
邮政编码:100717
http://www.sciencep.com

北京中科印刷有限公司 印刷
科学出版社发行 各地新华书店经销
*
2023 年 6 月第 一 版 开本:720×1000 1/16
2023 年 6 月第一次印刷 印张:17 1/2
字数:353 000
定价:138.00 元
(如有印装质量问题,我社负责调换)

前　言

电能的发现及其生产、输送和应用技术的发明，极大地改变了人们的生产和生活方式。但自人类使用电能以来，电线就一直伴随左右，虽然在用电方面提供了便利，但空间和地面上布满的电线也给人们带来了许多烦恼。在一些不宜拖带电线的场合不用电线也能使用电设备正常工作，成为人类追求的目标，无线电能传输技术正是在这一背景下产生的。目前，无线电能传输技术主要有五种，即基于磁耦合的无线电能传输技术、基于电场耦合的无线电能传输技术、基于超声波的无线电能传输技术、基于激光的无线电能传输技术和基于微波的无线电能传输技术。

无线电能传输技术作为一项崭新的技术，有着非常广泛的应用前景。一些布满杂乱无章电线的家电应用现实场景会逐渐离人们远去，"无尾"的电子产品将使得人们的生活变得更加方便。人类智慧在不断改变着生活，也许20年后，在生产和生活的每一个角落都离不开无线供电技术，就像现在离不开手机一样。太阳能卫星电站会分配给每个人一个供电互联网协议(internet protocol, IP)地址，并向随身携带或指定的电器随时供电，而电费会自动从手机上扣除，房间内的无线充电将变得像今天的无线路由器一样方便。

基于磁耦合的无线电能传输技术应用范围广，技术相对成熟，本书以基于磁耦合的无线电能传输技术为主，由浅入深地介绍无线电能传输技术的相关基础知识，主要内容包括：无线电能传输技术的研究现状，基于磁耦合的无线电能传输系统的基本原理，海洋环境物理参数对基于磁耦合的无线电能传输系统影响机理分析，基于磁耦合的无线电能传输系统的阻抗匹配方法，互感变化下基于磁耦合的无线电能传输系统的设计方法，海洋环境下基于磁耦合的无线电能传输系统耦合器的结构设计方法，以及基于磁耦合的无线电能传输系统的鲁棒控制方法。

本书主要由西北工业大学张克涵撰写。特别感谢博士生闫争超，硕士生阎龙斌、朱正彪、杜罗娜、任鑫、石瑞、张心怡、段悠悠、马云山、惠淑婷、田浩、高伟、叶田伟、张志垚、杜赫、张鹏欣、安悦、冯佳明、李鑫阳、代凡、兰宝宝、周丹等，正是他们的辛勤工作才使得本书能够顺利完成。

感谢西北工业大学航海学院水下航行器团队各位老师，特别是宋保维教授、潘光教授、毛昭勇教授、严卫生教授、胡欲立教授、张立川教授、黄桥高教授、季小尹副教授等，在科研方面给予作者许多指导与帮助。

感谢新西兰奥克兰大学呼爱国教授，使我一年的访学收获良多，呼老师严谨的治学态度、实践与理论高度结合的研究理念永远是我学习的榜样。感谢美国圣地亚哥州立大学米春亭教授,米教授虽然在国外工作,但心系祖国,经常回国讲学,推动了国内无线电能传输技术的发展。感谢呼老师团队赵雷博士后、朱齐博士后、刘媛博士、Jackie 博士、Mick 博士、胡宗宏博士、罗博博士、龙博博士、Mickel 博士后、Matt 博士等,与他们每周的讨论让我收获匪浅。

感谢北京航空航天大学雷银照教授的热情指导,其专著《时谐电磁场解析方法》堪称经典。感谢中国矿业大学夏晨阳教授、南京邮电大学周岩教授、河北工业大学张献教授等。

本书内容以近几年作者的科研成果为主,研究工作得到了国家自然科学基金面上项目(52171338)等的支持。本书撰写过程中参考了国内外前辈及同行的相关文献,在此对相关文献的作者表示衷心的感谢!

由于作者水平有限,书中难免存在一些不妥之处,敬请广大读者批评指正。

目　　录

第1章 绪 论

1.1 引 言

无线电能传输(wireless power transfer, WPT)技术是指不需要导线或其他物理连接,通过将电能转换成电磁场、激光、微波及声波等形式能量的方法,跨过空间将能量从电源端传递到负载。该技术实现了电源与负载之间的完全电气隔离,具有安全、可靠、灵活等特点,因此得到了国内外学者的广泛关注。

著名物理学家 Tesla 是世界上第一个从事无线电能传输技术研究与实验的科学家。他在 1893 年的世界博览会上,利用无线电能传输原理,在不用导线的情况下点亮了一盏照明灯。此后,他又建成了著名的 Tesla Tower,试图在没有电线的情况下,点亮位于 25m 外的氖气照明灯,虽然实验最终没有成功,但是他开启了人类研究无线电能传输技术的先河。

1. 无线电能传输技术的分类

目前,无线电能传输技术主要有五种方式:

1)基于磁耦合的无线电能传输(inductive power transfer, IPT)技术

IPT 系统主要由发射线圈、接收线圈组成,周围的金属介质对系统传输性能影响很大。其传输功率可以达到几百瓦到几十千瓦,该技术已进入实用化阶段。其基本原理为:直流电源经过逆变器变成高频交流电,通过线圈之间的磁场耦合,在次级侧线圈中产生同频率的交流电,然后通过整流器转换成直流电为负载供电,从而完成能量的无线传输。IPT 系统原理图如图 1.1 所示。

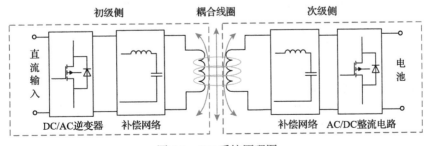

图 1.1 IPT 系统原理图

初级侧电路主要包括 DC/AC(直流/交流)逆变器、补偿网络及初级侧线圈。次

级侧电路包括次级侧线圈、补偿网络、AC/DC(交流/直流)整流电路和电池。直流电源经过 DC/AC 逆变器变成高频交流电,初级侧线圈在空间中产生交变电磁场,通过线圈之间的磁场耦合作用,次级侧线圈中产生同频率的交流电,然后通过 AC/DC 整流电路再转换为直流电为电池充电,从而完成能量的无线传输。

2)基于电场耦合的无线电能传输(capacitor power transfer, CPT)技术

CPT 技术可分为双电容耦合方式及单电容耦合方式。双电容由四块金属板组成,单电容由两块金属板组成。CPT 技术主要利用电场进行无线能量传输,理论上对外部器件产生的电磁干扰可以忽略不计。单电容耦合机理还在继续研究之中,根据目前已有的研究成果,主要的理论基础为驻波理论、自电容理论和虚拟地回路理论。

CPT 系统由直流电源 V_{in}、逆变模块、初级侧补偿网络、极板耦合器、次级侧补偿网络、整流模块和直流负载 R_L 组成,如图 1.2 所示。

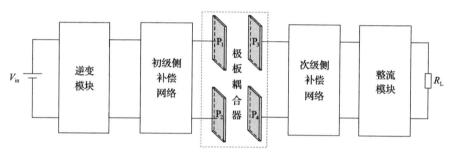

图 1.2　CPT 系统原理图

将直流电源 V_{in} 和逆变模块看作电源,将整流模块和直流负载 R_L 看作阻抗,中间部分的导电极板作为耦合器,其能量传输原理是当极板 P_1 和极板 P_2 上的电压发生变化时,次级侧电路的电荷会发生定向移动,若此时 P_1 带的是正电荷,P_2 带的是负电荷,则由库仑定律可知,极板 P_3 会带上负电荷,极板 P_4 会带上正电荷,整个初级侧和次级侧的电荷保持恒定不变。当极板 P_1 和极板 P_2 的极性发生变化时,极板 P_3 和极板 P_4 的极性也会发生相应改变,此时极板 P_3 和极板 P_4 就相当于一个电源对负载做功,实现了能量的无线传递。

3)基于超声波的无线电能传输(ultrasonic power transfer, UPT)技术

UPT 技术利用声发射和接收换能器把电能从发射端传送到接收端(见图 1.3)。超声波波长较长,传输方向性好。基于超声波的无线电能传输技术,不产生电磁干扰与涡流损耗,可以穿透水下金属介质进行无线能量传输,水下航行器不需要进行专门设计,适用范围广,应用方便,具有很好的应用前景。

4)基于激光的无线电能传输(laser power transfer, LPT)技术和基于微波的无线电能传输(microwave power transfer, MPT)技术

基于激光、微波的无线电能传输技术可以实现远距离的无线电能传输,

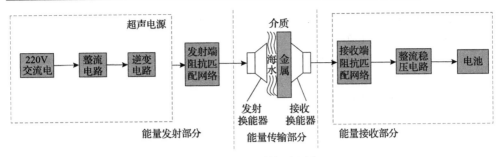

图 1.3 UPT 系统原理图

适用于航天航空等特殊应用领域，但存在传输效率低和传输通道存在安全隐患等缺点。

2. 无线电能传输技术应用领域

1）电动汽车

电动汽车靠电力驱动，而电力是一种清洁能源，可以避免汽车尾气排放的有害气体对大气环境造成污染以及对人体健康构成威胁。近年来，随着电动汽车的大量普及，电动汽车无线充电也受到越来越多的关注。无线充电简单方便，即停即充，不需要手动操作，没有线缆拖拽，大大提升了用户体验感；用户只需把车停在停车位或车库中，就可安全充电；安装成本低且安装方便，只需在车库地下安装初级侧耦合机构，在汽车底盘安装次级侧耦合机构即可，价格低；无线充电不受气候条件的影响，在雨雪天气情况下都可以安全充电。因此，电动汽车无线充电将成为未来主要的发展方向。

2）水下无线电传输

另外，利用无线电能传输技术可以为自主水下航行器(autonomous underwater vehicle, AUV)、无人水下航行器(unmanned underwater vehicle, UUV)、遥控水下机器人(remote operated vehicle, ROV)等海洋装备进行无线供电，在军事及民用方面都具有很好的应用前景。

海洋面积约占地球表面积的 71%，海洋蕴藏着丰富的生物资源、矿物资源及可再生能源，是全球生命保障系统的一个重要组成部分，也是人类社会可持续发展的宝贵财富。在现代社会中，无论是环境战略、能源战略还是军事战略，了解海洋环境、探索海洋环境使其能够更加高效地造福人类，同时实现自然生态的可持续发展，是每个国家面临的重大课题。

水下航行器(如 AUV、UUV、ROV 等)是人类开发和利用海洋的有效工具，是当前世界各国研究的重点。在民用上可用于海底测绘、海洋参数测量、海底信息调查，以及石油、可燃冰等海洋资源的开发；在军事上为我方水面舰艇和潜艇等进行远程侦察、防御开辟安全通道，对海洋设施(如海底光缆、基阵或探测网等)

进行防护或破坏。为了全面提高我国远海全纵深防卫能力，水下航行器必须具备水下自主长时间连续工作的能力。

能源对水下航行器长时间连续工作和执行远程任务的能力起着决定性的作用。目前，水下航行器多采用电动力推进技术，电能来自所携带的电池组。尽管电池能量密度较低、比能量较小，但考虑成本、寿命、安全性等因素，电池尤其是可充电电池(如锂电池等)在较长时期内仍将占据主导地位。受体积、尺寸、质量的限制，水下航行器携带的能源是有限的，如果不能及时进行电池更换或充电，则无法确保水下长时间连续工作。因此，水下航行器主要通过定时上浮到海面，利用水面母船、平台或近岸线缆进行电能补给，显然这种工作方式存在连贯性差、效率低下、隐蔽性差等问题。

无线电能传输技术的广泛应用可为水下航行器电能补给问题提供有效的解决方案。水下航行器在海洋环境下进行无线充电，航行器与母船或海底基站之间不需要线缆连接，可有效避免线缆缠绕问题；对接环节不需要复杂的操作流程，不存在电能发送端与接收端的直接电气连接，可以避免传统湿插拔电能补给方式由金属接插件接触引起的火花、积炭和漏电等安全隐患，提高了传输安全性；航行器与基站之间的传输功率可达千瓦级，能很好地解决水下航行器的能源补给问题；整个充电过程在海洋环境下进行，海洋环境的复杂性有利于水下航行器的隐蔽。因此，水下无线电能传输技术能很好地满足目前水下航行器智能化、多功能、远航程、精确导航的发展需求。水下航行器无线充电模式为：在电池能源即将耗尽时，水下航行器航行到就近母船或海底基站，与母船或海底基站进行自动对接，应用无线电能传输技术进行充电，充电完成后继续执行相关任务。这种工作模式可显著提高水下航行器的工作连贯性和隐蔽性，具有很好的应用前景。

3)其他领域的应用

无线电能传输技术在其他领域也具有很好的应用前景，它可以为人体内植入的医疗器件进行体外无线充电，免除使用者通过手术更换电池(如心脏起搏器等)的痛苦；可以为手机、笔记本、吸尘器和移动机器人等移动设备进行无线充电，免除拖带电线的烦恼；为无线传感器提供电能，避免大量布线；对高铁列车进行无线输电，避免弓网接触造成的摩擦损耗和振动造成的离线、打弧。未来，太阳能卫星电站不用电线就可以为用户进行点对点供电，提供灵活自如、随时随地的智能化用电。

3. 无线电能传输技术在海洋环境中的应用特点

相比于传统空气介质的无线电能传输技术，由于海水介质的特殊性及海洋环境的复杂性，目前海洋环境下磁耦合无线电能传输系统具有以下特殊性：

(1)海水介质电磁参数(电导率、介电常数)与空气中相比有较大差异，电导率较大，会产生涡流损耗，这将影响系统的传输效率。因此，海洋环境下磁耦合无线电能传输涡流损耗的计算与抑制，以及海洋环境中系统的建模与控制，是需要重点研究和解决的难题之一。

(2)磁耦合机构的性能直接决定了整个无线电能传输系统的性能。在无线电能传输系统进行大功率充电时，线圈电流可达十几安培甚至几十安培，因此绕制线圈所用的利兹线直径需要数毫米之多，并且线圈的匝间距要足够大以保证其安全工作。受制于水下航行器的有限空间，线径过大或者匝间距过大均会使得匝数减少，从而导致互感减小，影响系统功率的传输能力。为了增大互感，可以引入铁氧体磁芯。为了实现电磁场屏蔽，可以在铁氧体背部加一层铝片，但这样又会增加整体质量。由于水下航行器的体积、质量均受限，在有限空间进行电磁耦合器的优化设计也是需要重点研究的问题。

(3)水下航行器在进行水下无线电能传输时，能量收发两侧的间隙会受到水流的影响，产生横向偏移和纵向偏移，导致发射线圈和接收线圈之间的互感发生变化，影响电能传输效率，如何提高无线电能传输系统的抗扰性能是亟待解决的关键问题。

(4)复杂的海水成分及随时间和空间变化的环境因素都会对海水介质电磁参数产生影响，继而影响无线电能传输特性。当磁耦合无线电能传输系统在深远海长期工作时，海洋微生物附着生长变化也会导致系统周围电磁参数的非均匀分布。电磁参数的变化影响海洋环境下磁耦合无线电能传输系统电磁场分布，将会导致海洋环境中磁耦合无线电能传输系统传输功率和传输效率随时间和空间变化而偏离最优工作点。因此，需要研究海水的温度、盐度、压强和海洋微生物附着生长变化对海水介质的电磁参数(电导率 σ、相对磁导率 μ、相对介电常数 ε)的影响规律，进而研究海洋环境参数变化对磁耦合无线电能传输系统电能传输特性的影响机理。

1.2 海洋环境与空气环境无线电能传输共性技术研究现状

19 世纪末，美国科学家 Tesla 提出了无线电能传输的构想。随着半导体器件以及电力电子技术的发展，从 20 世纪 90 年代开始，基于磁耦合的无线电能传输技术才正式走向应用。

在国外，从 20 世纪 90 年代开始，新西兰奥克兰大学对基于磁耦合的无线电能传输技术进行了深入研究[1]，并将该技术应用于轨道交通和家用电器等领域，对基于磁耦合的无线电能传输技术的发展起到了引领作用。2007 年，美国麻省理工学院研究团队成功点亮了 2m 外一盏 60W 的照明灯，将基于磁耦合的无线电能传输技术的传输距离提高到了米级[2]。

新西兰奥克兰大学[3-5]，美国麻省理工学院[6]、圣地亚哥州立大学[7,8]、橡树岭国家实验室[9]、弗吉尼亚理工大学[10]、威斯康星大学麦迪逊分校[11]、斯坦福大学[12]、纽约大学[13]、华盛顿大学[14]，英国帝国理工学院[15]，瑞士苏黎世联邦理工学院[16]，加拿大不列颠哥伦比亚大学[17]，日本东京大学[18]，荷兰代尔夫特理工大学[19]，韩国科学技术院[20]等在不同方面对无线电能传输技术进行了广泛深入的研究。

在国内，重庆大学[21,22]、哈尔滨工业大学[23,24]、浙江大学[25,26]、清华大学[27,28]、东南大学[29,30]、华南理工大学[31]、南京航空航天大学[32,33]、天津工业大学[34,35]、上海交通大学[36,37]、西南交通大学[38]、武汉大学[39]、武汉理工大学[40]、西安交通大学[41,42]、北京理工大学[43,44]、大连理工大学[45]、北京交通大学[46]、中南大学[47]、西北工业大学[48]、中国科学院电工研究所[49]、香港大学[50]、香港理工大学[51]等也对无线电能传输技术进行了深入的研究。

科研人员从线圈设计、补偿网络、系统控制方法等方面对无线电能传输技术的基础理论进行了广泛深入的研究，为无线电能传输技术的发展做出了巨大贡献。无线电能传输功率从毫瓦级到千瓦级，频率从几十千赫兹到数兆赫兹，传输距离由毫米级到米级，并在电动汽车、手机充电以及海洋、煤矿等特殊环境下的应用研究方面取得了重要进展。

相比于海洋、煤矿等特殊环境下的无线电能传输技术研究，空气中无线电能传输技术无论是在理论还是在应用方面，均已取得突飞猛进的发展。空气环境下的无线电能传输技术在线圈设计、补偿网络和系统控制方法等方面和海洋环境下具有共性科学问题，其研究成果可以推广到海洋环境中。

1.2.1　理论研究现状

1. 线圈设计

磁耦合机构的性能直接决定了整个无线电能传输系统的性能指标。磁耦合机构的发射线圈首先接收来自逆变器的高频交流电，通过电磁感应把能量传输到接收端，因此磁耦合机构的线圈优化设计是整个无线电能传输系统的关键。为了提高系统传输效率、增大传输功率、延长传输距离并降低损耗，国内外学者从不同方面进行了线圈设计研究。从材料角度，采用高磁导率材料(如铁氧体)和铝板来引导磁通和屏蔽电磁场，这样可以有效提高耦合系数，进而增大传输功率和传输效率[52]。同时，采用多股绝缘导线组成的利兹线作为发射线圈和接收线圈的绕制导线，可以有效减小耦合线圈的趋肤效应和邻近效应[53]。

从线圈结构角度，基于相同的线圈外部尺寸、不同几何形状的磁耦合结构，传输效果会有显著差异。因此，线圈设计优化对于系统传输功率和传输效率至关重要。在实际应用中，静态无线充电系统主要采用圆形单极型线圈和螺线管线圈，分别如图 1.4(a) 和 (b) 所示[54,55]。新西兰奥克兰大学 Boys 教授团队[56]对这两种线圈结构进行了深入研究，指出圆形单极型线圈的磁场沿中心对称分布，产生的磁力线高度较低，仅为圆形线圈直径的 1/4；螺线管线圈的磁场在磁芯上下两边对称分布，磁力线高度较高，能达到发射盘宽度的 1/2。在相同线圈间距和尺寸下，螺线管发射线圈和接收线圈之间的耦合更强。圆形单极型线圈位于磁芯单侧，背部漏磁较少；螺线管线圈在磁芯双边分布，背部漏磁较多，实际应用中加入金属屏蔽层会降低电感量并产生附加损耗。该研究团队为了克服螺线管线圈这个缺点，将螺线管线圈绕磁芯双边绕制变为单边绕制，提出一种双极型线圈结构[56]，因其形如两个 "D" 背靠背放置，称为双 D 形 (double D, DD) 线圈，如图 1.4(c) 所示。DD 线圈结构的磁通单面分布，产生的磁力线高度正比于磁耦合结构长度的 1/2，可以提高耦合系数和品质因数[57,58]。另外，DD 线圈可以有效增强侧向偏移性能，极大地扩大了充电范围[59]。然而，DD 线圈不同区域的磁场方向不同，当发射线圈和接收线圈均为 DD 线圈且接收线圈偏移到一定距离时，接收线圈耦合到的磁通会完全抵消，导致耦合系数为零[60]。为了消除 DD 线圈的感应盲区，在 DD 线圈之间增加一个正交线圈，构成如图 1.4(d) 所示的双 D 形正交 (DD-quadrature, DDQ) 线圈结构[56]。

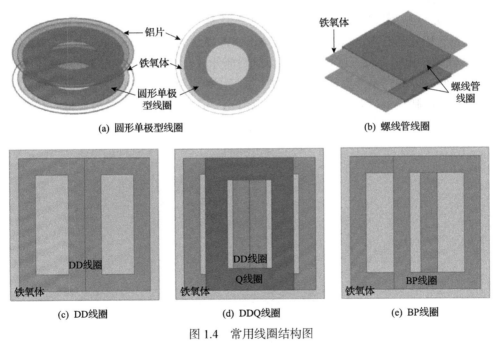

(a) 圆形单极型线圈   (b) 螺线管线圈

(c) DD线圈   (d) DDQ线圈   (e) BP线圈

图 1.4 常用线圈结构图

图 1.5 给出发射线圈为 DD 线圈、接收线圈为 DDQ 线圈的无线电能传输系统[61]。当发射线圈和接收线圈正对时，接收端 Q 线圈和发射线圈之间的耦合系数

为零；当接收端发生侧向偏移时，Q 线圈和发射线圈之间的耦合系数不再为零，这样可以弥补两个 DD 线圈之间因侧向偏移而抵消的磁通，从而消除了耦合盲点且提高了磁耦合线圈之间的偏移容忍度。

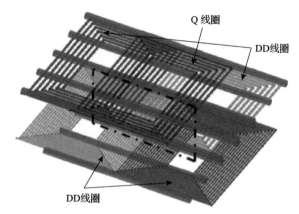

图 1.5　发射线圈为 DD 线圈、接收线圈为 DDQ 线圈的线圈结构

为了进一步减少用铜量[62]，Zaheer 等[63]提出了如图 1.4 (e) 所示的双极型 (bipolar, BP) 线圈结构，通过线圈的部分重叠可以实现两个 D 线圈的解耦，并且保持了 DDQ 线圈中增加 Q 线圈消除盲点的优势。

基于 BP 线圈，Kim 等[64,65]提出了如图 1.6 所示的三极 (tripolar，TP) 线圈结构。TP 线圈结构由三个相互解耦的单极型线圈部分重叠组成，整个线圈外围设计成圆形，这样可以提高系统旋转偏移能力。这三个单极型线圈分别由三个电源独立激励，通过控制三个线圈中电流的幅值和相位，可以使得耦合系数最大化。其缺点是需要三个逆变器来分别激励，会增大系统成本和控制难度。

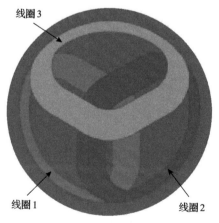

图 1.6　TP 线圈

美国米春亭教授团队为解决电感-电容-电容(inductor-capacitor-capacitor, LCC)型补偿结构中补偿电感外置占据额外体积的问题，提出了补偿电感和主线圈集成的线圈结构，并且紧贴在双极型 DD 线圈背面，沿 DD 线圈中线对称放置，如图 1.7 所示。这样既节省了空间，又实现了补偿线圈和主线圈的解耦，大大简化了无线电能传输系统的设计[66]；同时，发射线圈设计得比接收线圈大，可以提高系统的侧向偏移容忍度[67]。为了进一步提高无线电能传输系统的抗偏移能力，韩国 Rim 教授团队[68]提出了如图 1.8 所示的正交对角线线圈结构，发射线圈采用双 DD 线圈正交重叠放置，双 DD 线圈电流相位差为 90°，这样可以使得发射线圈产生均匀的电磁场。结果表明该线圈结构的 X 方向和 Y 方向的抗偏移能力提高了 35%，对角线方向的抗偏移能力提高了 19%。

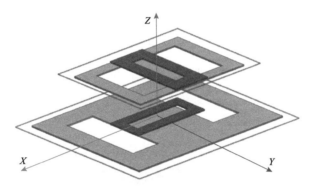

图 1.7　补偿线圈和主线圈集成的线圈结构

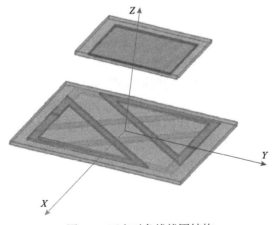

图 1.8　正交对角线线圈结构

基于这种集成式设计，Li 等[69]将 Q 线圈设计得和 DD 线圈尺寸相同，并且集成到 DD 线圈上，这样 Q 线圈只与 Q 线圈耦合，而与 DD 线圈解耦，实现了同等线圈外围尺寸情况下电能的双路独立传输，大大提升了无线电能传输系统的功率传输能力。为了保证电池的安全性和充电系统的有效性，需要在恒流充电阶段之后再进行恒压充电[70]。在充电过程中，电池的等效阻抗会发生显著变化，因此在负载动态变化下，保证无线电能传输系统实现恒流和恒压充电是非常必要的。Li 等[71]提出了一种基于中间线圈的无线电能传输系统来同时实现恒流和恒压充电。这个中间线圈由两个正交放置的 DD 线圈组成，并与接收线圈重叠放置，使得线圈结构非常紧凑，在充电过程中配合开关的切换，在不改变谐振频率的情况下实现了无线电能传输系统的恒流和恒压充电。采用如图 1.9 所示的对称线圈结构[72]，发射线圈外围采用方形线圈，里边反绕一个圆形线圈，这样可以在保证较高系统效率的情况下，同时提高 X 方向和 Y 方向的偏移容忍度。

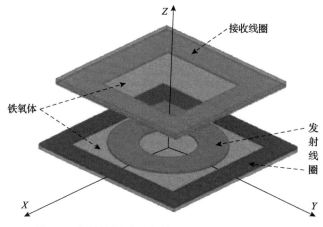

图 1.9　发射线圈采用内外反绕的抗偏移线圈结构

多负载无线电能传输系统的关键是保证各用电设备在任意空间位置均可得到电能补给，这种全方位的无线电能传输系统的发射线圈一般由正交放置的圆形线圈组成一个球体空间，通过控制不同圆形线圈的电流幅值和相位，产生旋转磁场，保证在这个球体空间周围的用电设备均可以得到电能补给[73-75]。文献[76]等通过磁阻建模方法，研究了采用 DD 线圈和 U 形铁氧体磁芯的磁耦合结构，指出两个 D 线圈应紧密布置，通过优化线圈结构和磁芯形状，有效提高了磁耦合结构的耦合系数。文献[77]通过优化磁芯形状，提出了一种最优耦合器结构，降低了大功率无线电能传输系统中的电磁场以及磁芯损耗。文献[78]理论分析了线圈交流阻抗和互感对无线电能传输系统效率的影响。

2. 补偿网络

补偿网络也是无线电能传输系统的重要部分，通过引入补偿电容来补偿漏感或者自感，使得系统工作在不同的谐振状态，这样可以减小电路的无功功率，保证电能的高效传输。对于发射端，补偿网络的作用是减小输入视在功率，进而减轻逆变器负荷[79,80]。对于接收端，补偿网络的作用是通过抵消接收线圈的电感使系统功率传输能力最大化[81,82]。

根据串联谐振和并联谐振，磁耦合无线电能传输系统的基本补偿结构可以分为串串 (series-series, S-S) 型结构、串并 (series-parallel, S-P) 型结构、并串 (parallel-series, P-S) 型结构和并并 (parallel-parallel, P-P) 型结构，这四种基本的补偿结构已经得到广泛研究[79,83,84]。文献[30]系统分析了 S-S 型、S-P 型、P-S 型和 P-P 型四种基本补偿结构，得出各补偿结构实现零阻抗角输入以及恒流和恒压的充电条件。对于 S-S 型补偿结构，当补偿电容和线圈自感谐振时，系统具有恒流输出特性；当补偿电容和线圈漏感谐振时，系统具有恒压输出特性。因此，可以通过调节工作频率使得无线电能传输系统同时实现恒流和恒压充电。

补偿电容与自感谐振的 S-S 型补偿结构有很多优点：首先，可以实现恒流输出，从而方便地控制为电池充电；其次，谐振频率与耦合系数和负载无关，在充电过程中耦合系数和负载电阻变化时，系统的谐振频率保持不变，因而不会因为失谐而存在安全隐患；最后，可以实现零阻抗角输入，方便地实现零电压切换，从而减小开关切换过程中的功率损耗，提高系统传输效率[85]，所以 S-S 型补偿结构被广泛采用。然而 S-S 型补偿结构的输出功率随着耦合系数的减小而增大[86]，这就使得在无线电能传输系统偏移情况下会发生过流危险，并且发射线圈电流随着耦合系数和负载的变化而变化。

发射线圈电流恒定有很多优势，如可以方便地使线圈工作在额定状态。如果发射线圈电流与耦合系数和负载无关，则会大大简化输出功率的控制[87]。根据串联谐振和并联谐振的组合，针对不同应用的各种高阶补偿结构应运而生。Madawala 等[88]提出了在发射端和接收端均采用 LCL 型补偿结构的 LCL-LCL (double-sided LCL) 型补偿结构。该补偿结构不仅可以保持发射线圈电流恒定，而且谐振频率与耦合系数和负载无关，然而其补偿电感和主线圈自感相等，会增加系统铜损。为了避免这个问题，Li 等[87]提出了双侧电感-电容-电容 (double-sided inductor-capacitor-capacitor, LCC-LCC) 型补偿结构。该补偿结构在 LCL-LCL 型补偿结构基础上在线圈回路中串入一个补偿电容，保留了 LCL-LCL 型补偿结构的优点，且使得补偿电感小于主线圈自感。相对于 S-S 型补偿结构，LCC-LCC 型补偿结构的输出功率随着耦合系数的减小而减小，这样就克服了 S-S 型补偿结构的缺点。因此，LCC-LCC 型补偿结构备受各国学者青睐。为了减少 LCC-LCC 型补偿结构中补偿电感额外占用的体积和使用的铁氧体，Li 等[86]提出了将补偿电感绕制成 DD 线圈结构，并且紧贴在 DD 主线圈上，这样系统就更为紧凑，但是这种情况下会产生五个附加的耦合系数，使得系统设计相对复杂。Deng 等[89]进一步分析了五个附加耦合系数对系统的影响。Kan 等[66]提出了补偿电感采用单极型平面线圈绕制方式，并且紧贴在双极型 DD 线圈背面，沿 DD 线圈中线对称放置。这样，耦合到补偿线圈的磁通完全抵消，既节省了空间，又实现了补偿线圈和主线圈的解耦，大大简化了无线电能传输系统的设计，此系统在 150mm 间隙情况下输出功率可达 3kW，效率可达 95.5%。

为了提高无线电能传输系统的抗偏移能力，除了从线圈设计角度出发，还可以利用补偿结构减小线圈偏移对系统的影响。Villa 等[83]提出了如图 1.10 所示的 SP-S（series parallel-series）型补偿结构，通过优化 SP-S 型补偿结构中发射端并联补偿电容和 S-P 型补偿结构中发射端并联补偿电容的比值，可以减小线圈偏移对系统的影响。Lu 等[90]利用集成线圈思路，提出了如图 1.11 所示的基于双端耦合的 LCC-LCC 型补偿结构。研究表明，偏移情况下补偿线圈之间的耦合以及补偿线圈和主线圈之间的交叉耦合有助于提升系统输出功率，弥补偏移导致的主线圈传输功率的降低，从而实现整个无线电能传输系统功率的稳定传输，提高系统抗偏移能力。Zhao 等[91]利用 S-S 型补偿结构输出功率随耦合系数的减小而增大和 LCC-LCC 型补偿结构输出功率随耦合系数的减小而减小的性质，巧妙地结合这两种补偿结构，实现了偏移情况下系统输出功率的相互弥补，提高了系统抗偏移性能，保证了功率的稳定传输。文献[92]提出 S-SP（series-series parallel）型补偿结构，并分析了该补偿结构的传输特性，可实现变参数条件下输出电压的稳定和传输效率的提高。文献[93]提出了 LCL-LCL 型补偿结构的参数调谐方法，增大了设计自由度，并且增强了高阶谐波抑制能力。

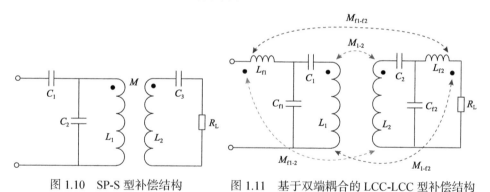

图 1.10　SP-S 型补偿结构　　图 1.11　基于双端耦合的 LCC-LCC 型补偿结构

3. 电力电子变换器和控制方法

在发射端，电力电子变换器将 50Hz 的工频交流电转换成高频交流电。目前主流的方法是经过两级功率转换，即先将 50Hz 的工频交流电整流成直流电，再采用全桥逆变器将此直流电转换成高频交流电，主要采用电压源型全桥逆变器[94,95]。也有一些研究采用 AC/AC 变换器将工频交流电直接转换成高频交流电作为无线电能传输系统的输入电源[96,97]。在接收端，高频交流电被全桥整流器整流成直流电来为电池充电。在能量双向传输的无线电能传输系统中，接收端全桥整流器可转换为与发射端相同的全桥逆变器[26,88,98]。

　　在无线电能传输系统工作过程中，蓄电池电量的变化、发射端和接收端线圈相对位置的变化，都会直接影响系统的传输功率和传输效率。为了确保电能稳定、高效传输，必须对充电过程进行动态分析，运用相应的控制策略实现闭环控制。Shi 等[44]为无线电能传输系统的原边电压控制提出了一种动态分析和开关变换器控制策略，该控制策略结合单周期控制的比例微分控制，增强了系统的鲁棒性。Deng 等[99]提出了一种移相控制多相逆变器，通过调节逆变器各相之间的相角来调节充电电压，从而使整个充电过程中的充电电压保持稳定。文献[100]采用电流滞回比较器，提出了一种增强相位检测方法来抑制大功率下的噪声，同时采用均匀时延补偿法来提高零电压切换相角的精确性，从而使系统在宽负载变化下均可实现零电压切换。文献[101]提出了一种只需获得输入电压和输入电流来控制输出电压的方法，该方法不需要复杂的控制电路，便可实现输出电压的稳定。文献[102]提出了利用 Buck 电路作为无线电能传输系统的阻抗变换电路，并详细分析了非连续导通模式下的阻抗特征。

1.2.2　应用研究现状

　　在应用领域，无线电能传输技术在民用领域得到了突飞猛进的发展。2011 年，美国高通公司完成对英国 HaloIPT 公司的收购，致力于电动汽车的无线充电系统的研究。2015 年 10 月，美国高通公司展示了全新的 Halo 电动汽车无线充电技术，传输功率从 3.6kW 提升到 7.2kW，并在设计时考虑了静态充电和动态充电的场景，即在等红灯、堵车甚至是全速行驶中都能通过 Halo 电动汽车无线充电技术进行无线充电。

　　2010 年 8 月以来，海尔集团与重庆大学合作，研发出适用于电饭煲等厨房家电的无线充电系统，称为"无尾家电"。中兴通讯股份有限公司与南京航空航天大学合作，于 2014 年 9 月成功开发出国内首条大功率无线充电公交商用示范线，在湖北襄阳投入使用。

　　2014 年，美国 WiTricity 公司与日本丰田汽车公司合作，致力于电动汽车无线充电系统的研究，所研制的系统基本可以克服发射线圈和接收线圈偏移的影响。

　　2018 年 10 月，中惠创智开发的世界首条融合光伏发电、动态无线充电和无人驾驶三项技术的"三合一"电子公路在江苏新能源小镇正式亮相，不仅解决了新能源发电与就地消纳的能源结构问题，而且进一步提高了电动汽车能量补给的灵活性与便利性。

　　2019 年 2 月 11 日，美国 WiTricity 公司正式收购美国高通公司的 Halo 电动汽车无线充电技术平台和知识产权，将该技术引入其技术体系，使得无线充电技术兼容性得到提高，商业化进程显著加快。

1.3　海洋环境特殊性问题研究现状

国外对水下无线电能传输技术的研究较早，美国麻省理工学院[103,104]、日本东北大学[105]等率先开展水下无线电能传输技术的研究，并且成功应用于水下航行器的无线电能补给。国内相关研究起步较晚，但发展迅速。浙江大学研究了电磁耦合器参数设计、系统损耗以及电磁屏蔽等，优化了系统工作频率以及耦合结构[106-110]。西北工业大学针对水下无线电能传输技术耦合线圈优化设计、海水涡流损耗计算，以及海水中修正互感电路模型等方面进行了一系列研究[111-116]。另外，哈尔滨工业大学[117,118]、哈尔滨工程大学[119,120]、天津大学[121,122]、海军工程大学[123]、杭州电子科技大学[124,125]、中国科学院电工研究所[126]等高校和科研机构也对水下无线电能传输技术进行了相关研究。

1.3.1　理论研究现状

海洋环境与空气环境相比，其特殊性主要体现在海水导电、适应于水下航行器回转体壳体的线圈优化设计、海洋环境参数变化对无线电能传输系统的影响以及海流冲击对电能稳定传输的影响等方面。

1. 海水涡流损耗

海水具有较大的电导率，在进行水下无线电能传输时，发射线圈和接收线圈中的时变电磁场会在海水中感应出电流，从而产生涡流损耗，导致海水中无线电能传输系统的传输效率降低，并且增大了系统的复杂程度。文献[127]提出了一种海水中涡流损耗的计算方法，该方法先基于麦克斯韦方程组，建立了不同介质中的电磁场计算模型，再结合边界条件得到了计算域中任意点的电场强度，最后通过体积分得到海水中的涡流损耗，进而优化了系统工作频率，结果表明海水中的涡流损耗随着工作频率的增加而增加。文献[128]借鉴文献[127]的研究，提出了一种海水中无磁芯螺线管线圈涡流损耗的计算方法，分析了水下无线电能传输系统的各部分损耗，从而选择出适用于水下无线电能传输系统的拓扑结构和工作频率；分别分析了空气、淡水和海水介质中无线电能传输系统的线圈损耗、磁损和涡流损耗随工作频率的变化关系，结果表明三种介质中系统线圈损耗和磁损基本相同，而空气介质中的涡流损耗为零，海水介质中的涡流损耗较大，当工作频率超过一定值时，海水中的涡流损耗超过线圈损耗和磁损，成为系统最主要的损耗。文献[129]提出了无线电能传输系统发射线圈和接收线圈发生侧向偏移情况下海水中涡流损耗的计算方法，该方法基于麦克斯韦方程组，运用坐标变换和叠加原理求得海水中涡流损耗的表达式。研究结果表明，在侧向偏移较小的情况下，涡流损耗基本不变，随着侧向偏移继续增大，涡流损耗会急剧增大。

海水介质中无线电能传输系统的涡流损耗不可忽视，因此研究抑制涡流损耗的方法显得非常重要[48,130]。文献[48]提出了一种三线圈结构，该结构虽然使涡流损耗区域变大，但在传输相同功率的情况下，两个发射线圈电流仅为传统两线圈结构发射线圈电流的1/2，而涡流损耗与电流平方成正比，因此可以降低涡流损耗。结果表明，相对于传统两线圈结构，该三线圈结构发射线圈电流产生的涡流损耗降低了约1/2。

2. 深远海环境下海洋环境参数变化对无线电能传输系统的影响

在深远海环境，各种海洋环境参数(如盐度、温度、海水压力等)的变化会影响海水介质电磁参数和无线电能传输系统电磁耦合机构相关参数的变化，进而影响系统的传输特性及稳定性。文献[131]提出了一种在极端温度环境中的无线电能和信号混合传输系统，并针对寄生电容参数提出了温度矫正方案。文献[132]指出了海水温度的变化会影响海水介质的电导率和介电常数，随着温度的升高，电导率增大而介电常数减小，进而影响海水中无线电能传输系统的传输特性。文献[133]指出了海水压力的变化会影响无线电能传输系统中软磁材料的特性，其初始磁导率会随着压强的增加而降低，导致系统自感、互感的改变，从而影响系统的传输性能及稳定性。

3. 海流冲击对系统电能稳定传输的影响

水下航行器在海洋中进行无线电能补给，会受到海流冲击的影响，不可避免地会产生旋转偏移和轴向偏移，导致发射线圈和接收线圈之间的互感变化剧烈，进而影响电能的稳定传输。实现水下无线电能传输系统功率稳定传输的方法有很多，其中一种是通过线圈优化设计来实现互感变化的补偿。

无线电能传输系统中线圈的结构和几何形状至关重要。基于水下航行器的旋转对称外壳，Shi 等[109]设计使用同轴螺线管线圈作为能量传输线圈，接收线圈安装在航行器壳体周围，可以很好地适应水下航行器外壳，保证其流体动力特性，同时可解决水下航行器旋转偏移引起的功率传输不稳定问题。然而根据 Kan 等[134]的研究，这种同轴螺线管线圈在交变电流激励下产生的电磁场相对发散，在充电过程中很可能会对水下航行器内部的电子元器件产生影响，因此他们提出了一种三相线圈结构，如图 1.12 所示。该线圈结构的优点是产生的电磁场主要集中在线圈附近，而不会发散到水下航行器内部，缺点是不能解决水下航行器的旋转偏移引起的功率传输不稳定问题。为了既能使线圈产生的电磁场比较集中，又可解决水下航行器旋转偏移引起的功率传输不稳定问题，Kan 等[135]进一步改善了之前的三相线圈结构，改进的三相线圈结构包含三个发射线圈和一个接收线圈，在旋转偏移情况下也可稳定传输功率，如图 1.13 所示。改进结构的无线电能传输系统在最佳工况下输出功率为 745W，传输效率为 86.19%，而在最差工况下输出功率为 321W，传输效率为 76.24%。

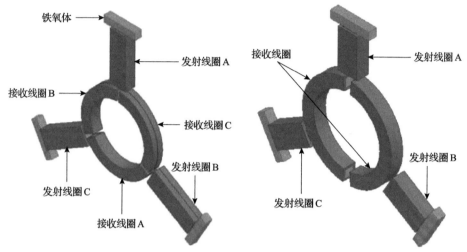

图 1.12　适用于水下航行器的三相线圈结构　　　　图 1.13　改进的三相线圈结构

为了同时解决旋转偏移和轴向偏移导致的互感剧烈变化问题，Zhang 等[48]提出了如图 1.14 所示的同轴螺旋圆柱三线圈结构，该结构包括两个发射线圈及一个接收线圈，接收线圈放置在两个发射线圈中间。通过分析两个发射线圈电流激励产生的合成电场在空间的分布规律，建立多目标优化数学模型优化两个发射线圈的间距和线圈匝数，使得合成电场在接收线圈轴向移动区域内基本恒定，这样当发生轴向偏移时，接收线圈上的感应电压可以基本保持不变，从而达到功率稳定传输的目的。另外，还可以抑制海水介质中的涡流损耗。研究结果表明，与传统双线圈结构相比，该三线圈结构的传输效率提升了近 10%。

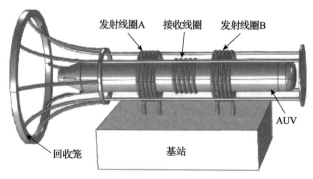

图 1.14　抗旋转偏移和轴向偏移的同轴螺旋圆柱三线圈结构

除了通过线圈设计方法来解决海流冲击导致的功率传输不稳定问题，还可以采用系统闭环控制方法实现功率的稳定传输。Orekan 等[136]提出了一种最大功率效率跟踪（maximum power efficiency tracking, MPET）控制方法，该方法通过实时监测耦合系数的大小来改变接收端 DC/DC 变换器的占空比，从而实现传输功率和传输效率的稳定。研究结果表明，当发射线圈和接收线圈的间隙增大时，MPET 控制方法能保证系统传输效率始终跟踪到 85%的最大传输效率，输出功率始终维持在 34W，并且反应时间最长为 0.1s。

1.3.2　应用研究现状

目前，大多数无线电能传输产品都集中在空气应用方面，水下应用方面相对较少。在国外，2001 年，美国麻省理工学院 Feezor 等[137]和伍兹霍尔海洋研究所 Bradley 等[138]率先研制出通过海底观测网络向 Odyssey IIB 自主水下航行器充电的无线电能传输系统。该系统可在两千多米海水深度下向水下航行器提供200W 的功率，传输效率可达 79%，同时可通过 10base T 以太网与水下航行器进行数据传输，双工数据传输速率高达 10Mbit/s。

2004 年，日本东北大学和日本电气股份有限公司合作研制出适用于为水下航行器 "Marine Bird" 供电的无线电能传输系统[105,139]。该系统采用定制的旋转对称铁氧体磁芯和锥形线圈，使得系统稳定性高、抗干扰能力强、具有较强的环境适应能力，可以实现高效大功率电能传输。发射线圈和接收线圈分别装载在水下航行器头部和水下能源补给基站侧面，水下能源补给基站又通过线缆与水面舰船上的线缆实现连接供电。此系统初期传输功率为 500W，效率可达 96%。2005 年，该系统在同样的线圈尺寸下传输功率可达 1kW，效率在 90%以上。

2007 年，美国华盛顿大学 McGinnis 等[140]设计完成了为锚系海洋剖面观测器供电的无线电能传输系统，如图 1.15 所示。该系统可传输 240W 的电能，效率达

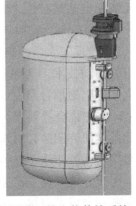

图 1.15　美国华盛顿大学锚系海洋剖面观测器无线电能传输系统

70%。德国 MESA 公司针对不同水深环境，为水下设备研发出了一系列无线电能传输装置[141]，如图 1.16 所示。其磁耦合机构发射端和接收端允许 2500r/min 的旋转速度，当两侧间隙在 0.5～0.9mm 时，输出功率可达 100W，效率可达 90%。

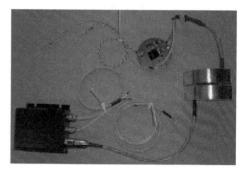

图 1.16　德国 MESA 公司水下无线电能传输装置

2012 年，美国巴特尔纪念研究所 Pyle 等[142]为解决轻量级水下航行器续航时间有限的问题，研发了以重量级无人水下航行器 Proteus 作为水下充电平台，为轻量级水下航行器进行无线电能补给的充电坞站系统。该系统电能传输功率为 450W，数据传输速率为 400kbit/s。

在国内，浙江大学于 2013 年研制出一套深海无线电能传输原理系统样机[108]。该系统采用旋转对称的永磁体(permanent magnet, PM)型磁芯，研究结果表明，在 5mm 间隙距离情况下可传输 300W 功率，效率可达 85%，同时该系统可利用 WLAN Antennas 进行数据传输，数据传输速率为 10Mbit/s。为了提高传输距离，该团队提出适用于水下航行器的无线充电基站对接方案[128]。他们基于同轴螺旋线圈结构给出了系统设计方案，该线圈结构有助于水下航行器和无线充电基站的顺利对接[143]。该系统在 50m 和 105m 水深下分别进行了海试，水下航行器可顺利与水下无线充电基站对接，输出功率为 682W，电磁耦合器效率可达 92%，系统整体效率可达 78.5%，同时该系统数据传输速率可达 3.1Mbit/s。

2013 年，长沙理工大学研制出违规排污口侦测机器鱼[144]，该仿生机器鱼采用水下无线电能传输技术，实现了电能稳定可靠传输。哈尔滨工业大学完成了大功率无线充电系统电磁耦合器设计和原理测试，在 25mm 间隙距离下该系统可输出 10kW 功率，电磁耦合器效率可达 91%[117]。

西北工业大学研究团队针对水下航行器与海底无线充电基站对接的电能补给问题，考虑对接机构处于水下航行器的头部和腹部，分别设计了两套无线充电系统，并搭建了无线充电基站，已完成了水池实验和湖水实验，水下航行器和水下无线充电基站顺利完成了对接，实现了对水下航行器的无线电能补给。

1.4 海洋环境中无线电能传输技术研究存在问题和挑战

从以上分析可以看出，国内外对基于磁耦合的无线电能传输技术的研究已经取得了一定成果，目前研究热点主要集中在电动汽车、手机充电等领域，即研究介质为空气，而海洋环境下的无线供电技术虽然取得了一定进展，但由于海洋环境的特殊性，水下无线电能传输技术还有较多问题需要深入研究，主要有如下几方面：

(1)海水涡流损耗计算与抑制问题。

海水具有较大的电导率，在进行水下无线电能传输时，发射线圈和接收线圈中的时变电磁场会在海水中感应出电流，从而产生涡流损耗，导致海水中无线电能传输系统的传输效率降低，并且增加了系统的复杂程度。因此，需通过建立海水中的涡流损耗计算模型，得出影响涡流损耗的各种因素，从而进行优化设计。

(2)海水中无线电能传输系统模型建立问题。

相对于空气介质，海水介质的电磁物理参数大为不同。海水电导率和介电常数均比较大，这将产生寄生电阻、寄生电容等寄生参数，使得水下无线电能传输系统损耗增大并且影响系统的谐振状态，最终导致系统电能传输效率降低，空气介质中的传统互感模型不再适用。因此，研究海水介质无线电能传输系统的传输机理和建立相应的数学模型是研究人员面临的一项挑战。

(3)海水中无线电能传输系统电磁屏蔽问题。

水下航行器壳体大都采用金属合金加工而成，以保证其在海水高压环境下工作。当水下无线充电基站向水下航行器进行充电时，发散的电磁场会在金属壳体以及大范围的海水中产生涡流损耗，从而降低系统传输效率。因此，如何做好发射端和接收端各自的电磁屏蔽，将高频电磁场限制在发射线圈和接收线圈附近空间，减少对外部空间的辐射量，进一步提高传输效率，也是需要着重解决的问题。

(4)电磁耦合器优化设计问题。

磁耦合机构的性能直接决定了整个无线电能传输系统的性能指标。磁耦合机构的发射线圈首先接收来自能源补给基站的高频交流电，通过发射线圈后转换成电磁能量传输到接收端，因此电磁耦合器优化设计是整个无线电能传输系统设计的关键。由于水下航行器体积、质量均受限，在有限空间进行电磁耦合器优化设计也是需要重点研究的问题。

另外，海洋环境参数变化和海流冲击也会影响电能传输系统的稳定性，这也是亟须解决的关键问题。

1.5 本章小结

目前，无线电能传输技术需要研究的主要问题是如何延长传输距离、提高传输效率和保障安全电磁环境。无线电能传输技术作为一项崭新的技术，有着许多诱人的应用前景。

随着人工智能技术、物联网技术和智慧城市等的飞速发展，电动汽车无人驾驶技术很快会变为现实，无人驾驶技术将会大大促进电动汽车无线充电技术的发展。同时进入海洋、探测海洋、开发海洋对于我国国民经济的可持续发展及保障海洋权益具有重大的战略意义，水下航行器是海洋资源开发、海洋监测以及海洋生态保护的重要装备之一，具有自主能力强、航时长、载荷能力强及使命功能广等特点，已成为人类探测海洋、保卫海洋的重要装备之一，在水下目标监测、地形地貌观测等方面具有极大的应用空间，也是未来空-天-地-海一体化网络中一个重要的移动节点。水下无线电能传输技术能很好地满足目前水下航行器智能化、多功能、远航程、精确导航的发展需求。因此，有理由相信，无线电能传输技术拥有光明的未来。

第 2 章　IPT 系统基本原理

IPT 系统建立在法拉第电磁感应定律理论基础之上，通过初级侧线圈和次级侧线圈之间的电磁耦合实现电能的无线传输。描述 IPT 系统的理论主要有三种：电路理论(circuit theory, CT)、电磁场理论(electromagnetic theory, ET)和耦合模理论(coupled mode theory, CMT)。相比于耦合模理论，电路理论和电磁场理论更加简洁、直观和易于理解。本章主要对 IPT 系统电路模型、IPT 系统电磁场模型及耦合模理论进行分析，以便从不同角度理解 IPT 系统的传输机理。

2.1　IPT 系统电路模型

2.1.1　理想变压器模型

IPT 最早从传统的变压器原理发展而来，图 2.1 为理想变压器模型。理想变压器是根据铁芯变压器的电气特性抽象出来的一种理想电路元件。其主要特征为：变压器初级侧、次级侧磁通完全耦合，漏磁为零，耦合系数为 1；磁芯铁磁材料磁导率为无穷大，即磁阻为零；忽略绕组上的阻抗，即不考虑绕组功率损耗。

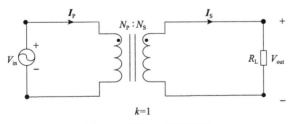

图 2.1　理想变压器模型

图中，N_P 为初级侧绕组匝数，N_S 为次级侧绕组匝数，I_P 为初级侧绕组电流，I_S 为次级侧绕组电流。书中如未作特殊说明，I 和 $U(V)$ 表示电流和电压的相量，I 和 $U(V)$ 表示电流和电压的有效值，i 和 $u(v)$ 表示电流和电压的瞬时值。

针对图 2.1 所示的理想变压器模型，变压器初级侧和次级侧电压、电流及负载输出功率可以表示如下：

$$\frac{V_{in}}{V_{out}} = \frac{I_S}{I_P} = \frac{N_P}{N_S} \tag{2.1}$$

$$P_O = \frac{V_{out}^2}{R_L} = \left(\frac{N_S}{N_P}V_{in}\right)^2 \frac{1}{R_L} = I_S^2 R_L \tag{2.2}$$

2.1.2　一般变压器模型

一般变压器模型如图 2.2 所示，可以用漏感、励磁电感与理想变压器进行描述。图中，L_M 为励磁电感，L_{lk_P} 为初级侧漏感，L_{lk_S} 为次级侧漏感，L_P 为初级侧绕组自感(即 L_M 与 L_{lk_P} 之和)，L_S 为次级侧绕组自感，变比 n 为次级侧匝数与初级侧匝数之比。

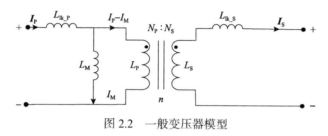

图 2.2　一般变压器模型

互感 M 与耦合系数 k、L_P 及 L_S 的关系如下:

$$\frac{1}{n} = \frac{N_P}{N_S} = \sqrt{\frac{L_P}{L_S}} \tag{2.3}$$

$$M = k\sqrt{L_P L_S} \tag{2.4}$$

$$L_M = \frac{M}{n} \tag{2.5}$$

考虑到变压器初级侧、次级侧绕组匝数比，把 L_{lk_S} 等效到初级侧，可得图 2.3(a)所示的变压器 T 模型。引入耦合系数，可得以下公式:

$$L_P - \frac{M}{n} = L_P - kL_P = L_P(1-k) \tag{2.6}$$

$$\frac{L_S}{n^2} - \frac{M}{n} = L_S\left(\sqrt{\frac{L_P}{L_S}}\right)^2 - kL_P = L_P(1-k) \tag{2.7}$$

$$L_M = \frac{M}{n} = k\sqrt{L_P L_S}\sqrt{\frac{L_P}{L_S}} = kL_P \tag{2.8}$$

由式 (2.6) ～式 (2.8) 可得如图 2.3 (b) 所示的基于耦合系数的变压器 T 模型。

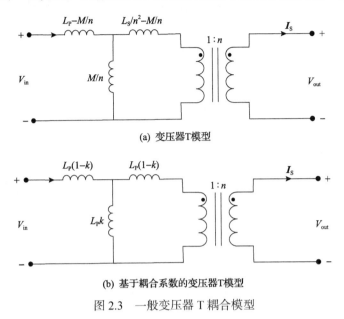

(a) 变压器T模型

(b) 基于耦合系数的变压器T模型

图 2.3　一般变压器 T 耦合模型

如图 2.4 所示，当次级侧开路或短路时，在初级侧得到开路电感值 $L_{P(OC)}$ 与 $L_{P(SC)}$，根据这两个值可以计算出初级侧、次级侧线圈的自感和耦合系数。

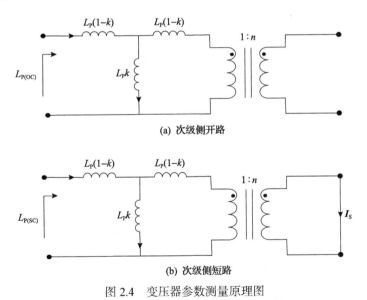

(a) 次级侧开路

(b) 次级侧短路

图 2.4　变压器参数测量原理图

$$L_{P(OC)} = L_P(1-k) + L_P k = L_P \tag{2.9}$$

$$L_{P(SC)} = L_P(1-k) + \frac{L_P k L_P(1-k)}{L_P k + L_P(1-k)} = L_P - \frac{L_P k}{L_P} L_P k = L_P(1-k^2) \quad (2.10)$$

根据式(2.9)和式(2.10)，耦合系数可表示如下：

$$k = \sqrt{\frac{L_{P(OC)} - L_{P(SC)}}{L_{P(OC)}}} \quad (2.11)$$

T 模型在描述理想变压器或者耦合非常强的 IPT 系统时非常合适，匝数比即为电压比，但是在松耦合的无线电能传输系统中，漏感很大，有可能比励磁电感还大，初级侧和次级侧的电压关系已经不再是匝数比的关系，并且参数的折合以及变化会导致计算公式较为复杂。所以，松耦合 IPT 系统一般采用互感电路模型进行分析。

2.1.3　互感电路模型

互感电路模型是利用感应电压来描述初级侧线圈和次级侧线圈之间的耦合状态，初级侧线圈电流会在次级侧线圈上产生感应电压，同时次级侧线圈电流也会在初级侧线圈上产生感应电压，均通过互感来表达。IPT 系统的四种基本补偿结构如图 2.5 所示，根据谐振电容在电路中的连接情况不同，分为 S-S 型补偿结构、S-P 型补偿结构、P-S 型补偿结构和 P-P 型补偿结构。图中，R_P 和 R_S 分别是初级侧线圈和次级侧线圈的交流阻抗，L_P 和 L_S 分别是初级侧线圈和次级侧线圈的自感，R_L 是负载阻抗，C_P 和 C_S 分别是初级侧电路和次级侧电路的谐振补偿电容，M 是初级侧线圈和次级侧线圈的互感。

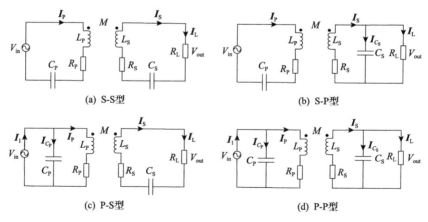

图 2.5　IPT 系统的四种基本补偿结构

1. 补偿网络阻抗分析

1) 次级侧电路补偿方式分析

次级侧电路补偿方式分为串联补偿和并联补偿，如图 2.6 所示。

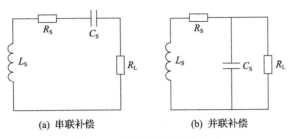

(a) 串联补偿　　　　　　(b) 并联补偿

图 2.6　次级侧电路补偿方式

当次级侧电路采用串联补偿时，总阻抗 Z_S 可以表示为

$$Z_S = R_S + R_L + j\omega L_S + \frac{1}{j\omega C_S} \tag{2.12}$$

次级侧电路谐振频率为

$$\omega_0 = \frac{1}{\sqrt{L_S C_S}} \tag{2.13}$$

为了提高系统的传输性能，系统工作频率 ω 应等于谐振频率 ω_0，此时次级侧电路总阻抗简化为 $Z_S = R_S + R_L$，次级侧电路反射到初级侧电路的反射阻抗为

$$Z_{ref} = \frac{\omega_0^2 M^2}{Z_S} = \frac{\omega_0^2 M^2}{R_S + R_L} \tag{2.14}$$

可以看出，当次级侧电路采用串联补偿时，反射阻抗是纯阻性的，互感越大，频率越高，负载电阻越小，反射阻抗越大，功率传输能力越强。

当次级侧电路采用如图 2.6(b) 所示的并联补偿时，总阻抗可以表示为

$$Z_S = R_S + j\omega L_S + \frac{1}{1/R_L + j\omega C_S} \tag{2.15}$$

次级侧线圈存在交流阻抗 R_S，使得谐振电路分析较为复杂，忽略次级侧线圈的交流阻抗，可用如图 2.7 所示的电路等效。变换后次级侧线圈自感与补偿电容直接并联，谐振频率仍为

$$\omega_0 = \frac{1}{\sqrt{L_S C_S}} \tag{2.16}$$

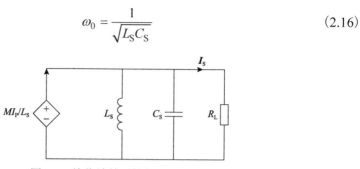

图 2.7　接收端并联补偿等效电路

在谐振状态下，次级侧电路反射到初级侧电路的反射阻抗为

$$Z_{\text{ref}} = \frac{M^2 R_L}{L_S^2} - j \frac{\omega_0 M^2}{L_S} \tag{2.17}$$

可以看出，当次级侧电路采用并联补偿时，反射阻抗是容性的，反射阻抗实部与谐振频率无关，互感越大，负载电阻越大，反射阻抗实部越大，功率传输能力越强。

假设初级侧线圈电流恒定，感应到的次级侧电压 V_{in} 恒定，则次级侧补偿电路可以等效为图 2.8 所示电路，其输出特性如表 2.1 所示，其中 I_{SS} 为负载短路时的次级侧电路电流。

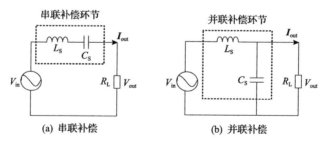

图 2.8　次级侧补偿等效电路

表 2.1　不同补偿形式的输出特性

参数	无补偿	串联补偿	并联补偿
输出电压 V_{out}	$V_{\text{in}} / \sqrt{2}$	V_{in}	$Q V_{\text{in}}$
输出电流 I_{out}	$I_{SS} / \sqrt{2}$	$Q I_{SS}$	I_{SS}
最大输出功率 P_{max}	$V_{\text{in}} I_{SS} / 2$	$Q V_{\text{in}} I_{SS}$	$Q V_{\text{in}} I_{SS}$

注意，在表2.1中，串联补偿和并联补偿方式对应的电路 Q 值定义是不同的。可以看出，次级侧电路串联补偿或并联补偿均增强了系统的功率传输能力。

2) 初级侧电路补偿方式分析

初级侧电路补偿方式也分为串联补偿和并联补偿，如图 2.9 所示。

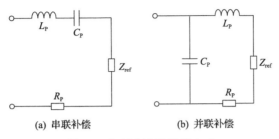

(a) 串联补偿　　　　　　　　(b) 并联补偿

图 2.9　初级侧电路补偿方式

当初级侧电路采用串联补偿时，输入阻抗可表示为

$$Z_{in} = R_P + Z_{ref} + j\omega L_P + \frac{1}{j\omega C_P} \qquad (2.18)$$

此时，不管次级侧电路采用串联谐振还是并联谐振，可直接采用式(2.14)或式(2.17)进行电路特性分析。

当初级侧电路采用并联补偿时，输入阻抗可表示为

$$Z_{in} = \cfrac{1}{j\omega C_P + \cfrac{1}{R_P + Z_{ref} + j\omega L_P}} \qquad (2.19)$$

当次级侧电路采用串联补偿时，初级侧等效电路图如图 2.10(a) 所示，电感上的电流是输入电流的 Q 倍。

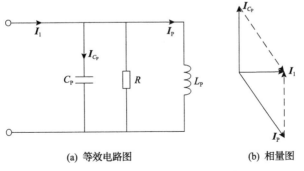

(a) 等效电路图　　　　　　　　(b) 相量图

图 2.10　初级侧并联补偿等效电路

在图 2.10 中，等效电阻 R 可用式(2.20)进行计算：

$$R = \frac{\omega^2 L_{\mathrm{P}}^2}{R_{\mathrm{P}} + Z_{\mathrm{ref}}} \tag{2.20}$$

当初级侧电路和次级侧电路均采用并联补偿时，系统等效电路如图 2.11 所示。

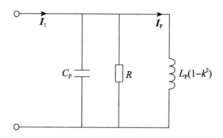

图 2.11　初级侧电路和次级侧电路均采用并联补偿时的系统等效电路

在图 2.11 中，电阻 R 和电流 I_{P} 分别如下：

$$R = \frac{\omega^2 L_{\mathrm{P}}^2 L_{\mathrm{S}}^2 (1 - k^2)^2}{M^2 R_{\mathrm{L}}} \tag{2.21}$$

$$I_{\mathrm{P}} = \frac{\omega L_{\mathrm{P}}(1 - k^2)}{M^2 R_{\mathrm{L}} / L_{\mathrm{S}}^2} \cdot I_1 \tag{2.22}$$

当初级侧电路采用串联补偿且工作频率等于谐振频率时，初级侧感抗压降与补偿电容上的压降相互抵消，从而降低了对电源电压的要求。当初级侧电路采用并联补偿时，发射线圈电流中的无功分量被并联补偿电容所补偿，从而降低了对电源电流的要求，并且谐振电流没有经过逆变器的功率管，仅在谐振回路流动，提高了系统的传输效率。

2. 四种基本补偿结构

1）四种基本补偿结构的参数

四种基本补偿结构的输入阻抗及谐振状态时初级侧补偿电容 C_{P} 的取值如表 2.2 所示。

表 2.2　四种基本补偿结构的输入阻抗及谐振状态时初级侧补偿电容

补偿结构	C_{P}	Z_{in}
S-S 型	$\dfrac{1}{\omega^2 L_{\mathrm{P}}}$	$R_{\mathrm{P}} + \mathrm{j}\omega L_{\mathrm{P}} + \dfrac{1}{\mathrm{j}\omega C_{\mathrm{P}}} + \dfrac{\omega^2 M^2}{R_{\mathrm{S}} + R_{\mathrm{L}} + \mathrm{j}\omega L_{\mathrm{S}} + \dfrac{1}{\mathrm{j}\omega C_{\mathrm{S}}}}$

补偿结构	C_P	Z_{in}
S-P 型	$\dfrac{1}{\omega^2(L_P - M^2/L_S)}$	$R_P + j\omega L_P + \dfrac{1}{j\omega C_P} + \dfrac{\omega^2 M^2}{R_S + j\omega L_S + \dfrac{R_L}{1 + j\omega C_S R_L}}$
P-S 型	$\dfrac{L_P}{\omega^2 L_P^2 + \left(R_P + \dfrac{\omega^2 M^2}{R_S + R_L}\right)^2}$	$\dfrac{1}{j\omega C_P + \dfrac{1}{R_P + j\omega L_P + \dfrac{\omega^2 M^2}{R_S + R_L + j\omega L_S + \dfrac{1}{j\omega C_S}}}}$
P-P 型	$\dfrac{L_P - M^2/L_S}{\left(\dfrac{M^2 R_L}{L_S^2}\right)^2 + \omega^2(L_P - M^2/L_S)^2}$	$\dfrac{1}{j\omega C_P + \dfrac{1}{R_P + j\omega L_P + \dfrac{\omega^2 M^2}{R_S + j\omega L_S + \dfrac{R_L}{j\omega C_S R_L + 1}}}}$

2) 四种基本补偿结构的谐振频率与互感及负载关系

表 2.3 给出了四种基本补偿结构的谐振频率与互感和负载的关系。

表 2.3 · 四种基本补偿结构的谐振频率与互感和负载的关系

补偿结构	S-S 型	S-P 型	P-S 型	P-P 型
谐振频率与互感关系	无关	有关	有关	有关
谐振频率与负载关系	无关	无关	有关	有关

3) 四种基本补偿结构的功率表达式及输出特性

表 2.4 给出了四种基本补偿结构的功率表达式及输入输出特性。

表 2.4　四种基本补偿结构的功率表达式及输入输出特性

补偿结构	输入特性	输出特性	输出功率
S-S 型	电压源输入	电流源	$V_{in}^2 \cdot \dfrac{R_L}{(\omega M)^2}$
S-P 型	电压源输入	电压源	$V_{in}^2 \cdot \dfrac{L_S^2}{M^2 R_L}$
P-S 型	电流源输入	电压源	$I_P^2 \cdot \dfrac{(\omega M)^2}{R_L}$
P-P 型	电流源输入	电流源	$I_P^2 \cdot \dfrac{M^2 R_L}{L_S^2}$

4) 互感变化时的系统特性比较

互感变化时的输入阻抗变化见图 2.12，图中数据进行了归一化处理。可以看出，当初级侧电路采用串联补偿时，系统的输入阻抗会随着互感的减小而减小，此时初级侧电路中输入电流会增大，进而引起次级侧电路中负载电流增大。当初级侧电路采用并联补偿时，系统的输入阻抗会随着互感的减小而增大，此时初级侧电路输入电流会减小，进而引起次级侧电路中负载电流减小。

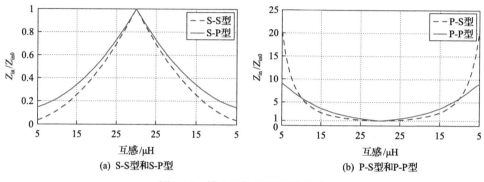

图 2.12　输入阻抗随互感的变化

图 2.13 和图 2.14 描述了初级侧输入电流和负载电流随互感的变化趋势。

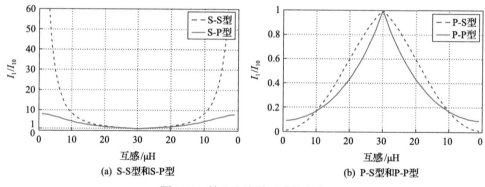

图 2.13　输入电流随互感的变化

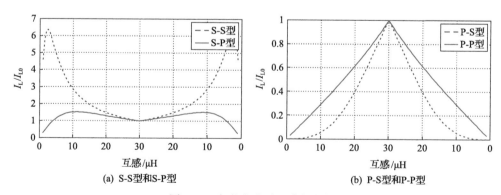

图 2.14　负载电流随互感的变化

图中，I_1 和 I_L 分别表示互感变化时的系统输入电流和负载电流，I_{10} 和 I_{L0} 分别表示在线圈互感最大时的系统输入电流和负载电流。

3. IPT 系统性能分析

由于 S-S 型补偿结构电路简单，加上谐振频率不随负载及互感的变化而变化，下面以 S-S 型补偿结构为例，研究系统传输特性与系统参数之间的关系。谐振频率 $\omega = \dfrac{1}{\sqrt{L_P C_P}} = \dfrac{1}{\sqrt{L_S C_S}}$，在线圈电感确定后可通过改变串联电容来改变谐振频率。在谐振条件下，电源输入功率、负载消耗功率和系统传输效率可分别表示如下：

$$
\begin{cases}
P_{\text{in}} = \dfrac{(R_S + R_L)V_{\text{in}}^2}{R_P(R_S + R_L) + (\omega M)^2} \\[4mm]
P_L = \dfrac{(\omega M)^2 V_{\text{in}}^2 R_L}{\left[R_P(R_S + R_L) + (\omega M)^2\right]^2} \\[4mm]
\eta = \dfrac{(\omega M)^2 R_L}{(R_S + R_L)\left[R_P(R_S + R_L) + (\omega M)^2\right]}
\end{cases}
\tag{2.23}
$$

1) 负载功率与传输效率随系统工作频率和互感变化特性

电路参数选取如下：V_{in}=36V，f_0=500kHz，R_L=10Ω，R_P=0.182Ω，R_S=0.243Ω，L_P=9.95μH，L_S=16.7μH，负载功率随系统工作频率和互感变化情况如图 2.15 所示。

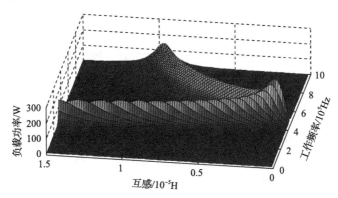

图 2.15   负载功率随系统工作频率和互感变化情况

由图 2.15 可知，当系统工作频率一定时，存在唯一互感值使负载功率取得最大值。当系统工作频率与系统谐振频率相等时，负载功率取得最大值时的互感系数值最小。因此，在不改变系统电路参数的条件下，初级侧线圈和次级侧线圈即便是弱耦合，只要系统工作频率等于谐振频率，能量依然能够以最大功率从发射线圈传递到接收线圈。在 IPT 系统中，负载功率随耦合系数的减小而减小。另外，即便两发射线圈并不严格对准，传输距离较远，系统依旧有能力进行较大功率的电能传输。

传输效率随系统工作频率和互感变化情况如图 2.16 所示。当互感一定时，谐振状态下系统传输效率最高，随着互感的增加，能量传输效率增加。但随着系统互感增加，耦合系数增大，会产生频率分裂现象，为了消除频率分裂现象，可以采用频率跟踪技术和阻抗匹配技术。

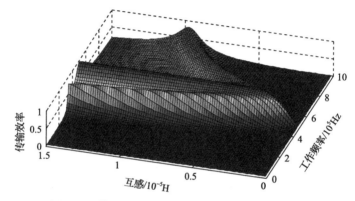

图 2.16　传输效率随系统工作频率和互感变化情况

2)系统参数对 IPT 系统传输特性的影响

(1)输入电压对 IPT 系统传输特性的影响。

负载上功率与输入电压的平方成正比，而传输效率与输入电压无关。假设谐振频率为 1.0MHz，取两侧线圈电感为 5.0μH，则由 $\omega = \dfrac{1}{\sqrt{L_P C_P}} = \dfrac{1}{\sqrt{L_S C_S}}$ 可得电容为 5.07nF，负载为 10Ω 纯阻性负载，互感为 1.5μH，忽略回路中其他影响因素，仅改变输入电压，可得系统传输功率及传输效率与输入电压的关系，如图 2.17 所示。由图可知，增大输入电压对传输效率基本没有影响，传输功率与输入电压的平方成正比。

(2)谐振频率对 IPT 系统传输特性的影响。

两侧线圈电感为 55μH，补偿电容取为 5.07nF，负载为 10Ω 纯阻性负载，互感为 1.55μH，输入电压有效值为 12V，忽略回路中其他影响因素，可以得到谐振频率与 IPT 系统传输特性的关系如图 2.18 所示。当其他参数不变时，仅改变谐振频率，传输功率先增加后减小，存在最大值，但是传输功率达到最大值时系统的传输效率很低。

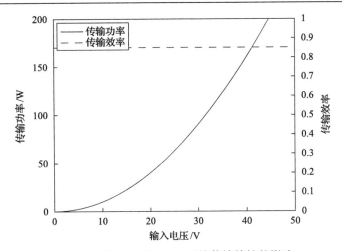

图 2.17　输入电压对 IPT 系统传输特性的影响

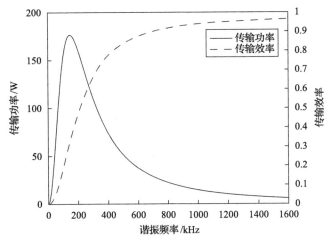

图 2.18　谐振频率对 IPT 系统传输特性的影响

(3)初级侧线圈交流阻抗对 IPT 系统传输特性的影响。

一般情况下，线圈交流阻抗很小，但是当系统的谐振频率很大，趋肤效应明显时，线圈交流阻抗会显著变大，对系统传输特性造成较大影响。保持系统各参数取值与上述相同，使谐振频率为 1MHz，仅改变初级侧线圈交流阻抗，可得系统传输功率及传输效率与初级侧交流阻抗的关系，如图 2.19 所示。由图可知，随着初级侧线圈交流阻抗的增大，系统的传输功率与传输效率均降低。因此，在实际应用中应尽量减小初级侧线圈交流阻抗，一般线圈采用多芯利兹线绕制，从而可以提高系统的传输功率和传输效率。

3)次级侧电路参数对 IPT 系统传输特性的影响

次级侧电路参数主要包括次级侧线圈交流阻抗、负载和互感。

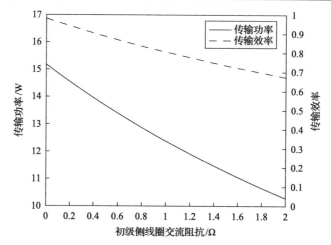

图 2.19   初级侧线圈交流阻抗对 IPT 系统传输特性的影响

(1)次级侧线圈交流阻抗对 IPT 系统传输特性的影响。

与初级侧线圈交流阻抗相似，次级侧线圈交流阻抗对 IPT 系统传输特性也有一定影响。初级侧线圈交流阻抗取为 0.2Ω，改变次级侧线圈交流阻抗，可得系统传输功率及传输效率与次级侧交流阻抗的关系，如图 2.20 所示。可以看出，随着次级侧线圈交流阻抗的增大，系统传输功率和传输效率均有所降低，但是传输功率降低不明显。在实际应用中，应尽量减小次级侧线圈交流阻抗。

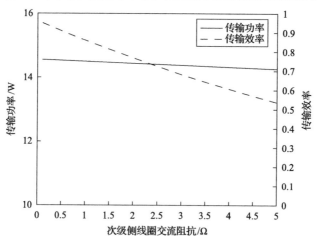

图 2.20   次级侧线圈交流阻抗对 IPT 系统传输特性的影响

(2)负载对 IPT 系统传输特性的影响。

对于 IPT 系统，负载的变化对其传输特性的影响很大。当初、次级侧线圈自感为 5μH，补偿电容为 5.07nF，互感为 1.5μH，谐振频率为 1MHz，输入电压有效值为 12V，线圈内阻均为 0.5Ω 时，改变负载可得系统传输功率及传输效率与负载的关系，如图 2.21 所示。可以看出，随着负载的增大，IPT 系统的传输效率和传输功率均是先增加后减小。因此，在实际应用时，要基于负载的实际大小进行阻抗匹配，在满足负载传输功率的要求下，尽可能提高系统的传输效率。

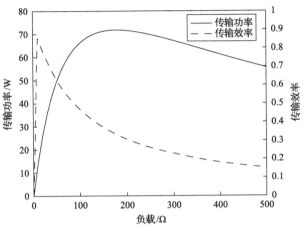

图 2.21 负载对 IPT 系统传输特性的影响

(3)互感对 IPT 系统传输特性的影响。

对于 IPT 系统，传输距离反映互感的变化。因而，互感的变化对 IPT 系统传输特性的影响在一定程度上反映了线圈间距对 IPT 系统传输特性的影响。

初级侧线圈与次级侧线圈的间距、线圈的半径、匝数是影响互感的主要因素。当初、次级侧线圈自感为 5μH，电容为 5.07nF，谐振频率为 1MHz，输入电压有效值为 12V，线圈内阻均为 0.5Ω，负载电阻为 10Ω 时，改变互感可得系统传输功率及传输效率与互感的关系，如图 2.22 所示。

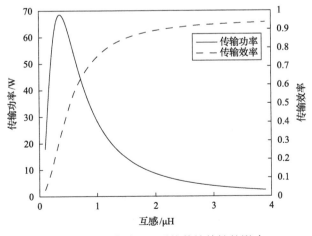

图 2.22 互感对 IPT 系统传输特性的影响

可以看出，随着互感的增大，传输功率先增大，达到最大值后减小；传输效率随着互感的增大而增大，但是增加的幅度逐渐减小。

2.2 IPT 系统电磁场模型

IPT 系统利用初、次级侧线圈电磁耦合来传输能量，由初级侧电路逆变器输出的高频交流电源，经过初级侧线圈转换为空间中的电磁场能量，次级侧线圈从空间中的电磁场提取能量并提供给次级侧电路，从而完成能量的传输过程。虽然利用电路原理可以分别对初级侧电路和次级侧电路中的功率进行分析，进而得到整个 IPT 系统的功率传输模型，但是能量传递到次级侧线圈的过程以及线圈周围空间中电磁能量的流动和功率流的分布仍然无法给出详细的分析。

2.2.1 IPT 系统的复功率模型

图 2.23 描述了两线圈 IPT 系统功率传输过程示意图，逆变器把直流电转换为高频交流电并通过补偿网络后接入初级侧线圈，初级侧线圈中的高频交流电在空间中产生交变电磁场，从而在接收线圈中产生感应电压，通过次级侧电路的补偿网络使系统处于谐振状态，最后经过整流器整流后对电池进行充电。图中，U_{12} 是初级侧线圈中的电流 I_P 在次级侧线圈中引起的感应电压，U_{21} 是次级侧线圈中的电流 I_S 在初级侧线圈中引起的感应电压，S_1 和 S_2 是进入系统的和流出系统的复功率，S_{12} 和 S_{21} 是两个耦合电感交换的复功率。

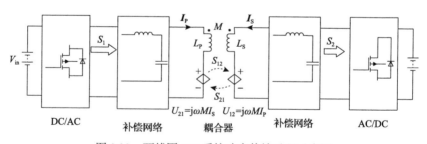

图 2.23 两线圈 IPT 系统功率传输过程示意图

在不考虑线圈自身交流阻抗和磁损耗时，受控电压源 U_{12} 和 U_{21} 在各自电路中产生的复功率分别为

$$S_{12}=-U_{12}\boldsymbol{I}_S^*=-\mathrm{j}\omega M\boldsymbol{I}_P\boldsymbol{I}_S^* \\ =\omega M I_P I_S \sin\phi - \mathrm{j}\omega M I_P I_S \cos\phi \tag{2.24}$$

$$S_{21} = -U_{21}\boldsymbol{I}_{\mathrm{P}}^{*} = -\mathrm{j}\omega M\boldsymbol{I}_{\mathrm{S}}\boldsymbol{I}_{\mathrm{P}}^{*}$$
$$= -\omega MI_{\mathrm{P}}I_{\mathrm{S}}\sin\phi - \mathrm{j}\omega MI_{\mathrm{P}}I_{\mathrm{S}}\cos\phi \tag{2.25}$$

式中，I_{P} 和 I_{S} 分别表示初级侧线圈和次级侧线圈电流的有效值；ϕ 表示它们之间的相位差；实部代表有功功率；虚部代表无功功率；＊表示共轭。

从式(2.24)和式(2.25)可以看出，S_{12} 和 S_{21} 的虚部相等，表明两个耦合电感的无功功率相等。而 S_{12} 和 S_{21} 的实部互为相反数，即有功功率一个为正，一个为负，按照图2.23所示的电压电流参考方向，有功功率大于零代表耦合电感吸收有功功率，小于零代表耦合电感发出有功功率，说明电感 L_{P} 从初级侧电路中吸收有功功率，电感 L_{S} 向次级侧电路发出有功功率。而 $\mathrm{Re}(S_{12})+\mathrm{Re}(S_{21})=0$，Re 表示取实部，表明耦合电感 L_{P} 只是吸收有功功率却没有消耗这部分功率，而是通过磁场耦合将这部分功率传递给了耦合电感 L_{S}，耦合电感 L_{S} 也没有消耗功率，而是将这部分功率提供给次级侧电路，两个耦合电感之间传递的有功功率相等，两者刚好平衡，传输功率的大小为

$$P = \omega MI_{\mathrm{P}}I_{\mathrm{S}}\sin\phi \tag{2.26}$$

如果图2.23中的补偿网络采用串联电容补偿，在不考虑初级侧逆变器和次级侧整流器的情况下，IPT 系统可以进一步简化为如图 2.24 所示的系统。

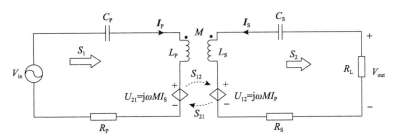

图 2.24　IPT 系统功率传输简化图

由基尔霍夫电压定律(Kirchhoff voltage law, KVL)方程可得

$$\begin{cases} V_{\mathrm{in}} = \left(R_{\mathrm{P}} + \dfrac{1}{\mathrm{j}\omega C_{\mathrm{P}}} + \mathrm{j}\omega L_{\mathrm{P}}\right)\boldsymbol{I}_{\mathrm{P}} + \mathrm{j}\omega M\boldsymbol{I}_{\mathrm{S}} \\[3mm] V_{\mathrm{L}} = \mathrm{j}\omega M\boldsymbol{I}_{\mathrm{P}} + \left(R_{\mathrm{S}} + \dfrac{1}{\mathrm{j}\omega C_{\mathrm{S}}} + \mathrm{j}\omega L_{\mathrm{S}}\right)\boldsymbol{I}_{\mathrm{S}} \end{cases} \tag{2.27}$$

式中，负载两端的电压为 $V_{\mathrm{L}}=I_{\mathrm{S}}R_{\mathrm{L}}$。由电源向初级侧电路提供的和次级侧电路向负载提供的复功率分别为

$$S_1 = V_{\text{in}}\boldsymbol{I}_P^* = \left(R_P + \frac{1}{j\omega C_P} + j\omega L_P\right)\boldsymbol{I}_P\boldsymbol{I}_P^* + j\omega M\boldsymbol{I}_S\boldsymbol{I}_P^*$$

$$S_2 = V_L\boldsymbol{I}_S^* = j\omega M\boldsymbol{I}_P\boldsymbol{I}_S^* + \left(R_S + \frac{1}{j\omega C_S} + j\omega L_S\right)\boldsymbol{I}_S\boldsymbol{I}_S^* \tag{2.28}$$

将式(2.24)和式(2.25)代入式(2.28)，可得电源提供给整个系统的复功率为

$$S_1 = R_P\boldsymbol{I}_P\boldsymbol{I}_P^* + \left(\frac{1}{j\omega C_P} + j\omega L_P\right)\boldsymbol{I}_P\boldsymbol{I}_P^* + (R_S + R_L)\boldsymbol{I}_S\boldsymbol{I}_S^*$$

$$- \left(\frac{1}{j\omega C_S} + j\omega L_S\right)\boldsymbol{I}_S\boldsymbol{I}_S^* \tag{2.29}$$

$$= R_P I_P^2 + (R_S + R_L)I_S^2 + \left(\frac{1}{j\omega C_P} + j\omega L_P\right)I_P^2 - \left(\frac{1}{j\omega C_S} + j\omega L_S\right)I_S^2$$

按照图 2.24 所示的电路图搭建仿真系统，仿真参数见表 2.5。在不同频率下各个电路模块的瞬时功率示意图见图 2.25。

表 2.5　仿真参数

参数	数值	参数	数值
C_P	25.33nF	L_P	25μH
C_S	25.33nF	L_S	25μH
M	12.5μH	V_{in}	200V
ω_0	2π·200kHz	R_L	15.7Ω
R_P	0.25Ω	R_S	0.25Ω

补偿电容 C_P、C_S 的选取使得系统的谐振频率为 200kHz，其中，P_S 代表电源两端的瞬时功率，P_{a1} 代表电阻 R_P 两端的瞬时功率，P_{r1} 代表 L_P 和 C_P 两部分瞬时功率的和，P_{r2} 代表 L_S 和 C_S 两部分瞬时功率的和，P_{a2} 代表 R_L 和 R_S 两部分瞬时功率的和，因为 P_{a1} 相比 P_S 很小，所以图中没有画出。

图 2.25(a)中，系统运行频率设置为 235kHz，大于谐振频率，此时系统输入阻抗表现为感性特征；图 2.25(b)中，系统运行频率为 175kHz，小于谐振频率，此时系统输入阻抗表现为容性特征。在这两种状态下，电源既提供有功功率又提供无功功率，有功功率通过线圈之间的磁耦合传递给次级侧电路，无功功率补偿给电容或者电感。

在图 2.25(c)中，当工作频率 $f = \dfrac{1}{2\pi\sqrt{L_P C_P}} = \dfrac{1}{2\pi\sqrt{L_S C_S}} = 200\text{kHz}$ 时，在初

级侧电路和次级侧电路中，电感和电容的瞬时功率之和分别为零，此时系统处于谐振状态。次级侧电流 I_S 与初级侧电流 I_P 之间的相位差 $\phi=90°$，式(2.24)和式(2.25)中的 S_{12} 和 S_{21} 的虚部为零，说明各个耦合电感的无功功率已经完全由各自电路中的电容所补偿，式(2.29)中复功率表达式中的无功功率也都为零，此时电源只发出有功功率，被电路中所有阻性负载消耗（包括电感自身交流阻抗和负载），即

$$P_S = P_{R_P} + P_{R_S} + P_{R_L} \tag{2.30}$$

式中，$P_S = V_{in} I_P$，$P_{R_P} = I_P^2 R_P$，$P_{R_S} = I_S^2 R_S$，$P_{R_L} = I_S^2 R_L$，V_{in}、I_P、I_S 分别是输入电压、初级侧电流的有效值和次级侧电流的有效值。

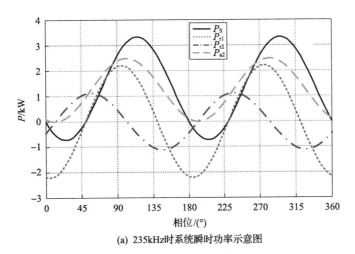

(a) 235kHz时系统瞬时功率示意图

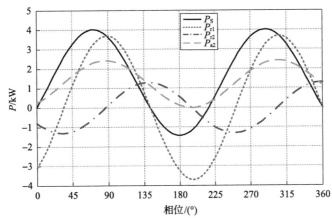

(b) 175kHz时系统瞬时功率示意图

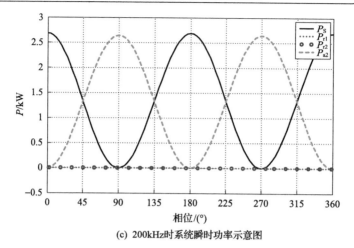

(c) 200kHz时系统瞬时功率示意图

图 2.25　不同频率下系统瞬时功率示意图

2.2.2　IPT 系统的能流密度矢量分析模型

从 IPT 系统中初级侧电路和次级侧电路的复功率模型可知，由电源发出的有功功率，经由初级侧线圈，通过磁场耦合的形式传递到次级侧线圈，除了一小部分被线圈自身交流阻抗消耗，剩余能量最终全部传递给负载。下面采用坡印亭矢量分析 IPT 系统线圈周围空间中的能量分布和功率传输特性。

1. 两线圈模型中的电磁场分布

图 2.26 描述了由两个单匝线圈构成的 IPT 系统。初级侧线圈 $Coil_1$ 被放置在 $z=-d/2$ 的平面上，其中心坐标为 $(0,0,-d/2)$，半径大小为 a_1，次级侧线圈 $Coil_2$ 被放置在 $z=d/2$ 的平面上，其中心坐标为 $(0,0,d/2)$，半径大小为 a_2。

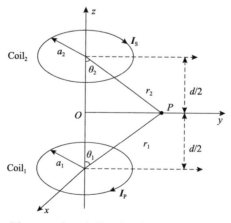

图 2.26　由两个单匝线圈构成的 IPT 系统

Coil$_1$ 中通入高频正弦电流 I_P，I_S 是 Coil$_2$ 中的感应电流，两个电流在时域中的表达式分别为

$$i_P = I_{Pa} \cos(\omega t)$$
$$i_S = I_{Sa} \cos(\omega t + \phi) \tag{2.31}$$

式中，I_{Pa} 和 I_{Sa} 分别表示初级侧线圈和次级侧线圈中电流 I_P 和 I_S 的幅值，有效值用 I_P 和 I_S 表示；ω 表示正弦交流电的频率；ϕ 表示 I_P 和 I_S 之间的相位差。

电流 I_P 和 I_S 在空间任意一点 P 激发的电磁场为

$$\boldsymbol{H}_1 = \boldsymbol{H}_{1r}r_1 + \boldsymbol{H}_{1\theta}\theta_1$$
$$\boldsymbol{H}_{1r} = \frac{k^3 a_1^2}{2}\left(\frac{j}{k^2 r_1^2} + \frac{1}{k^3 r_1^3}\right)I_{Pa}e^{-j(kr_1)}\cos\theta_1$$
$$\boldsymbol{H}_{1\theta} = -\frac{(ka_1)^2 k}{4}\left(\frac{1}{kr_1} + \frac{1}{jk^2 r_1^2} - \frac{1}{k^3 r_1^3}\right)I_{Pa}e^{-j(kr_1)}\sin\theta_1$$
$$\boldsymbol{H}_2 = \boldsymbol{H}_{2r}r_2 + \boldsymbol{H}_{2\theta}\theta_2 \tag{2.32}$$
$$\boldsymbol{H}_{2r} = \frac{k^3 a_2^2}{2}\left(\frac{j}{k^2 r_2^2} + \frac{1}{k^3 r_2^3}\right)I_{Sa}e^{-j(kr_2+\phi)}\cos\theta_2$$
$$\boldsymbol{H}_{2\theta} = -\frac{(ka_2)^2 k}{4r_2^2}\left(\frac{1}{kr_2} + \frac{1}{jk^2 r_2^2} - \frac{1}{k^3 r_2^3}\right)I_{Sa}e^{-j(kr_2+\phi)}\sin\theta_2$$

$$\boldsymbol{E}_1 = \boldsymbol{E}_{1\varphi}\varphi$$
$$E_{1\varphi} = \eta\frac{(ka_1)^2 k}{4}\left(\frac{1}{kr_1} + \frac{1}{jk^2 r_1^2}\right)I_{Pa}e^{-j(kr_1)}\sin\theta_1$$
$$\boldsymbol{E}_2 = \boldsymbol{E}_{2\varphi}\varphi \tag{2.33}$$
$$E_{2\varphi} = \eta\frac{(ka_2)^2 k}{4}\left(\frac{1}{kr_2} + \frac{1}{jk^2 r_2^2}\right)I_{Sa}e^{-j(kr_2+\phi)}\sin\theta_2$$

式中，r_i、θ_i、$\varphi(i=1,2)$ 表示球面坐标系下的三个单位正交量，分别代表 P 点与两个线圈中心的径向距离、P 点与 z 轴正方向夹角、P 点在 xOy 平面上的投影与 x 轴正向的夹角；$\boldsymbol{E}_1$、$\boldsymbol{H}_1$ 和 $\boldsymbol{E}_2$、$\boldsymbol{H}_2$ 分别表示初级侧线圈电流和次级侧线圈电流在 P 点处产生的电场强度和磁场强度；k 表示波长系数，其定义为 $k=2\pi/\lambda=\omega/c$；η 表示真空中的波阻。

空间中任意一点的电场强度和磁场强度是初级侧线圈电流和次级侧线圈电流分别产生的电场强度和磁场强度的矢量和，即

$$\begin{cases} \boldsymbol{E} = \boldsymbol{E}_1 + \boldsymbol{E}_2 \\ \boldsymbol{H} = \boldsymbol{H}_1 + \boldsymbol{H}_2 \end{cases} \tag{2.34}$$

以初级侧线圈为例,其在空间中产生的电磁场可以分为近场、远场和中场。

1)近场

在近场,$kr_1 = 2\pi r_1/\lambda \ll 1$,空间中存在的电磁场为近场,存在

$$\begin{cases} \dfrac{1}{kr_1} \leqslant \dfrac{1}{(k_1 r_1)^2} \leqslant \dfrac{1}{(k_1 r_1)^3} \\ \mathrm{e}^{-\mathrm{j}kr_1} \approx 1 \end{cases} \tag{2.35}$$

在电磁近场中,初级侧线圈产生的电磁场可以简化如下:

$$\begin{cases} \boldsymbol{H}_{1r} = \dfrac{a_1^2 I_{\mathrm{Pa}}}{2r_1^3} \cos\theta_1 \\ \boldsymbol{H}_{1\theta} = \dfrac{a_1^2 I_{\mathrm{Pa}}}{4r_1^3} \sin\theta_1 \end{cases} \tag{2.36}$$

$$\boldsymbol{E}_{1\varphi} = \eta \dfrac{a_1^2 I_{\mathrm{Pa}} k}{\mathrm{j}4r_1^2} \sin\theta_1 \tag{2.37}$$

定义

$$K_{\mathrm{E}} = \dfrac{P_{\mathrm{E}}}{P_{\mathrm{H}}} \tag{2.38}$$

式中,P_{E} 和 P_{H} 分别为空间中任一点的电场能量密度和磁场能量密度,定义为

$$\begin{aligned} P_{\mathrm{E}} &= \dfrac{1}{2}\varepsilon E^2 \\ P_{\mathrm{H}} &= \dfrac{1}{2}\mu H^2 \end{aligned} \tag{2.39}$$

根据式(2.39),将式(2.36)和式(2.37)代入式(2.38),可得 K_{E} 为

$$K_{\mathrm{E}} = \dfrac{\varepsilon E_{1\theta}^2}{\mu(H_{1r}^2 + H_{1\theta}^2)} = \dfrac{k^2 r_1^2 \sin^2\theta}{1 + 3\cos^2\theta} \leqslant k^2 r_1^2 \ll 1 \tag{2.40}$$

式(2.36)表明,在近场中,交流电流产生的磁场类似于直流电流产生的磁场,区别在于交流电流产生的磁场在空间中周期性变化。式(2.37)表明,电场和

磁场之间的相位差为 90°，并且电场是由变化的磁场产生的涡旋电场。磁场强度幅值与 r_1 的三次方成反比，电场强度的幅值与 r_1 的平方成反比。式(2.40)表明，在任意点处磁场的能量密度远大于电场的能量密度，因此在近场中，磁场能量占主导，IPT 系统主要以磁场为媒介进行无线电能传输。

2) 远场

当 $kr_1 = 2\pi r_1 / \lambda \gg 1$ 时，空间中产生的电磁场称为远场，存在以下关系：

$$\frac{1}{kr_1} \geqslant \frac{1}{(kr_1)^2} \geqslant \frac{1}{(kr_1)^3} \tag{2.41}$$

在电磁远场，初级侧线圈产生的电磁场可以简化为

$$\boldsymbol{H}_{1\theta} = \frac{-k^2 a_1^2 I_{\text{Pa}}}{4r_1} \sin\theta_1 \mathrm{e}^{-\mathrm{j}kr_1} \tag{2.42}$$

$$\boldsymbol{E}_{1\varphi} = \frac{k^2 a_1^2 I_{\text{Pa}}\eta}{4r_1} \sin\theta_1 \mathrm{e}^{-\mathrm{j}kr_1} \tag{2.43}$$

远场中任意点处的电场能量密度与磁场能量密度之比为

$$K_{\text{E}} = \frac{P_{\text{E}}}{P_{\text{H}}} = 1 \tag{2.44}$$

式(2.42)~式(2.44)表明，电场和磁场的特性是时谐电磁场，它们同相且以相同的能量密度同时达到最大值和最小值。电磁波的能量通量密度沿径向辐射，因此远场也称为辐射场，其中磁场强度和电场强度都与 r_1 成反比。

3) 中场

中场是近场和远场之间的过渡场，磁场强度与 r_1 的 m 次方成反比，m 在 1 和 3 之间。电场强度与 r_1 的 n 次方成反比，n 在 1 和 2 之间，K_{E} 随着 r_1 的增加而增加。近场、中场和远场的电磁特性如表 2.6 所示。

表 2.6　近场、中场和远场的电磁特性

项目	近场	中场	远场
特性	感应场	过渡场	时谐电磁场
电场与磁场的能量密度比	$\leqslant (kr_1)^2$	$((kr_1)^2, 1)$	1
磁场强度	与 $1/r_1^3$ 成比例	与 $1/r_1^m$ 成比例，$m \in (1,3)$	与 $1/r_1$ 成比例
电场强度	与 $1/r_1^2$ 成比例	与 $1/r_1^n$ 成比例，$n \in (1,2)$	与 $1/r_1$ 成比例
磁场与电场之间的相位差/(°)	90	(0,90)	0

4)IPT 系统的特点

IPT 系统的工作频率通常为几百千赫兹，而传输距离为几百毫米。当工作频率为 1MHz、传输距离为 500mm 时， kr_1 的值为

$$kr_1 = \frac{2\pi r_1}{\lambda} = \frac{2\pi \times 0.5}{300} \approx 0.01 \ll 1 \tag{2.45}$$

因此 IPT 系统工作在近场，也称为感应场。初级线圈和次级线圈的互感电压可以等效为两个受控正弦电压源，如图 2.27 所示，用 U_1、U_2 表示。

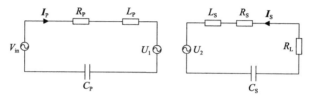

图 2.27　IPT 系统受控正弦电压源模型

U_1、U_2 可以计算如下：

$$U_1 = \oint_{\text{Coil}_1} \boldsymbol{E}_2 \mathrm{d}l_1 \tag{2.46}$$

$$U_2 = \oint_{\text{Coil}_2} \boldsymbol{E}_1 \mathrm{d}l_2 \tag{2.47}$$

根据式(2.37)和式(2.47)， U_2 可以描述如下：

$$U_2 = \oint_{\text{Coil}_2} \boldsymbol{E}_1 \mathrm{d}l_2 = -\mathrm{j}\omega I_\text{P} \frac{\mu_0 \pi a_1^2 a_2^2}{2r_1^3} \tag{2.48}$$

两个线圈的互感 M 近似表示为

$$M \approx \frac{\mu_0 \pi a_1^2 a_2^2}{2r_1^3} \tag{2.49}$$

式(2.48)可以表示为

$$U_2 = \oint_{\text{Coil}_2} \boldsymbol{E}_1 \mathrm{d}l_2 = -\mathrm{j}\omega M I_\text{P} \tag{2.50}$$

同样可得

$$U_1 = \oint_{\text{Coil}_1} \boldsymbol{E}_2 \mathrm{d}l_1 = -\mathrm{j}\omega M I_{\mathrm{S}} \tag{2.51}$$

2. 坡印亭矢量计算

坡印亭矢量是用来描述时变电磁场中每一点处电磁场能量流动特性的物理量，其大小为单位时间内流过与电磁波传播方向相垂直的单位面积上的电磁能量，也称为功率流密度，其方向为电磁波传播的方向，也是电磁能量流动的方向，记为 $\boldsymbol{S}(r)$。当电磁场是时谐电磁场时，电场和磁场都是关于时间的周期函数，则功率流密度也是关于时间的周期函数，因此利用坡印亭矢量的时间平均值来描述时谐电磁场中的能流密度，其定义为

$$\boldsymbol{S}(r) = \frac{1}{2}\mathrm{Re}\left[\boldsymbol{E}(r) \times \boldsymbol{H}^*(r)\right] \tag{2.52}$$

坡印亭矢量描述的是某一点的功率流密度，单位时间内通过闭合曲面 Ω 的能量，也就是输送到该曲面所包围的区域外的电磁功率，可以通过坡印亭矢量在 Ω 上的曲面积分得到，即

$$P = \oint_{\Omega} \boldsymbol{S}(r)\mathrm{d}\Omega \tag{2.53}$$

式(2.53)中，面积元 $\mathrm{d}\Omega$ 的法向矢量的方向和坡印亭矢量 $\boldsymbol{S}$ 的夹角有可能是锐角也有可能是钝角，其点乘或为正或为负，表示能流密度穿出或者穿入面积元。

在如图 2.26 所示的线圈耦合模型中，结合式(2.34)和式(2.53)可得，线圈周围空间中任意一点处的平均坡印亭矢量为

$$\begin{aligned}
\boldsymbol{S} &= \frac{1}{2}\mathrm{Re}\left[(\boldsymbol{E}_1 + \boldsymbol{E}_2) \times (\boldsymbol{H}_1 + \boldsymbol{H}_2)^*\right] \\
&= \frac{1}{2}\mathrm{Re}\left(\boldsymbol{E}_1 \times \boldsymbol{H}_1^* + \boldsymbol{E}_1 \times \boldsymbol{H}_2^* + \boldsymbol{E}_2 \times \boldsymbol{H}_1^* + \boldsymbol{E}_2 \times \boldsymbol{H}_2^*\right) \\
&= \boldsymbol{S}_{11} + \boldsymbol{S}_{12} + \boldsymbol{S}_{21} + \boldsymbol{S}_{22}
\end{aligned} \tag{2.54}$$

显然，线圈周围任意一点处的平均坡印亭矢量由四项组成，其中 $\boldsymbol{S}_{11}$ 只与初级侧电流有关，$\boldsymbol{S}_{22}$ 只与次级侧电流有关，而 $\boldsymbol{S}_{12}$ 和 $\boldsymbol{S}_{21}$ 与初级侧电流和次级侧电流都有关，将式(2.32)和式(2.33)代入式(2.54)，可以分别得到

$$\boldsymbol{S}_{11} = \frac{1}{2}\mathrm{Re}(\boldsymbol{E}_1 \times \boldsymbol{H}_1^*) = \frac{\eta I_{\mathrm{Pa}}^2 (ka_1)^4 \sin^2\theta_1}{32 r_1^2} r_1 \tag{2.55}$$

$$S_{22} = \frac{1}{2}\mathrm{Re}(\boldsymbol{E}_2 \times \boldsymbol{H}_2^*) = \frac{\eta I_{\mathrm{Sa}}^2 (ka_2)^4 \sin^2\theta_2}{32r_2^2} r_2 \tag{2.56}$$

$$S_{12} = \frac{1}{2}\mathrm{Re}(\boldsymbol{E}_1 \times \boldsymbol{H}_2^*) = \frac{1}{2}\mathrm{Re}(-\boldsymbol{E}_{1\varphi} \times \boldsymbol{H}_{2\theta}^*)r_2 + \frac{1}{2}\mathrm{Re}(\boldsymbol{E}_{1\varphi} \times \boldsymbol{H}_{2r}^*)\theta_2 = S_{12r}r_2 + S_{12\theta}\theta_2$$

$$\tag{2.57}$$

$$S_{21} = \frac{1}{2}\mathrm{Re}(\boldsymbol{E}_2 \times \boldsymbol{H}_1^*) = \frac{1}{2}\mathrm{Re}(-\boldsymbol{E}_{2\varphi} \times \boldsymbol{H}_{1\theta}^*)r_1 + \frac{1}{2}\mathrm{Re}(\boldsymbol{E}_{2\varphi} \times \boldsymbol{H}_{1r}^*)\theta_1 = S_{21r}r_2 + S_{21\theta}\theta_2$$

$$\tag{2.58}$$

式中，分量 S_{12r}、$S_{12\theta}$、S_{21r} 及 $S_{21\theta}$ 的表达式分别为

$$\begin{cases} S_{12r} = \alpha \cdot \sin\theta_2 \cdot \left[(k^3 r_1 r_2^2 - kr_1 + kr_2)\cos(kr_2 + \phi - kr_1) - (k^2 r_1 r_2 - k^2 r_2^2 + 1)\sin(kr_2 + \phi - kr_1) \right] \\ S_{12\theta} = -\alpha \cdot \cos\theta_2 \cdot \left[(kr_2 - kr_1)\cos(kr_2 + \phi - kr_1) - (k^2 r_1 r_2 + 1)\sin(kr_2 + \phi - kr_1) \right] \end{cases}$$

$$\tag{2.59}$$

$$\begin{cases} S_{21r} = \beta \cdot \sin\theta_2 \cdot \left[(k^3 r_2 r_1^2 - kr_2 + kr_1)\cos(kr_1 - kr_2 - \phi) - (k^2 r_1 r_2 - k^2 r_1^2 + 1)\sin(kr_1 - kr_2 - \phi) \right] \\ S_{21\theta} = -\beta \cdot \cos\theta_2 \cdot \left[(kr_1 - kr_2)\cos(kr_1 - kr_2 - \phi) - (k^2 r_1 r_2 + 1)\sin(kr_1 - kr_2 - \phi) \right] \end{cases}$$

$$\tag{2.60}$$

式(2.59)和式(2.60)中 α 和 β 的值分别为

$$\begin{cases} \alpha = \dfrac{I_{\mathrm{Pa}} I_{\mathrm{Sa}} k a_1^2 a_2^2 \eta \sin\theta_1}{32 r_1^2 r_2^3} \\ \beta = \dfrac{I_{\mathrm{Pa}} I_{\mathrm{Sa}} k a_1^2 a_2^2 \eta \sin\theta_2}{32 r_1^3 r_2^2} \end{cases} \tag{2.61}$$

式(2.55)和式(2.56)表明，S_{11} 和 S_{22} 沿 r 方向，而在式(2.57)和式(2.58)中 S_{12} 和 S_{21} 在 r 和 θ 方向上都有分量。一般来说，IPT 系统的工作频率在 10kHz～1MHz，所以耦合系数 k($k=\omega/c$)的值远小于1。就 IPT 系统中的能流密度而言，因为 S_{11} 和 S_{22} 分别由初级侧线圈和次级侧线圈中的电流产生，其大小与波长系数 k 的四次方成正比，S_{12} 和 S_{21} 与初级侧线圈和次级侧线圈的电流都有关，其大小与 k 近似成正比，在 IPT 系统的工作频率下，S_{11} 和 S_{22} 相比 S_{12} 和 S_{21} 是非常小的，可以忽略不计。所以，在 IPT 系统的功率传输过程中，交叉分量 S_{12} 和 S_{21} 占据主导地位，S_{11} 和 S_{22} 的贡献可以忽略。同样，在式(2.59)和式(2.60)中关于 k 的高阶分量($k \geqslant 2$)都可以忽略不计，则式(2.59)和式(2.60)中的各个分量可以进一步简

化为

$$
\begin{cases}
\boldsymbol{S}_{12r} = -\alpha \cdot \sin\theta_2 \cdot \sin(kr_2 + \phi - kr_1) \\
\boldsymbol{S}_{12\theta} = \alpha \cdot \cos\theta_2 \cdot \sin(kr_2 + \phi - kr_1)
\end{cases}
\tag{2.62}
$$

$$
\begin{cases}
\boldsymbol{S}_{21r} = -\beta \cdot \sin\theta_2 \cdot \sin(kr_1 - kr_2 - \phi) \\
\boldsymbol{S}_{21\theta} = \beta \cdot \cos\theta_2 \cdot \sin(kr_1 - kr_2 - \phi)
\end{cases}
\tag{2.63}
$$

写成向量形式为

$$
\begin{cases}
\boldsymbol{S}_{12} = \alpha \cdot \sin(kr_2 + \phi - kr_1)\left[-\sin\theta_2, \ 2\cos\theta_2, \ 0\right]\left[r_2, \ \theta_2, \ \varphi_2\right]^{\mathrm{T}} \\
\boldsymbol{S}_{21} = \beta \cdot \sin(kr_1 - kr_2 - \phi)\left[-\sin\theta_1, \ 2\cos\theta_1, \ 0\right]\left[r_1, \ \theta_1, \ \varphi_1\right]^{\mathrm{T}}
\end{cases}
\tag{2.64}
$$

式中，α 和 β 的值由式 (2.61) 给出，则空间中任意一点的平均坡印亭矢量为

$$
\boldsymbol{S} = \boldsymbol{S}_{12} + \boldsymbol{S}_{21}
\tag{2.65}
$$

式 (2.55) ~ 式 (2.58) 是在球面坐标系的基础上得到的平均坡印亭矢量。为了能更加直观地理解线圈位置与坡印亭矢量之间的关系，将球面坐标系下的坡印亭矢量转换为笛卡儿坐标系下的向量，两个坐标系之间的转换矩阵为

$$
\begin{bmatrix} e_r \\ e_\theta \\ e_\varphi \end{bmatrix} =
\begin{bmatrix}
\sin\theta\cos\varphi & \sin\theta\sin\varphi & \cos\theta \\
\cos\theta\cos\varphi & \cos\theta\sin\varphi & -\sin\theta \\
-\sin\varphi & \cos\varphi & 0
\end{bmatrix}
\begin{bmatrix} e_x \\ e_y \\ e_z \end{bmatrix}
\tag{2.66}
$$

则在笛卡儿坐标系下的坡印亭矢量可以表示为

$$
\boldsymbol{S} = \boldsymbol{S}_{12}
\begin{bmatrix}
\sin\theta_2\cos\varphi & \sin\theta_2\sin\varphi & \cos\theta_2 \\
\cos\theta_2\cos\varphi & \cos\theta_2\sin\varphi & -\sin\theta_2 \\
-\sin\varphi & \cos\varphi & 0
\end{bmatrix}
+ \boldsymbol{S}_{21}
\begin{bmatrix}
\sin\theta_1\cos\varphi & \sin\theta_1\sin\varphi & \cos\theta_1 \\
\cos\theta_1\cos\varphi & \cos\theta_1\sin\varphi & -\sin\theta_1 \\
-\sin\varphi & \cos\varphi & 0
\end{bmatrix}
\tag{2.67}
$$

将式 (2.66) 代入式 (2.67)，可得

$$
\boldsymbol{S} = A
\begin{bmatrix}
\cos\varphi \cdot (2r_1\cos^2\theta_2\sin\theta_1 - r_1\sin^2\theta_2\sin\theta_1 - 2r_2\cos^2\theta_1\sin\theta_2 + r_2\sin^2\theta_1\sin\theta_2)x \\
\sin\varphi \cdot (2r_1\cos^2\theta_2\sin\theta_1 - r_1\sin^2\theta_2\sin\theta_1 - 2r_2\cos^2\theta_1\sin\theta_2 + r_2\sin^2\theta_1\sin\theta_2)y \\
(3r_2\sin\theta_2\sin\theta_1\cos\theta_1 - 3r_1\sin\theta_1\sin\theta_2\cos\theta_2)z
\end{bmatrix}
\tag{2.68}
$$

式中，A 的表达式为

$$A = \frac{I_{\mathrm{Pa}} I_{\mathrm{Sa}} k a_1^2 a_2^2 \eta \sin(kr_2 + \phi - kr_1)}{32 r_1^3 r_2^3} \tag{2.69}$$

3. 功率流分布

从式(2.68)可以看出，IPT 系统线圈周围空间中任意一点 P 处的平均坡印亭矢量与该点的坐标位置密切相关，且在三个方向上都有分量。为了能够直观地显示 IPT 系统中的能量流动方向，在 yOz 平面上分析功率流的分布，也就是取 $\varphi = \pi/2$，此时式(2.68)可以进一步简化为

$$\begin{cases} \boldsymbol{S}_x = 0 \\ \boldsymbol{S}_y = A(2r_1 \cos^2\theta_2 \sin\theta_1 - r_1 \sin^2\theta_2 \sin\theta_1 - 2r_2 \cos^2\theta_1 \sin\theta_2 + r_2 \sin^2\theta_1 \sin\theta_2) \\ \boldsymbol{S}_z = A(3r_2 \sin\theta_2 \sin\theta_1 \cos\theta_1 - 3r_1 \sin\theta_1 \sin\theta_2 \cos\theta_2) \end{cases} \tag{2.70}$$

式中，$\boldsymbol{S}_x$、$\boldsymbol{S}_y$ 和 $\boldsymbol{S}_z$ 分别代表坡印亭矢量的 x 方向、y 方向和 z 方向分量。

系统工作频率设定为 200kHz，初级侧线圈($z=20\mathrm{mm}$)和次级侧线圈($z=20\mathrm{mm}$)都是单匝线圈，其半径为 $a_1=a_2=100\mathrm{mm}$，线圈之间的间距为 $d=40\mathrm{mm}$。

搭建三维仿真模型，系统初级侧线圈和次级侧线圈之间的功率流分布示意图见图 2.28。其中，箭头的方向代表坡印亭矢量的方向，箭头的大小代表坡印亭矢量的强度。从图中可以看出，功率流密度随着 P 点远离两个线圈的边缘而减小，能量流动的方向是从初级侧线圈的表面出发，然后汇聚到次级侧线圈的表面，在两个线圈的边缘处，功率流密度达到最大值。

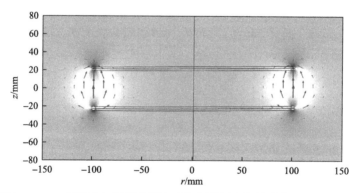

图 2.28　yOz 平面上初级侧线圈和次级侧线圈之间的功率流分布示意图

2.2.3　IPT 系统的功率传输模型

在上述 IPT 系统初级侧线圈和次级侧线圈之间的功率流分布和传输路径理论分析的基础上，进一步计算初级侧线圈和次级侧线圈中间平面上的功率，从而更加深入理解 IPT 系统中的能量传输机理。图 2.29 是坡印亭矢量在初级侧线圈和次级侧线圈中间平面上的分布示意图，每一点处的坡印亭矢量在 x、y 和 z 方向上都有分量，因为功率是沿着 z 轴从初级侧线圈传递到次级侧线圈的，所以 x 和 y 方向的分量对系统功率的传输没有贡献。

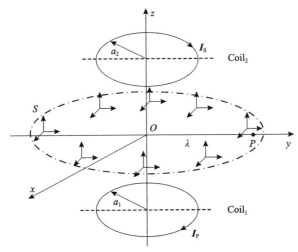

图 2.29　坡印亭矢量在初级侧线圈和次级侧线圈中间平面上的分布示意图

图 2.29 中，P 点位于 xOy 平面的 y 轴上，与原点之间的距离为 λ，代表中间圆形平面的半径，则球面坐标系下的坐标与笛卡儿坐标系下的坐标的转换关系为

$$\begin{cases} r_1 = r_2 = r \\ r^2 = \lambda^2 + \left(\dfrac{d}{2}\right)^2 \\ \theta_1 = \pi - \theta_2 = \theta \\ \sin\theta_1 = \sin\theta_2 = \sin\theta = \dfrac{\lambda}{r} \\ \cos\theta_1 = -\cos\theta_2 = \cos\theta = \dfrac{d}{2r} \end{cases} \qquad (2.71)$$

将式 (2.71) 中的参数关系代入式 (2.70)，可得初级侧线圈和次级侧线圈中间平面上的平均坡印亭矢量为

$$\boldsymbol{S} = \left(0, 0, \frac{6 I_{\text{Pa}} I_{\text{Sa}} k a_1^4 \eta \sin \phi \sin^2 \theta \cos \theta}{32 r^5} \right) \tag{2.72}$$

式中，ϕ 为初次级侧电流相乘的相位差。

　　显然，从式 (2.72) 可以看出，两个线圈中间平面上的平均坡印亭矢量只有 z 方向的分量，在 x 和 y 方向上，平均坡印亭矢量的分量都是零。对平均坡印亭矢量的 z 方向分量在中间无限大平面上积分可以得到通过两个线圈中间平面传输的平均功率，即

$$P = \int \boldsymbol{S} \mathrm{d} A = \frac{6 I_{\text{Pa}} I_{\text{Sa}} k \eta a_1^2 a_2^2 \sin \phi}{32 r^5} \int_0^{+\infty} \frac{\sin^2 \theta \cos \theta}{r^5} 2\pi \lambda \mathrm{d} \lambda = \frac{\pi I_{\text{Pa}} I_{\text{Sa}} k \eta a_1^2 a_2^2 \sin \phi}{4 d^3} \tag{2.73}$$

又因为 $k\eta = \omega\mu_0$，这里，μ_0 是真空中的磁导率，ω 是系统的工作频率，所以结合式 (2.49) 可得

$$P = \omega M I_{\text{P}} I_{\text{S}} \sin \phi \tag{2.74}$$

　　由式 (2.74) 可以看出，平均坡印亭矢量的垂直分量在中间平面上的积分结果等于初级侧线圈传输到次级侧线圈的功率。通过中间平面传输的功率由系统工作频率、初级侧线圈和次级侧线圈之间的距离、线圈半径、电流的有效值和它们之间的相位差决定，这个结果与复功率模型计算得到的结果相符合，说明采用坡印亭矢量来分析功率流是正确的。

2.3　耦合模理论

　　耦合模理论是描述物体不同形式能量或两个及多个物体之间能量耦合规律的一般理论，在数学上属于微小扰动分析的一种特殊形式，它为分析两个物体之间的耦合模态提供了一种有力的分析工具。

　　耦合模理论的基本思想可以理解为：首先将一个复杂的、相互关联的耦合系统分解为有限数量的独立子系统，然后分别求出每个子系统的约束方程，将约束方程的解表示为该子系统的“简正模”；同时认为原先复杂系统的特性可以由多个子系统完全表示，子系统之间的耦合只会对每个子系统的运行状态产生细微的扰动。当电磁波传输时，在特定边界条件约束下将会存在无穷多个分离子系统。在均匀、线性、无源系统中，各个子系统之间是正交的，不存在能量的交换。当系统中引入某种耦合关系时，子系统之间出现耦合，一般可分为振荡系统耦合与传输系统耦合两种耦合问题，任意子系统之间的耦合可以通过矩阵方程表示为

$$P \frac{\mathrm{d}}{\mathrm{d}z} A = -\mathrm{j}HA - \mathrm{j}KA - \mathrm{j}FA \tag{2.75}$$

式中，A 表示含有系统中不同模式幅值的列矢量；P 表示能量矩阵；H 表示自身的耦合矩阵；K 表示对于周期性光栅扰动的耦合矩阵；F 表示锥形诱导耦合矩阵。

IPT 系统的耦合模理论最早由美国麻省理工学院于 2007 年提出，后来耦合模理论与电路互感模型等效被证明为有效。关于耦合模理论，有兴趣的读者可以查阅文献[145]，这里不再详述。

2.4　本 章 小 结

本章对 IPT 系统的电路模型、电磁场模型及耦合模理论进行了理论分析，三种分析方法本质相同。电路模型简单明了，易于进行系统分析和设计；电磁场模型有助于理解 IPT 系统的电磁工作机理，在进行系统磁芯和屏蔽层设计时，需要对电磁场分布进行数值计算和仿真，从而对耦合器进行优化设计。通过电磁分析可知，IPT 系统工作在电磁近场，磁场能量占主导地位，因此 IPT 系统主要以磁场为媒介进行能量传输。

第3章 海洋环境物理参数对 IPT 系统影响机理分析

海洋环境与空气介质的电磁参数差别较大，空气中 IPT 系统数学模型在海洋环境中不再适用。初、次级线圈产生的合成电磁场近场空间分布规律，得到电磁场强度的数学表达式。分析海洋环境物理参数电导率、介电常数和磁导率对电磁场的影响机理。根据电磁场解析解，推导出涡流损耗的解析表达式，建立 IPT 系统的能量分配模型，最终建立海水中 IPT 系统的修正互感模型。

3.1 时谐电磁场基础

关于载流线圈的电磁场计算，大多数都是基于毕奥-萨伐尔定律的，计算的是稳恒电流下静磁场的磁感应强度；而对于高频交流通电线圈产生的电场及磁场空间分布规律，相关研究很少[146]。

磁场变化是由电荷的运动状态确定的。当电荷做变速运动时，所形成的电流要随时间变化，称为非稳恒电流或时变电流，动态的非稳恒电流或时变电流产生的电场和磁场会相互转化，变化的磁场能激发电场，变化的电场也能激发磁场，称为时变电磁场。相对于观察者，当电荷处于静止、匀速运动和变速运动时，在其周围将分别产生静电场、稳恒电场和稳恒磁场(静磁场)以及时变电磁场。

时变电磁场是空间和时间的函数，其场强的大小和方向均可能随空间和时间变化，求解十分复杂。但在线性媒介参数不随时间变化的电磁场中，当场源随时间按照正弦或余弦变化时，其场强方向与时间无关，场强大小仅按一定角频率随时间做正弦或余弦变化，这是一种稳态正弦或余弦电磁场，称为时谐电磁场。时谐电磁场是实际存在的最简单、应用广泛的场，且易于激励；根据傅里叶变换，非正弦周期信号可以分解为一系列正弦信号和余弦信号，所以任意复杂的时变电磁场是许多项随时间做正弦或余弦变化的简单时谐电磁场的线性叠加，通过求解时谐电磁场可得到非正弦稳态线性电磁场的解。

3.1.1 正弦量的复数表示法

按照余弦规律变化的函数 $f(t)$ 可表示为(正弦函数和余弦函数的本质是一样的，这里用余弦函数来分析)

$$f(t) = \sqrt{2}F\cos(\omega t + \theta) \tag{3.1}$$

式中，F 是 $f(t)$ 的有效值；θ 是辐角；t 是时间变量；ω 是谐振频率。由欧拉公式

$$e^{j(\omega t + \theta)} = \cos(\omega t + \theta) + j\sin(\omega t + \theta) \tag{3.2}$$

可知

$$\cos(\omega t + \theta) = \text{Re}(e^{j\theta}e^{j\omega t}) \tag{3.3}$$

式(3.1)可写为

$$f(t) = \text{Re}(\sqrt{2}Fe^{j\theta}e^{j\omega t}) \tag{3.4}$$

式中，乘积 $Fe^{j\theta}$ 是与时间 t 无关的复数量，为简便，记

$$\dot{F} = Fe^{j\theta} \tag{3.5}$$

从而式(3.4)可写为

$$f(t) = \text{Re}(\sqrt{2}\dot{F}e^{j\omega t}) \tag{3.6}$$

由式(3.6)可得，在谐振频率 ω 为常量的情况下，通过复数量 $\dot{F}$ 可以和正弦量 $f(t)$ 建立一种一一对应关系。利用这种对应关系，时域内的量就可以和频域内的量互相转化。

3.1.2　时谐电磁场的约束方程

时谐电磁场是线性、稳态场。从数学上可以这样理解稳态场：如果场源 $s(t)$ 产生的场量为 $g(t)$ ，则当场源为 $s(t-\tau)$ 时，其对应的场量为 $g(t-\tau)$ ，这里 τ 是任意的时间间隔。线性稳态场的特点是不会产生新的频率变量，即场量(电场强度、磁场强度)与场源频率相同。

时谐电磁场中微分形式的麦克斯韦方程组如下：

$$\nabla \times \dot{H} = \dot{J}_S + \dot{J} + j\omega\dot{\boldsymbol{D}} \tag{3.7}$$

$$\nabla \times \dot{E} = -j\omega\dot{B} \tag{3.8}$$

$$\nabla \cdot \dot{B} = 0 \tag{3.9}$$

$$\nabla \cdot \dot{\boldsymbol{D}} = \dot{\rho} \tag{3.10}$$

$$\dot{\boldsymbol{D}} = \varepsilon\dot{E} \tag{3.11}$$

$$\dot{B} = \mu\dot{H} \tag{3.12}$$

$$\dot{J} = \sigma \dot{E} \qquad\qquad (3.13)$$

式中，J_S 是外源的电流密度；J 是导电媒介中的电流密度；D 是电位移矢量；ρ 是体电荷密度；ε 是介电常数；μ 是相对磁导率；σ 是电导率。真空中，$\varepsilon = \varepsilon_0 = 8.854 \times 10^{-12}\,\mathrm{F/m}$，$\mu = \mu_0 = 4\pi \times 10^{-7}\,\mathrm{H/m}$，$\sigma = 0$。

　　前 4 个方程是经典电磁理论的根基，称为麦克斯韦方程组。外源是指外部电源，用来给所研究的电磁场提供能量，而其本身大小和分布不受所研究电磁场的影响，均为给定时间和空间的函数。积分形式的麦克斯韦方程组描绘的是一个区域，它反映了场量之间满足的总体关系，而微分形式的方程组描绘的是一个点上各场量之间的关系，它细致地刻画了场量之间的大小和方向。要使场域内某点处的微分有意义，必须使场量在该点处可微，由可微的重要条件可知，场量的各个偏导数应存在且连续，这就要求该点处附近区域内的媒介不能突变。因此，微分形式适用于均匀变化的媒介，而积分形式适用于非均匀变化的媒介，即有突变的媒介，例如，在不同媒介的交界面两侧，场量发生突变，此时描绘它们之间的约束关系就必须使用积分形式的方程组。采用复数形式的麦克斯韦方程组大大降低了场求解的复杂性，对时间的微分运算变成了代数运算；而且方程的维数由四维变成三维，时间变量 t 消失了，场量仅是场点的函数而与时间无关。复数法的这些优点，使时谐电磁场的求解难度大大小于时变场，其关键因素是各个变量的频率都是一样的，这和电路分析中的相量法异曲同工。

　　为了书写方便，在以后的推导中，用 E 代替 $\dot{E}$、用 H 代替 $\dot{H}$ 等。

　　散度 $\nabla \cdot A$ 和旋度 $\nabla \times A$ 可以通俗易懂地进行解释。散度是一个标量，可以理解为通过单位体积闭曲面的通量，即通量体密度或通量源强度。数学定义为：当围绕着点的无穷小曲面包围的体积趋于零时矢量场穿过该曲面的通量与该曲面包围的体积的比值，因此通量是在面积上定义的。而散度是针对每个点的，散度度量的是矢量场从该点散开的趋势，因此散度为正的点是源，而散度为负的点是汇。如果空间矢量场中某个点处的散度大于零，则表示在这个点外边包一个极小的圆面，不管这个圆面取多小，总会有从这个圆内向外发出的射线(矢量)；而如果空间矢量场中某个点处的散度小于零，则表示在这个点外边包一个极小的圆面，不管这个圆面取多小，总会有从外面向这个圆内发射的射线(矢量)；而如果空间矢量场中某个点处的散度等于零，则表示在这个点外边包一个极小的圆面，不管这个圆面取多小，既不会有从圆里面发出的射线(矢量)，也不会有从外边发射到圆里面的射线(矢量)。矢量场的旋度是一个矢量，是对场绕一点旋转的趋势的度量，其大小为沿单位面积上的最大环量，即最大环量面密度，其方向为曲面取向使环量最大时该曲面的法线方向。如果矢量场空间中某个点处的旋度不为零，在这个点处放一个极小的风车，矢量场的作用会推动这个极小的风车转动；如果矢量场空间中某个点处的旋度为零，在这个点处放一个极小的风车，矢量场的作用不会推动这个极小的风车转动。方向导数是表示标量场自该点沿某一方向对距离的变化率。梯度是一个矢量，方向为标量场变化率最大的方向，大小为该方向的方向导数；还有拉普拉斯算子 $\nabla^2 A$，它是梯度的散度，较为抽象，通俗的物理意义不好给出。

3.1.3　时谐电磁场的唯一性

电磁场理论的核心内容是麦克斯韦方程组。根据该方程组可以建立实际电磁场问题的边值问题表达式，然后用某种方法(如解析方法、数值计算方法以及实验方法等)求出该边值问题的解，可以说麦克斯韦方程组是电磁场理论及其应用发展的基础。

在求解电磁场边值问题之前，应明确解是否唯一。如果解不唯一，则应强加一些限制条件使解唯一，然后求解。得到解之后，再修改限定条件使另一个解在某个范围内唯一，再继续求解，用这种方法可将所需要的解全部求出。对于线性媒介中的电磁场，在某些经典条件下，理论上有解的唯一性定理，在文献[147]中是这样表述的：在时间 $t > 0$ 的所有时刻内，场域 V 内的电磁场是由整个 V 内电矢量和磁矢量的初始值，以及 $t \geqslant 0$ 时边界上电场矢量 $\boldsymbol{E}$(或磁矢量 $\boldsymbol{H}$)切向分量的值唯一确定的。

时谐电磁场的唯一性表述如下：

(1)形状不随时间 t 变化的场域 V 是由 m 个线性介质 $V_i (i=1,2,\cdots,m)$ 组成的，V_i 的边界面是由分片光滑的曲面组成的闭曲面；

(2)电流源分布在有限区域内，且所有场源均随时间 t 以相同的频率按正弦规律变化；

(3)媒介 V_i 的介电常数大于零，磁导率大于零，电导率大于或等于零；

(4)V_i 中的电场强度和磁场强度在闭区域上存在连续偏导数。

在上述条件下，如果由以下边值问题所确定的场量 $\boldsymbol{E}$ 和 $\boldsymbol{H}$ 存在，那么它们分别有唯一的有界非零解。

电场强度的约束方程为

$$\nabla \times \boldsymbol{H} - (\sigma + \mathrm{j}\omega\varepsilon)\boldsymbol{E} = \boldsymbol{J}_\mathrm{S} \tag{3.14}$$

$$\nabla \times \boldsymbol{E} + \mathrm{j}\omega\mu\boldsymbol{H} = 0 \tag{3.15}$$

对式(3.15)两端取旋度，有

$$\nabla \times (\nabla \times \boldsymbol{E}) = -\mathrm{j}\omega \left[\mu(\nabla \times \boldsymbol{H}) - \boldsymbol{H} \times \nabla\mu \right] \tag{3.16}$$

由时谐电磁场的约束方程(3.14)和(3.15)，可分别写出

$$\nabla \times \boldsymbol{H} = \boldsymbol{J}_{\mathrm{S}} + (\sigma + \mathrm{j}\omega\varepsilon)\boldsymbol{E} \tag{3.17}$$

$$\boldsymbol{H} = -\frac{1}{\mathrm{j}\omega\mu}\nabla \times \boldsymbol{E} \tag{3.18}$$

把式(3.17)和式(3.18)代入式(3.16)，整理可得

$$\nabla \times (\nabla \times \boldsymbol{E}) + \frac{1}{\mu}(\nabla \times \boldsymbol{E}) \times \nabla\mu - k^2\boldsymbol{E} = -\mathrm{j}\omega\mu\boldsymbol{J}_{\mathrm{S}} \tag{3.19}$$

式中，$k^2 = -\mathrm{j}\omega\mu(\sigma + \mathrm{j}\omega\varepsilon)$。

为了唯一地确定电场强度 $\boldsymbol{E}$，仅有旋度方程还不够，还需要有散度方程。为此在方程(3.17)两端取散度，有

$$\nabla \cdot \boldsymbol{J}_{\mathrm{S}} + \nabla \cdot [(\sigma + \mathrm{j}\omega\varepsilon)\boldsymbol{E}] = 0 \tag{3.20}$$

联立方程(3.19)和(3.20)，就构成了电场 $\boldsymbol{E}$ 的约束方程。以上导出的关于 $\boldsymbol{E}$ 的约束方程适用于线性、各向同性媒介中的电磁场。已知电场 $\boldsymbol{E}$，通过式(3.18)可求得磁场 $\boldsymbol{H}$。如果场中的媒介又是均匀的，利用式(3.21)则可写出电场强度 $\boldsymbol{E}$ 的边值问题表达式，如式(3.22)和式(3.23)所示：

$$\nabla \times (\nabla \times \boldsymbol{E}) = \nabla(\nabla \cdot \boldsymbol{E}) - \nabla^2\boldsymbol{E} \tag{3.21}$$

$$\nabla^2\boldsymbol{E} + k^2\boldsymbol{E} = \mathrm{j}\omega\mu\left[\boldsymbol{J}_{\mathrm{S}} + \frac{1}{k^2}\nabla(\nabla \cdot \boldsymbol{J}_{\mathrm{S}})\right] \tag{3.22}$$

$$\nabla \cdot \boldsymbol{E} = \frac{\mathrm{j}\omega\mu}{k^2}\nabla \cdot \boldsymbol{J}_{\mathrm{S}} \tag{3.23}$$

内边界上的边界条件：

$$\boldsymbol{n}_{ij} \times (\boldsymbol{E}_j - \boldsymbol{E}_i) = 0 \tag{3.24}$$

$$\boldsymbol{n}_{ij} \times \left(\frac{1}{\mu_j}\nabla \times \boldsymbol{E}_j - \frac{1}{\mu_i}\nabla \times \boldsymbol{E}_i\right) = -\mathrm{j}\omega\boldsymbol{K}_{ij} \tag{3.25}$$

外边界上的边界条件：

$$n \times E = a \tag{3.26}$$

无限远条件：

$$\lim_{x \to \infty} rE = b \tag{3.27}$$

式中，a 是已知的矢量函数；b 是与坐标无关的有界常矢量；r 是坐标原点到场点的距离；i、j 是两块场域。

3.2　载有正弦交流电的线圈在海洋环境中的时谐电磁场解析解

3.2.1　模型建立

如图 3.1 所示，在线性、各向同性、均匀无界媒介中有一通电圆环线圈。圆环线圈由单匝细导线绕制而成，导线的半径忽略不计。

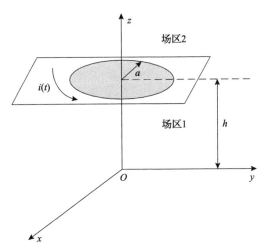

图 3.1　位于无界场域中的通电圆环线圈

圆环线圈的半径为 a，线圈中的电流为 $i(t) = \sqrt{2}I\cos(\omega t)$，媒介的电磁参数分别为介电常数 ε、相对磁导率 μ 及电导率 σ。根据场源和媒介分布的特点，选取圆柱坐标系 O-$\rho\phi z$，使圆环线圈的对称轴和坐标系的 z 轴重合，并使圆环线圈中的电流方向和 z 轴的正向符合右手螺旋定则。

场中任意点 $P(\rho,\phi,z)$ 处的外源电流密度可用 δ 函数表示为

$$J_S(\rho,\phi,z) = I\delta(\rho - a)\delta(z - h)e_\phi \tag{3.28}$$

式中，e_ϕ 是点 P 处的单位周向矢量；h 是线圈所在平面在 z 轴方向的坐标。

电流密度 J_S 不含径向分量和轴向分量，利用圆柱坐标系下的散度表达式，可得

$$\nabla \cdot \boldsymbol{J}_S = \frac{1}{\rho} \frac{\partial}{\partial \rho}(\rho J_{sp}) + \frac{1}{\rho} \frac{\partial J_{s\phi}}{\partial \phi} + \frac{\partial J_{sz}}{\partial z} = 0 \tag{3.29}$$

通电圆环线圈的时谐电磁场边值问题可以通过把线圈放置在假想的内边界面上的方法来建立。设想圆环线圈所处的平面 $\Gamma : z = h$ 为内边界面，该平面把无界场域分成两个场区，即场区 1 为 $z < h$，场区 2 为 $z > h$。

这样，场区内无外源分布，场源仅分布在内边界面 Γ 上，此时，在内边界面 Γ 上的任意点 $Q(\rho, \phi, h)$ 处的面电流密度可用 δ 函数表示为

$$\boldsymbol{Q}(\rho, \phi, h) = I \delta(\rho - a) \boldsymbol{e}_\phi \tag{3.30}$$

可写出电场强度满足的约束方程：

$$\nabla^2 \boldsymbol{E}_i + k^2 \boldsymbol{E}_i = 0, \quad i = 1, 2 \tag{3.31}$$

$$\nabla \cdot \boldsymbol{E}_i = 0, \quad i = 1, 2 \tag{3.32}$$

内边界面上的边界条件：

$$\boldsymbol{e}_z \times (\boldsymbol{E}_2 - \boldsymbol{E}_1) = 0 \tag{3.33}$$

$$\boldsymbol{e}_z \times (\nabla \times \boldsymbol{E}_2 - \nabla \times \boldsymbol{E}_1) = -\mathrm{j}\omega\mu I \delta(\rho - a) \boldsymbol{e}_\phi \tag{3.34}$$

无限远条件：

$$\begin{gathered} \lim_{x \to \infty} r\boldsymbol{E}_i = \boldsymbol{c}_i \\ i = 1, 2 \end{gathered} \tag{3.35}$$

式中，$k^2 = -\mathrm{j}\omega\mu(\sigma + \mathrm{j}\omega\varepsilon)$；$r$ 是坐标原点到场点 (ρ, ϕ, h) 的距离；$\boldsymbol{c}_i$ 是与坐标无关的有界常矢量。通过求解上述边值问题，就可得到电场强度 $\boldsymbol{E}_i$。

3.2.2　电场强度仅有周向分量的证明

在边值问题 (3.31) ～ (3.35) 的两端分别对周向坐标分量求偏导，可得以下齐次边值问题：

$$\nabla^2 \frac{\partial \boldsymbol{E}_i}{\partial \phi} + k^2 \frac{\partial \boldsymbol{E}_i}{\partial \phi} = 0$$

$$\nabla \cdot \frac{\partial \boldsymbol{E}_i}{\partial \phi} = 0$$

$$\boldsymbol{e}_z \times \left(\frac{\partial \boldsymbol{E}_2}{\partial \phi} - \frac{\partial \boldsymbol{E}_1}{\partial \phi} \right) = 0, \quad z = h$$

$$\boldsymbol{e}_z \times \left(\nabla \times \frac{\partial \boldsymbol{E}_2}{\partial \phi} - \nabla \times \frac{\partial \boldsymbol{E}_1}{\partial \phi} \right) = 0, \quad z = h$$

$$\lim_{x \to \infty} r \frac{\partial \boldsymbol{E}_2}{\partial \phi} = 0$$

$$i = 1, 2$$

由于上述齐次边值问题有唯一解，而 $\dfrac{\partial \boldsymbol{E}}{\partial \phi} = 0$ 满足以上边值问题，所以必有

$$\frac{\partial \boldsymbol{E}_i}{\partial \phi} = 0 \tag{3.36}$$

利用式 (3.36) 可以把边值问题 (3.31) ～ (3.35) 写成利用各分量进行表示的边值问题。

约束方程：

$$\nabla^2 \boldsymbol{E}_{i\rho} + \left(k^2 - \frac{1}{\rho^2} \right) \boldsymbol{E}_{i\rho} = 0$$

$$\nabla^2 \boldsymbol{E}_{i\phi} + \left(k^2 - \frac{1}{\rho^2} \right) \boldsymbol{E}_{i\phi} = 0$$

$$\nabla^2 \boldsymbol{E}_{iz} + k^2 \boldsymbol{E}_{iz} = 0$$

$$\frac{1}{\rho} \frac{\partial}{\partial \rho} (\rho \boldsymbol{E}_{i\rho}) + \frac{\partial \boldsymbol{E}_{iz}}{\partial z} = 0$$

$$i = 1, 2$$

内边界面上的边界条件：

$$\boldsymbol{E}_{2\rho} - \boldsymbol{E}_{1\rho} = 0$$

$$\boldsymbol{E}_{2\phi} - \boldsymbol{E}_{1\phi} = 0$$

$$\frac{\partial E_{2\phi}}{\partial z} - \frac{\partial E_{1\phi}}{\partial z} = j\omega\mu I\delta(\rho - a)$$

$$\left(\frac{\partial E_{2z}}{\partial \rho} - \frac{\partial E_{1z}}{\partial \rho}\right) - \left(\frac{\partial E_{2\rho}}{\partial z} - \frac{\partial E_{1\rho}}{\partial z}\right) = 0$$

无限远条件：

$$\lim_{x \to \infty} rE_{i\rho} = c_{i\rho}$$

$$\lim_{x \to \infty} rE_{i\phi} = c_{i\phi}$$

$$\lim_{x \to \infty} rE_{iz} = c_{iz}$$

$$i = 1, 2$$

观察以上各分量的边值问题可知，分量与另外两个分量和无关，分量满足非齐次边值问题，而分量和满足齐次方程、齐次边界条件。由于以上边值问题有唯一解，而

$$E = (E_\rho, E_\phi, E_z) = (0, E_\phi, 0)$$

又满足以上边值问题，所以必有 $E = E_\phi$，即图 3.1 所示的电场强度只有周向分量。这证明了载有正弦交流电的圆环线圈产生的电场是与线圈平面平行的涡旋电场，这个结论对后续的分析计算至关重要。

3.2.3　电场强度解析表达式以及数值计算

根据以上分析，可写出周向分量 E_ϕ 所满足的边值问题如下。
约束方程：

$$\nabla^2 E_{i\phi} + \left(k^2 - \frac{1}{\rho^2}\right)E_{i\phi} = 0, \quad i = 1, 2 \tag{3.37}$$

内边界面上的边界条件：

$$E_{2\phi} - E_{1\phi} = 0, \quad z = h \tag{3.38}$$

$$\frac{\partial E_{2\phi}}{\partial z} - \frac{\partial E_{1\phi}}{\partial z} = j\omega\mu I\delta(\rho - a), \quad z = h \tag{3.39}$$

无限远条件：

$$\lim_{x \to \infty} r\boldsymbol{E}_{i\phi} = c_{i\phi}, \quad i = 1,2 \tag{3.40}$$

在圆柱坐标系 $O\text{-}\rho\phi z$ 下，式 (3.37) 可写为

$$\frac{\partial^2 \boldsymbol{E}_{i\phi}}{\partial \rho^2} + \frac{1}{\rho} \frac{\partial \boldsymbol{E}_{i\phi}}{\partial \rho} + \frac{\partial^2 \boldsymbol{E}_{i\phi}}{\partial z^2} + \left(k^2 - \frac{1}{\rho^2} \right) \boldsymbol{E}_{i\phi} = 0 \tag{3.41}$$

令 $\boldsymbol{E}_{i\phi} = R(\rho)Z(z)$，代入式 (3.42)，整理可得

$$\left(\frac{1}{R} R'' + \frac{1}{\rho R} R' - \frac{1}{\rho^2} \right) + \left(\frac{1}{Z} Z'' + k^2 \right) = 0 \tag{3.42}$$

式 (3.42) 左端第一个括号内的表达式是 ρ 的函数，令其为 $F(\rho)$，第二个括号内的表达式是 z 的函数，令其为 $G(z)$，从而有

$$F(\rho) + G(z) = 0$$

在上式两端对变量 z 求导，可得

$$\frac{\mathrm{d}}{\mathrm{d}z} G(z) = 0$$

这说明 $G(z)$ 等于某个与 ρ 和 z 均无关的常数，令这个常数为 λ^2，则有

$$G(z) = \lambda^2, \quad F(\rho) = -\lambda^2$$

或写成

$$\rho^2 R'' + \rho R' + (\lambda^2 \rho^2 - 1)R = 0 \tag{3.43}$$

$$Z'' - (\lambda^2 - k^2)Z = 0 \tag{3.44}$$

式中，λ 为分离常数。

对于方程 (3.43)，不论是场区 1 还是场区 2，变量 ρ 都具有相同的取值范围，即 $0 \leqslant \rho < \infty$，而对于方程 (3.44)，不同的场区，变量 z 有不同的取值范围。所以，为求出场区 1、场区 2 都适用的分离常数 λ，应从式 (3.43) 着手分析。

根据时谐电磁场唯一性定理，场量有界且非零，即应有

$$|R(\rho)| < \infty, \quad 0 \leqslant \rho < \infty$$

当 $I \neq 0$ 时，有

$$R(\rho) \neq 0$$

这样直接写出方程(3.43)的解为

$$R(\rho) = C_1 \mathrm{J}_1(\lambda\rho)$$

式中，$\lambda > 0$；J_1 为一阶贝塞尔函数。

在此基础上，方程(3.44)的解就可以很容易地写出：

$$Z(z) = C_2 \mathrm{e}^{uz} + C_3 \mathrm{e}^{-uz} \tag{3.45}$$

式中，C_1、C_2、C_3 是待定系数；$u = \sqrt{\lambda^2 - k^2}$。

因为边值问题(3.37)~(3.41)是线性边值问题，λ 的变化范围为 $0 < \lambda < \infty$，所以根据叠加原理可以写出 $\boldsymbol{E}_{i\phi}$ 的一般形式为

$$\boldsymbol{E}_{i\phi}(\rho, z) = \int_0^{\infty} \mathrm{J}_1(\lambda\rho)(C_{1i}\mathrm{e}^{uz} + C_{2i}\mathrm{e}^{-uz})\mathrm{d}\lambda \tag{3.46}$$

式中，$u = \sqrt{\lambda^2 - k^2}$；$C_{1i}$ 和 C_{2i} 是待定系数，$i = 1, 2$。

复数 $\lambda^2 - k^2$ 的开方运算有两个根，约定取实部为正的根，即取

$$\mathrm{Re}(u) = \mathrm{Re}(\sqrt{\lambda^2 - k^2}) > 0$$

在此约定下，由无限远条件可知，$\lim\limits_{x \to \infty} \boldsymbol{E}_{i\phi} = 0$，从而应有 $C_{12} = 0$，$C_{21} = 0$。这样，分区域表达式为

$$\boldsymbol{E}_{1\phi} = \int_0^{\infty} C_{11}\mathrm{J}_1(\lambda\rho)\mathrm{e}^{uz}\mathrm{d}\lambda, \quad z < h \tag{3.47}$$

$$\boldsymbol{E}_{2\phi} = \int_0^{\infty} C_{22}\mathrm{J}_1(\lambda\rho)\mathrm{e}^{-uz}\mathrm{d}\lambda, \quad z > h \tag{3.48}$$

为确定待定系数 C_{11} 和 C_{22}，把式(3.47)和式(3.48)代入边界条件(3.38)和(3.39)，可得

$$\int_0^\infty u J_1(\lambda\rho)(C_{11}e^{uh} + C_{22}e^{-uh})d\lambda = -j\omega\mu I\delta(\rho - a) \qquad (3.49)$$

$$\int_0^\infty J_1(\lambda\rho)(C_{11}e^{uh} - C_{22}e^{-uh})d\lambda = 0 \qquad (3.50)$$

根据傅里叶-贝塞尔积分

$$\int_0^\infty J_n(x\rho)\rho d\rho \int_0^\infty J_n(\lambda\rho)g(\lambda)\lambda d\lambda = g(x)$$

和 δ 函数的取样性质

$$\int_0^\infty f(x)\delta(x - x_0)dx = f(x_0), \quad x_0 > 0$$

式 (3.49)、式 (3.50) 可简化为

$$C_{11}e^{uh} - C_{22}e^{-uh} = 0$$

$$C_{11}e^{uh} + C_{22}e^{-uh} = -\frac{j\omega\mu Ia\lambda}{u}J_1(\lambda a)$$

解以上联立方程组，可得

$$C_{11} = -\frac{j\omega\mu Ia\lambda}{2u}J_1(\lambda a)e^{-uh}$$

$$C_{22} = -\frac{j\omega\mu Ia\lambda}{2u}J_1(\lambda a)e^{uh}$$

把以上两个公式分别代入式 (3.47)、式 (3.48)，可分别写出场区 1、场区 2 的电场强度解析表达式为

$$\boldsymbol{E}_1 = -\frac{j\omega\mu aI}{2}\int_0^\infty \frac{\lambda}{u}J_1(\lambda a)J_1(\lambda\rho)e^{u(z-h)}d\lambda\boldsymbol{e}_\phi, \quad z < h \qquad (3.51)$$

$$\boldsymbol{E}_2 = -\frac{j\omega\mu aI}{2}\int_0^\infty \frac{\lambda}{u}J_1(\lambda a)J_1(\lambda\rho)e^{u(h-z)}d\lambda\boldsymbol{e}_\phi, \quad z > h \qquad (3.52)$$

利用公式

$$H = -\frac{1}{j\omega\mu}\nabla\times(\boldsymbol{E}_\phi\boldsymbol{e}_\phi) = \frac{1}{j\omega\mu}\left[\frac{\partial\boldsymbol{E}_\phi}{\partial z}\boldsymbol{e}_\rho - \frac{1}{\rho}\frac{\partial}{\partial\rho}(\rho\boldsymbol{E}_\phi)\boldsymbol{e}_z\right]$$

可求出如下磁场解析表达式：

$$H = \frac{aI}{2}\int_0^\infty\left[\text{sgn}(z-h)\text{J}_1(\lambda\rho)\boldsymbol{e}_\rho + \frac{\lambda}{u}\text{J}_0(\lambda\rho)\boldsymbol{e}_z\right]\lambda\text{J}_1(\lambda a)e^{-u|z-h|}d\lambda \tag{3.53}$$

式中，$\text{sgn}(\cdot)$ 是符号函数；$\text{J}_0(\cdot)$、$\text{J}_1(\cdot)$ 分别是第一类 0 阶贝塞尔函数和第一类 1 阶贝塞尔函数。贝塞尔函数是一种特殊函数，用来表示贝塞尔方程的解，即式 (3.42) 所示微分方程的解，这类方程的解无法用初等函数来表示。从图 3.2 看出，贝塞尔函数随着自变量的增大，函数值在 0 上下振荡，逐渐趋近于 0。

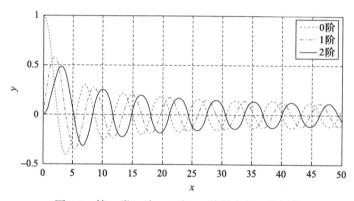

图 3.2 第一类 0 阶、1 阶、2 阶贝塞尔函数图像

式 (3.51)、式 (3.52) 即载有正弦交流电的圆环线圈在无限大均匀、各向同性的线性媒介中的时谐电磁场解析表达式，它是严格、精确的。但是对式 (3.51) 求其原函数，是极其困难的，参考目前的相关文献，均没有类似积分式的原函数求解方法。第一类贝塞尔函数乘以以 e 为底、以复变因子为指数的指数函数的无穷积分，称为广义索末菲积分，关于索末菲积分，时至今日仍能见到很多文章发表，但并没有类似式 (3.51) 积分式的原函数求解方法。

可以用积分定义的原始方式求其近似解，用 MATLAB 计算式 (3.51) 中积分函数的值，发现在自变量为 1000 时，函数值几乎等于零，为了求解方便，将本来是 0 到正无穷 (+∞) 的积分限取为 0 到 1000。将式 (3.51) 代入所求点的坐标，求解出来的结果是一个复数，它的模代表该点处电场强度的有效值 (前提是代入的电流也是有效值），相角代表该点处电场强度的相位与初始电流的相位差。如果圆环线圈中的电流为正弦交流电，则产生的电场为正弦涡旋电场。

3.2.4　空气和海洋环境中的电场比较

海水的电导率、相对介电常数等物理参数与空气的相比有很大不同，对于 IPT 系统的分析方法，在海水与空气环境中也有所不同。海水电导率不为零，导致线圈中的电流在海水中激发的电场会引起涡流，进而产生涡流损耗，因此系统在海水中的效率明显低于其在空气中的效率。另外，IPT 系统线圈中的电流在海水中激发的电场的相位偏移随着距离的增加越来越大，从而引起初级侧系统失谐，导致系统传输效率进一步降低。这些因素都使得适用于空气中的 IPT 系统电路模型不能直接应用于海水环境中。

基于以上分析，首先对空气和海水环境中线圈周围的电场进行对比分析，然后对线圈中的电流在其周围海水中产生的涡流损耗进行分析计算，最后以 S-S 型补偿结构为基础，提出适用于海水环境中 IPT 系统的修正互感模型。该模型既能够定量表示 IPT 系统在海水中的涡流损耗大小，又能针对 IPT 系统在海水中的失谐进行修正。

图 3.3 为一个单匝线圈模型示意图，$Coil_1$ 所在平面与 xOy 平面重合，线圈中心与坐标原点重合，其半径为 a，其中通入的电流为 $i(t) = \sqrt{2}I\cos(\omega t + \theta_1)$。假设该线圈处于线性均匀的无限介质中，$\varepsilon$、$\mu$、$\sigma$ 分别表示介质的介电常数、相对磁导率和电导率，则空间中任意一点 $Q(\rho, \varphi, z)$ 处的电场强度为

$$\boldsymbol{E}(\rho, \varphi, z) = -\frac{\mathrm{j}\omega\mu a I}{2} \int_0^\infty \frac{\lambda}{u} \mathrm{J}_1(\lambda a) \mathrm{J}_1(\lambda\rho) \mathrm{e}^{-u|z|} \mathrm{d}\lambda \boldsymbol{e}_\varphi \tag{3.54}$$

式中，$\boldsymbol{E}(\rho, \varphi, z)$ 是 Q 点电场强度的复向量表示；u 的表达式为

$$u = \sqrt{\lambda^2 - \omega\mu(\omega\varepsilon - \mathrm{j}\sigma)} \tag{3.55}$$

在上面的分析中，I 和 $\boldsymbol{I}$、$E(\rho, \varphi, z)$ 和 $\boldsymbol{E}(\rho, \varphi, z)$ 之间的关系如下：

$$\begin{cases} \boldsymbol{E}(\rho, \varphi, z) \leftrightarrow \sqrt{2}E(\rho, \varphi, z)\cos(\omega t + \theta_E) = E(t) \\ \boldsymbol{I} \leftrightarrow \sqrt{2}I\cos(\omega t + \theta_1) = i(t) \end{cases} \tag{3.56}$$

式中，$E(t)$ 是 Q 点的电场在时域中的瞬时表达式；$E(\rho, \varphi, z)$ 是 Q 点电场强度的均方根值；$\boldsymbol{I}$ 是时域电流 $i(t)$ 的复相量表示。

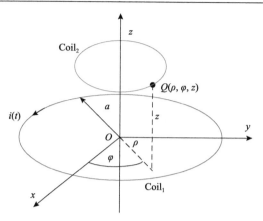

图 3.3　单匝线圈模型示意图

从式(3.54)可以看出，单匝线圈中的电流在空间中任意一点 Q 处激发的电流只在 φ 方向有分量，ρ 和 z 方向均无分量。在 Coil$_2$ 上任意一点处，电场大小都是相等的，因此 Coil$_2$ 中的感应电压为

$$U_2 = \int_{\text{Coil}_2} E(\rho,\varphi,z)\mathrm{d}l = 2\pi\rho E(\rho,\varphi,z) \tag{3.57}$$

表 3.1 是空气和海水的物理参数对比，分别将它们代入式(3.54)，可以得到线圈中的电流在空气和海水环境中各自产生的电场，因为 $E(\rho,\varphi,z)$ 只有 φ 方向分量，所以只需要在一个过 z 轴的截面上对电场进行分析对比，这里选取 yOz 平面。

表 3.1　空气和海水的物理参数对比

属性	介质	
	海水	空气
电导率 $\sigma/(\text{S/m})$	3.38	0
相对磁导率 μ	1	1
相对介电常数 ε	81	1

图 3.4 和图 3.5 分别描述了 ρ 和 z 两个方向上的电场幅值和相位大小。图 3.4(a)和图 3.5(a)显示在同一位置处，海水中的电场幅值略微低于空气中的电场幅值，从图 3.4(a)可以看出，在线圈平面上($z=0$)，随着 ρ 的逐渐增加，电场幅值越来越大且在线圈位置处达到最大，随后电场幅值逐渐减小。同样，在 z 方向上，随着与线圈的距离越来越远，电场幅值越来越小。图 3.4(b)和图 3.5(b)显示，在空气中电场相位滞后于电流相位的角度基本保持在 90°，而在海水中电场相位滞后于电流相位的角度大于 90°，并且离线圈越远，滞后的角度越大，这说明海水介质

对电场的影响主要体现在增大了电场相位的滞后角度,而对电场幅值的影响很小。

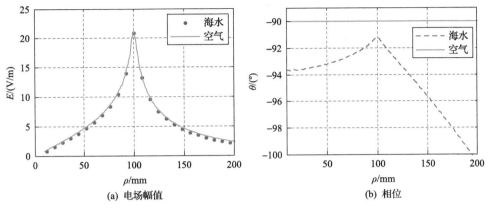

(a) 电场幅值　　　　　　　　　　　　(b) 相位

图 3.4　$z=0$ 时 ρ 方向空气和海水中电场幅值和相位的对比

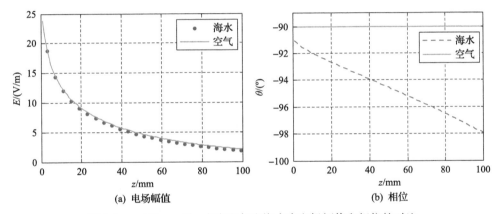

(a) 电场幅值　　　　　　　　　　　　(b) 相位

图 3.5　$\rho=100\text{mm}$ 时 z 方向空气和海水中电场幅值和相位的对比

3.3　修正互感模型

3.3.1　涡流损耗分析

　　IPT 系统的工作原理是电磁耦合,线圈中的交变电流会在空间中产生交变磁场,而交变磁场又会在空间中产生涡旋电场,涡旋电场在线圈中会产生感应电动势。海水是导电介质,涡旋电场会在海水中产生涡流。图 3.6 是空气和海水中线圈周围的涡流能量密度分布图,从中可以看出空气中线圈周围涡流能量密度基本为 0,说明空气中基本不产生涡流损耗,而在海水中线圈周围的涡流能量密度明显不为 0,越靠近线圈,涡流能量密度越大。这一部分能量以电流发热的形式被海水吸收,所以在初级侧电路提供的能量不变的情况下,次级侧电路得到的能量就会减小，从而使得系统的传输效率降低。

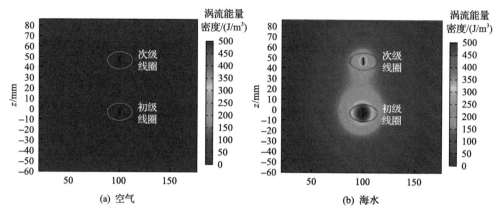

图 3.6　线圈在不同介质中的涡流能量密度分布

IPT 系统在海水中的电场及涡电流示意图见图 3.7，其中初级侧线圈和次级侧线圈的半径相同，匝数都为 N，线圈中的电流分别是 I_P 和 I_S。

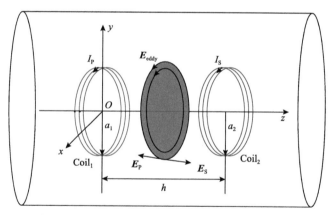

图 3.7　IPT 系统在海水中的电场及涡电流示意图

式(3.54)描述的是一个位于 xOy 平面上的单匝线圈在空间任意一点 $Q(\rho, \varphi, z)$ 处产生的电场，那么 N 匝螺旋线圈在 $Q(\rho, \varphi, z)$ 处产生的电场可以由每匝线圈在 $Q(\rho, \varphi, z)$ 处产生的电场叠加合成，即

$$E_{\text{total}}(\rho, \varphi, z) = -\frac{\mathrm{j}\omega\mu aI}{2}\int_0^\infty \frac{\lambda}{u} \mathrm{J}_1(\lambda r)\mathrm{J}_1(\lambda\rho)(\mathrm{e}^{-u|z-h_{\min}|} + \mathrm{e}^{-u|z-h_{\min}-d|} + \cdots$$
$$+ \mathrm{e}^{-u|z-h_{\min}-(N-1)d|})\mathrm{d}\lambda e_\varphi \tag{3.58}$$

式中，$h_{\min}$ 为离 xOy 平面最近的一匝线圈；d 为相邻两匝线圈之间的轴心距离。

因此，图 3.7 中由初级侧线圈和次级侧线圈中的电流在 $Q(\rho, \varphi, z)$ 处产生的电场可以分别表示为

$$E_{\mathrm{P}}(\rho,\varphi,z) = -\frac{\mathrm{j}\omega\mu a_1 I_{\mathrm{P}}}{2}\int_0^\infty \frac{\lambda}{u}\mathrm{J}_1(\lambda r)\mathrm{J}_1(\lambda\rho)(\mathrm{e}^{-u|z|}+\mathrm{e}^{-u|z-d|}+\cdots+\mathrm{e}^{-u|z-(N-1)d|})\mathrm{d}\lambda\,\boldsymbol{e}_\varphi$$
$$\leftrightarrow \sqrt{2}E_{\mathrm{P}}\cos(\omega t+\theta_{\mathrm{P}})\boldsymbol{e}_\varphi$$

$$(3.59)$$

$$E_{\mathrm{S}}(\rho,\varphi,z) = -\frac{\mathrm{j}\omega\mu a_2 I_{\mathrm{S}}}{2}\int_0^\infty \frac{\lambda}{u}\mathrm{J}_1(\lambda r)\mathrm{J}_1(\lambda\rho)(\mathrm{e}^{-u|z-h|}+\mathrm{e}^{-u|z-h-d|}+\cdots+\mathrm{e}^{-u|z-h-(N-1)d|})\mathrm{d}\lambda\,\boldsymbol{e}_\varphi$$
$$\leftrightarrow \sqrt{2}E_{\mathrm{S}}\cos(\omega t+\theta_{\mathrm{S}})\boldsymbol{e}_\varphi$$

$$(3.60)$$

式中，h 表示初、次级侧线圈之间的距离，而 $Q(\rho, \varphi, z)$ 处的合成磁场 $E_{\mathrm{eddy}}(\rho, \varphi, z)$ 就是 $E_{\mathrm{P}}(\rho, \varphi, z)$ 和 $E_{\mathrm{S}}(\rho, \varphi, z)$ 的叠加，即

$$E_{\mathrm{eddy}}(\rho,\varphi,z) = E_{\mathrm{P}}(\rho,\varphi,z)+E_{\mathrm{S}}(\rho,\varphi,z)$$
$$\leftrightarrow \sqrt{2}E_{\mathrm{eddy}}\cos(\omega t+\theta_3)\boldsymbol{e}_\varphi$$

$$(3.61)$$

在式 (3.61) 的基础上，可对 IPT 系统在海水中产生的涡流损耗功率进行定量计算，即

$$P_{\mathrm{eddy}} = \iiint\limits_V \sigma E_{\mathrm{eddy}}^2 \mathrm{d}V$$

$$(3.62)$$

式中，V 为积分区域；P_{eddy} 为 IPT 系统在海水中工作时电流的发热功率，也就是单位时间内海水吸收的能量。

虽然可以通过式 (3.59) 和式 (3.62) 计算出总的涡流损耗，但是其计算过程比较烦琐。为了能在实验过程中快速简便地计算涡流损耗功率，对式 (3.62) 进行进一步处理。从图 3.4(b) 和图 3.5(b) 中可以看出，在海水中初级侧线圈和次级侧线圈中电流产生的电场的相位差最大约为 96°，但是仍然可以认为两个电场的相位相差 90°，因此式 (3.61) 可以进一步表示为

$$\left|\boldsymbol{E}_{\mathrm{eddy}}\right|^2 = \left|\boldsymbol{E}_{\mathrm{P}}+\boldsymbol{E}_{\mathrm{S}}\right|^2 \approx \left|\boldsymbol{E}_{\mathrm{P}}\right|^2 + \left|\boldsymbol{E}_{\mathrm{S}}\right|^2$$

$$(3.63)$$

则式 (3.62) 中的 E_{eddy} 可以表示为

$$E_{\mathrm{eddy}}^2 \approx E_{\mathrm{P}}^2 + E_{\mathrm{S}}^2$$

$$(3.64)$$

将式(3.64)代入式(3.62)，可以得到总的涡流损耗功率为

$$P_{\text{eddy}} = \iiint\limits_V \sigma(E_P^2 + E_S^2)\mathrm{d}V \tag{3.65}$$

由式(3.65)可以看出，海水中 IPT 系统产生的总涡流损耗功率可以分成两部分：一部分是由初级侧电流产生的电场 $\boldsymbol{E}_P$ 产生的，另一部分是由次级侧电流产生的电场 $\boldsymbol{E}_S$ 产生的，分别表示为

$$P_{\text{eddy1}} = \iiint\limits_V \sigma E_P^2 \mathrm{d}V \tag{3.66}$$

$$P_{\text{eddy2}} = \iiint\limits_V \sigma E_S^2 \mathrm{d}V \tag{3.67}$$

式中，P_{eddy1} 只与初级侧电流有关；P_{eddy2} 只与次级侧电流有关。所以，可以将涡流损耗等效为初级侧电路和次级侧电路中的两个电阻，分别为

$$R_{\text{eddy1}} = P_{\text{eddy1}} \big/ I_P^2 \tag{3.68}$$

$$R_{\text{eddy2}} = P_{\text{eddy2}} \big/ I_S^2 \tag{3.69}$$

电阻 R_{eddy1} 和 R_{eddy2} 在原电路中并不存在，可以将它们理解为等效涡流损耗阻抗，用来衡量海水中的涡流损耗，这样就可以将 IPT 系统在海水中产生的涡流损耗用两个具体的电阻来表示。

3.3.2　互感修正

S-S 型 IPT 系统的电路如图 3.8 所示，R_P 和 R_S 分别为初级侧线圈和次级侧线圈的交流阻抗，C_P 和 C_S 分别为初级侧线圈和次级侧线圈的补偿电容，M_{air} 为空气中初级侧线圈和次级侧线圈之间的互感。

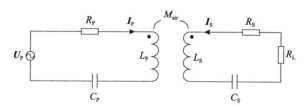

图 3.8　空气中 S-S 型 IPT 系统的电路

因为采用 S-S 型补偿结构的系统在互感变化时不会失谐，所以选择 S-S 型补偿结构来推导海水环境中的修正互感模型。当系统处于谐振状态时，其传输效率

和传输功率分别为

$$\eta = \frac{R_{\text{ref}}}{R_{\text{ref}} + R_{\text{P}}} \frac{R_{\text{L}}}{R_{\text{L}} + R_{\text{S}}} \tag{3.70}$$

$$P_{\text{L}} = \eta U_{\text{S}} I_{\text{P}} = I_{\text{P}}^2 \frac{R_{\text{ref}} R_{\text{L}}}{R_{\text{L}} + R_{\text{S}}} \tag{3.71}$$

式中，R_{ref} 为次级侧线圈在初级侧线圈电路中的反射阻抗，其表达式为

$$R_{\text{ref}} = \frac{(\omega M_{\text{air}})^2}{R_{\text{S}} + R_{\text{L}}} \tag{3.72}$$

这里，ω 为系统谐振频率。

　　显然，在空气中，影响系统传输性能的因素有 M_{air}、R_{P}、R_{S}、R_{L} 及 ω。海水环境对 IPT 系统的影响主要有两个方面：一是使得次级侧线圈中的电流相位滞后于初级侧线圈中的电流相位的角度大于 $90°$，导致系统输入阻抗不是一个纯阻抗，从而产生无功功率；二是涡旋电场在海水中产生涡电流，从而产生涡流损耗，因此图 3.8 不再适用于海水环境，需要对该模型进行修正。在图 3.8 中，次级侧线圈中的感应电压为

$$U_{12\text{air}} = -\text{j}\omega M_{\text{air}} I_{\text{Pair}} \tag{3.73}$$

式中，$U_{12\text{air}}$ 为空气中初级侧线圈中的电流 I_{Pair} 在次级侧线圈中产生的感应电压。

　　从式 (3.73) 可以看出，感应电压 $U_{12\text{air}}$ 的相位滞后于初级侧线圈中的电流 I_{Pair} 的相位的角度为 $90°$。然而，海水中次级侧线圈中的感应电压滞后于初级侧线圈中的电流的角度大于 $90°$，因此式 (3.73) 不能直接应用到海水环境中。海水中次级侧线圈中的感应电压需要用式 (3.74) 进行计算，即

$$U_{12\text{sea}} = \oint_{\text{Coil}_2} E_{12\text{sea}} \text{d}l \tag{3.74}$$

式中，$U_{12\text{sea}}$ 为在海水中次级侧线圈中的感应电压。

　　直接利用式 (3.74) 计算感应电压不方便，对其进行简化，定义

$$k(\sigma, \varepsilon, \mu, \omega) = U_{12\text{sea}} / U_{12\text{air}} \tag{3.75}$$

$$\theta(\sigma, \varepsilon, \mu, \omega) = \theta_{\text{air}} - \theta_{\text{sea}} \tag{3.76}$$

即 $k(\sigma, \varepsilon, \mu, \omega)$ 为 $U_{12\text{sea}}$ 和 $U_{12\text{air}}$ 的幅值之比，$\theta(\sigma, \varepsilon, \mu, \omega)$ 为 $U_{12\text{air}}$ 和 $U_{12\text{sea}}$ 的相位差。这样，式 (3.74) 就可以写为

$$U_{12\mathrm{sea}} = k(\sigma,\varepsilon,\mu,\omega)\mathrm{e}^{-\mathrm{j}\theta(\sigma,\varepsilon,\mu,\omega)}U_{12\mathrm{air}} \tag{3.77}$$

式 (3.77) 中，$k(\sigma,\varepsilon,\mu,\omega)$ 和 $\theta(\sigma,\varepsilon,\mu,\omega)$ 与系统谐振频率、线圈的空间结构以及导线参数有关，由于影响因素过多，很难给出其具体的解析表达式。但是，一旦系统设计好以后，各个参数都是固定值，$k(\sigma,\varepsilon,\mu,\omega)$ 和 $\theta(\sigma,\varepsilon,\mu,\omega)$ 是两个常数，即 k 和 θ，则式 (3.77) 可以表示为

$$U_{12\mathrm{sea}} = -\mathrm{j}\omega k M_{\mathrm{air}} I_{\mathrm{Psea}}\mathrm{e}^{-\mathrm{j}\theta} \tag{3.78}$$

θ 可以直接从图 3.4 和图 3.5 中得到，k 可以利用实验方法快速得到。同理，次级侧线圈中的电流在初级侧线圈中的感应电压与式 (3.78) 类似。综合上面的论述，可以得到海水环境中的 IPT 系统修正互感模型，如图 3.9 所示。

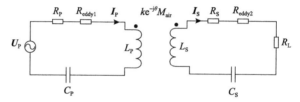

图 3.9　海水环境中的 IPT 系统修正互感模型

当 $R_{\mathrm{P}}=R_{\mathrm{S}}=R$、$C_{\mathrm{P}}=C_{\mathrm{S}}=C$、$L_{\mathrm{P}}=L_{\mathrm{S}}=L$ 时，初级侧线圈和次级侧线圈中的电流分别是

$$I_{\mathrm{P}} = \cfrac{U_{\mathrm{P}}}{R + R_{\mathrm{eddy1}} + \mathrm{j}\omega L + \cfrac{1}{\mathrm{j}\omega C} + \cfrac{k^2\omega^2 M_{\mathrm{air}}^2 \mathrm{e}^{-2\mathrm{j}\theta}}{\mathrm{j}\omega L + R + R_{\mathrm{eddy2}} + R_{\mathrm{L}} + \cfrac{1}{\mathrm{j}\omega C}}} \tag{3.79}$$

$$I_{\mathrm{S}} = \cfrac{\mathrm{j}\omega k M_{\mathrm{air}}\mathrm{e}^{-\mathrm{j}\theta} I_{\mathrm{P}}}{\mathrm{j}\omega L + R + R_{\mathrm{eddy2}} + R_{\mathrm{L}} + \cfrac{1}{\mathrm{j}\omega C}} \tag{3.80}$$

式 (3.79) 表明海水环境中，当电源角频率 $\omega = 1/\sqrt{LC}$ 时，U_{P} 和 I_{P} 不是同相位的，初级侧电路是失谐的；而式 (3.80) 表明，次级侧电路仍然是谐振的，系统的输入阻抗为

$$Z_{\mathrm{in}} = \frac{U_{\mathrm{P}}}{I_{\mathrm{P}}} = R + R_{\mathrm{eddy1}} + \frac{k^2\omega^2 M_{\mathrm{air}}^2}{R + R_{\mathrm{eddy2}} + R_{\mathrm{L}}}\big[\cos(2\theta) - \mathrm{j}\sin(2\theta)\big] \tag{3.81}$$

式中，Z_{in} 的虚部为 $k^2\omega^2 M_{\mathrm{air}}^2\sin(2\theta)/(R+R_{\mathrm{eddy2}}+R_{\mathrm{L}})$。为了消除虚部，需要在初级

侧电路中加入一个补偿电感 L_{offset}，它的取值满足

$$\omega L_{\text{offset}} = \frac{\sin(2\theta)}{R + R_{\text{eddy2}} + R_{\text{L}}} k^2 \omega^2 M_{\text{air}}^2 \tag{3.82}$$

将 L_{offset} 加入初级侧电路，式(3.79)中的 U_{P} 和 I_{P} 就是同相位的，且式(3.81)中的输入阻抗 Z_{in} 只有实部，说明 IPT 系统重新恢复了谐振状态。

3.4　实 验 验 证

为了验证等效涡流阻抗以及修正互感模型，搭建了如图 3.10 所示的实验系统，海水环境由两个圆柱形水桶装满盐水来模拟，线圈放置在两个桶之间，盐水的浓度配制成与海水一样，系统的谐振频率设置为 337kHz，实验参数如表 3.2 所示。

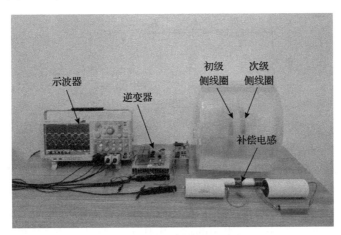

图 3.10　模拟海水环境的实验系统

表 3.2　实验参数

参数	数值
初级侧线圈电感 L_{P}	51μH
次级侧线圈电感 L_{S}	50.6μH
初级侧补偿电容 C_{P}	4.35nF
次级侧补偿电容 C_{S}	4.4nF
初级侧线圈电阻 R_{P}	0.59Ω
次级侧线圈电阻 R_{S}	0.53Ω
负载电阻 R_{L}	25.4Ω

续表

参数	数值
线圈匝数 N_P, N_S	11 匝
线圈间距 h	50mm
导线半径 r	0.86mm
线圈半径 a	100mm

3.4.1　初级侧电路中的等效涡流阻抗

为了验证初级侧电路中的涡流损耗功率和等效涡流阻抗，按照如图 3.11 所示的电路图搭建实验系统。此时次级侧电路处于开路状态，负载电阻加入到初级侧电路以限制初级侧电路中的电流。

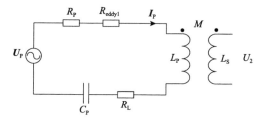

图 3.11　次级侧开路时的电路图

将实验系统分别放置在空气和海水环境中，调节初级侧电流 I_P 使其从 1A 变化到 3A，分别测量输入电压 U_P 和次级侧的感应电压 U_2。图 3.12 为在空气和海水环境中得到的 U_P 和 U_2，两种环境中 U_P 和 U_2 都随着 I_P 的增加而增加。图 3.12(a) 表明在电流相等的情况下，海水中的输入电压 U_{1sea} 要大于空气中的输入电压 U_{1air}，

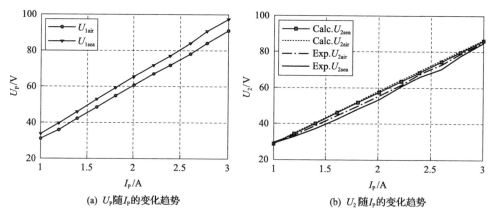

(a) U_P 随 I_P 的变化趋势　　　　　　　　　(b) U_2 随 I_P 的变化趋势

图 3.12　初级侧涡流损耗等效阻抗

相应海水中系统的输入功率也要高于空气中系统的输入功率，而这部分多出的功率就是初级侧电流在海水中产生的涡流损耗。图 3.12(b) 为计算和实验得到的感应电压随初级侧电流 I_P 的变化趋势，其中 Calc.U_{2sea} 和 Calc.U_{2air} 为理论计算得到的次级侧电路在海水中和空气中的感应电压，Exp.U_{2sea} 和 Exp.U_{2air} 为实验测量得到的次级侧电路在海水中和空气中的感应电压。可见当次级侧开路时，两种环境中的次级侧感应电压差距非常小，根据实验测量数据得到的 k 平均值为 0.982，根据式 (3.75) 计算得到的 k 值为 0.974，说明海水中的电场强度幅值略微低于空气中的电场强度幅值的结论是正确的。

令 ΔU_P 为 $U_{1sea} - U_{1air}$，初级侧中的等效涡流阻抗 R_{eddy1} 和涡流损耗功率 P_{eddy1} 可以分别表示为

$$R_{eddy1} = \Delta U_P / I_P \tag{3.83}$$

$$P_{eddy1} = I_P^2 R_{eddy1} \tag{3.84}$$

图 3.13(a) 中，实验测得的 R_{eddy1} 的平均值是 2.54Ω，而根据式 (3.68) 计算得到的 R_{eddy1} 是 2.61Ω，可以看出二者非常接近。图 3.13(b) 说明，由式 (3.84) 得到的涡流损耗功率的实验测量值和由式 (3.66) 得到的涡流损耗功率的计算值非常接近。

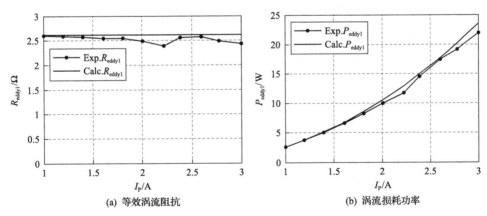

(a) 等效涡流阻抗　　　　　　　　(b) 涡流损耗功率

图 3.13　初级侧电路实验结果

3.4.2　次级侧电路中的等效涡流阻抗

为了验证次级侧电路中的等效涡流阻抗 R_{eddy2} 和涡流损耗功率 P_{eddy2}，按照图 3.11 所示的电路搭建实验系统，为了在同一频率下使系统处于谐振状态，在初级侧电路中加入补偿电感 L_{offset}。保持初级侧电流 I_P 的变化范围和 3.4.1 节中一样，在此条件下分别测量空气和海水中电源提供的电压 U_S。空气和海水中系统输入功

率的表达式分别是

$$P_{\text{airin}} = I_{\text{Pair}}^2 R_{\text{P}} + I_{\text{Sair}}^2 R_{\text{S}} + I_{\text{Sair}}^2 R_{\text{L}} \tag{3.85}$$

$$P_{\text{seain}} = I_{\text{Psea}}^2 (R_{\text{P}} + R_{\text{eddy1}}) + I_{\text{Ssea}}^2 (R_{\text{S}} + R_{\text{L}}) + P_{\text{eddy2}} \tag{3.86}$$

式中，P_{eddy2} 为次级侧电流在海水中的涡流损耗功率。综合式 (3.85) 和式 (3.86) 就可以得到次级侧电路中的涡流损耗功率和等效涡流阻抗分别为

$$P_{\text{eddy2}} = P_{\text{seain}} - I_{\text{Ssea}}^2 (R_{\text{L}} + R_{\text{S}}) - I_{\text{Psea}}^2 (R_{\text{eddy1}} + R_{\text{P}}) \tag{3.87}$$

$$R_{\text{eddy2}} = P_{\text{eddy2}} \big/ I_{\text{Psea}}^2 \tag{3.88}$$

图 3.14 中，实验测量结果是根据式 (3.87) 和式 (3.88) 得到的，理论计算结果是根据式 (3.67) 和式 (3.69) 得到的。图 3.14(a) 中 R_{eddy2} 的实验测量结果和理论计算结果的平均值分别是 2.46Ω 和 2.62Ω，图 3.14(b) 中 P_{eddy2} 的实验测量结果和理论计算结果也非常接近，说明按照式 (3.87) 和式 (3.88) 计算次级侧电路中的涡流损耗功率和等效涡流阻抗是可行的。

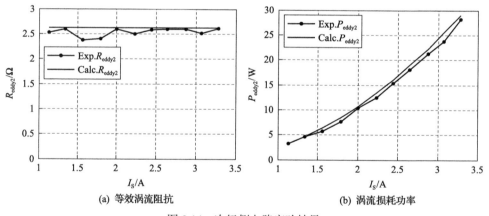

(a) 等效涡流阻抗   (b) 涡流损耗功率

图 3.14　次级侧电路实验结果

3.4.3　修正互感模型验证

在 3.4.1 节中已经得到 k 的实验测量结果为 0.974，代入式 (3.82)，得到补偿电感 L_{offset} 的值为 5.33μH，把该小电感加入到初级侧电路，使 IPT 系统在海水中重新处于谐振状态。

IPT 系统在空气中谐振、海水中失谐和加入补偿电感后在海水中重新恢复谐振状态时的波形见图 3.15。

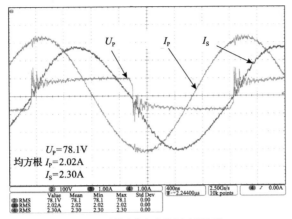

(a) IPT系统在空气中谐振时的波形

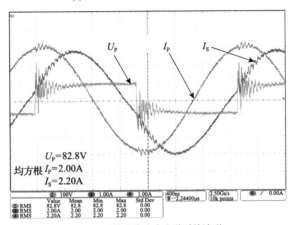

(b) IPT系统在海水中失谐时的波形

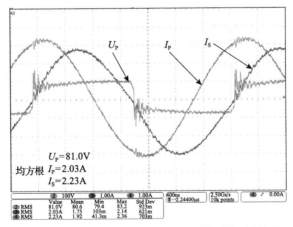

(c) 加入补偿电感后IPT系统在海水中重新恢复谐振时的波形

图 3.15　IPT 系统实验波形图

图 3.15(a)中 U_P 和 I_P 处于同相位，I_P 和 I_S 之间的相位相差 90°，说明系统此时达到谐振状态，系统效率达到 90%。图 3.15(b)是把同样的系统放置在海水中得到的波形图，显然 U_P 和 I_P 不同相位，而且 U_P 滞后于 I_P，说明系统产生失谐，且此时的电能传输效率也仅为 72.7%。图 3.15(c)显示初级侧电路中加入补偿电感后，U_P 和 I_P 又变为同相位，系统重新恢复谐振，电能传输效率也上升到了 80%。三种状态下系统的电能传输效率见表 3.3。

表 3.3　IPT 系统在三种状态下的电能传输效率比较

测量参数	实验环境		
	空气中谐振	海水中失谐	海水中谐振
直流输入电压 U_d/V	78.2	83.7	81.8
直流输入电流 I_d/A	1.91	2.02	1.93
逆变器输入电压 U_P/V	78.1	82.8	81
逆变器输入电流 I_P/A	2.02	2	2.03
负载电流 I_S/A	2.3	2.2	2.23
电能传输效率 $I_S^2 R_L/(U_d I_d)$/%	90	72.7	80

对比图 3.15(a)和(c)，在相同的工作频率下，系统在海水中的电能传输效率低于在空气中的电能传输效率，说明涡流损耗导致了系统传输效率的降低，而且在海水中的涡流损耗不容忽视；此外，当系统从空气中应用到海水中时，补偿电感起着重要的作用，因为它会使系统重新恢复谐振状态，提高了系统的传输效率。

3.5　海洋环境中的 IPT 系统能量分配模型

水下 IPT 系统在运行过程中，初级侧线圈的交流阻抗会消耗部分输入能量，根据电场强度和磁场强度的解析表达式，可知任意一点 $Q(\rho,\varphi,z)$ 处的 E 和 H 会随着时间的变化而变化，在能量传输过程中，由于海水具有导电性，线圈周围空间中任意一点处的电磁场能量会发生周期性变化，空间中总的电能和磁场能量相互转化，周期性的相互转化过程会产生涡流损耗，传输到次级侧的能量分别被负载和次级侧线圈交流阻抗消耗。各部分能量的表达式如下：

$$P_P = I_P^2 R_P \tag{3.89}$$

$$P_S = I_S^2 R_S \tag{3.90}$$

$$P_L = I_S^2 R_L \tag{3.91}$$

$$P_{\text{eddy}} = I_{\text{P}}^2 R_{\text{eddy1}} + I_{\text{S}}^2 R_{\text{eddy2}} \tag{3.92}$$

式中，P_{P}、P_{S}、P_{L} 和 P_{eddy} 分别为初级侧电路交流电阻 R_{P}、次级侧电路交流电阻 R_{S}、次级侧负载 R_{L} 消耗的功率和涡流损耗功率；I_{P} 和 I_{S} 分别为初级侧电路和次级侧电路中的电流有效值。

根据海水环境中 IPT 系统的能量流动过程，给出能量分配模型如图 3.16 所示。

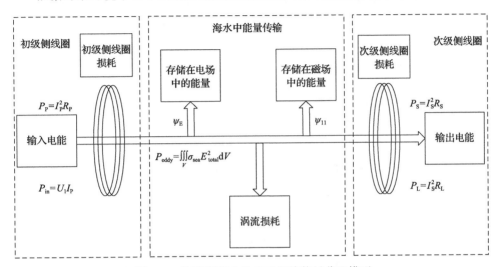

图 3.16　海洋环境中的 IPT 系统能量分配模型

根据能量流动过程得出输入功率的表达式为

$$P_{\text{in}} = I_{\text{P}}^2 R_{\text{P}} + I_{\text{S}}^2 R_{\text{S}} + I_{\text{S}}^2 R_{\text{L}} + I_{\text{P}}^2 R_{\text{eddy1}} + I_{\text{S}}^2 R_{\text{eddy2}} \tag{3.93}$$

海水中 IPT 系统的传输效率 η 的表达式为

$$\eta = \frac{P_{\text{L}}}{P_{\text{L}} + P_{\text{P}} + P_{\text{S}} + P_{\text{eddy}}} \tag{3.94}$$

结合功率表达式和效率表达式，进一步得出

$$\eta = \frac{I_{\text{S}}^2 R_{\text{L}}}{I_{\text{P}}^2 R_{\text{P}} + I_{\text{S}}^2 R_{\text{S}} + I_{\text{S}}^2 R_{\text{L}} + I_{\text{P}}^2 R_{\text{eddy1}} + I_{\text{S}}^2 R_{\text{eddy2}}} \tag{3.95}$$

式中，R_{P}、R_{S}、R_{eddy1} 和 R_{eddy2} 均与系统工作频率及匝数有关。对于线圈交流阻抗，可以事先通过实验与曲线拟合得到一个与匝数和工作频率有关的解析表达式。

在线圈结构尺寸确定后，线圈涡流损耗可以表示为一个固定参数与系统工作频率和匝数乘积的平方。关于线圈交流阻抗和涡流损耗详细的在线估算方法，有兴趣的读者可以参考文献[112]。

3.6　IPT 系统的参数优化方法

在系统修正互感模型及能量分配模型的基础上，可以优化设计系统工作参数，降低系统的涡流损耗及电路损耗，在满足功率传输的基础上尽可能地提高传输效率。

3.6.1　无线电能传输系统能效优化准则

影响水下 IPT 系统传输效率 η、传输功率 P_{load} 的因素主要有线圈匝数 N、线圈半径 a、工作频率 f、导线半径 r、负载 R_{L} 等。假定 r、a_{P}、a_{S}、R_{L} 均在系统总体设计时已确定，则最终影响的因素为 N 及 f。参数优化设计的准则为：在负载功率满足应用要求的前提下，尽可能提高系统的传输效率。水下 IPT 系统参数优化模型如图 3.17 所示。

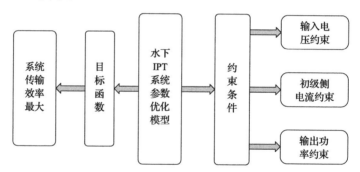

图 3.17　水下 IPT 系统参数优化模型

线圈匝数 N 和工作频率 f 满足如下约束条件：

$$\begin{cases} N_{\text{min}} \leqslant N \leqslant N_{\text{max}} \\ f_{\text{min}} \leqslant f \leqslant f_{\text{max}} \end{cases} \tag{3.96}$$

在输入电压 U_{P} 小于等于电源输出的最大值 U_{max}，初级侧电流小于等于电路允许通过的最大电流 I_{max}，且负载功率大于等于系统所需要的最低负载功率 P_{min} 的情况下：

$$\begin{cases} P_{\text{L}} \geqslant P_{\text{min}} \\ U_{\text{P}} \leqslant U_{\text{max}} \\ I_{\text{P}} \leqslant I_{\text{max}} \end{cases} \tag{3.97}$$

优化线圈匝数 N 和工作频率 f，使系统传输效率 η 最优。

3.6.2　基于遗传算法的参数优化设计

1. 遗传算法概述

遗传算法(genetic algorithm, GA)是一种模拟自然选择和遗传学机理的启发式随机搜索算法，从问题的一个可行解集开始搜索，在每次迭代中，通过选择、交叉、变异操作产生更优秀的解集，直至求得最优解。该算法是进化算法的一种，进化算法是运用优胜劣汰准则及生物进化机理进行搜索的一类算法，常见的有进化策略、进化规划和遗传算法。

遗传算法中种群的每个个体称为染色体，在迭代过程中染色体的不断更新称为遗传。遗传算法主要通过选择、交叉、变异算子来实现。染色体的优缺点通过适应度来评估。根据适应度值的大小，从父母和后代中选择一定比例的个体作为后代的种群，继续迭代计算直到收敛到全局最优染色体。适应度是遗传算法用来评价种群在进化过程中所能达到最优值的一个概念，可通过适应度函数来体现染色体的适应性。

遗传算法的特点描述如表 3.4 所示。

表 3.4　遗传算法的特点描述

特点	描述
隐含并行性	搜索始于问题的初始解集，而不是单一点，因此搜索范围广，具有并行性，易于对问题进行全局择优
广泛性	通过编码将解转化为染色体之后进行操作，因此不要求使适应度函数连续、可微，应用十分广泛
简化性、自主性	复杂度低，易于编程，可在多种运行环境中以个体适应度值所对应的概率进行搜索，无明确搜索方向，因此在进化过程中可自主获取所需信息，对其他信息无依赖性，具有组织性、自搜索及自学习特性

2. 遗传算法流程

采用遗传算法求解问题的一般步骤如下：

步骤 1　设置基本参数，如种群规模、迭代次数、交叉概率与变异概率等。

步骤 2　随机生成一组可行解，并编码为初始种群。

步骤 3　对于种群中的每个个体，计算其适应度值。

步骤 4　依照适应度值随机选择个体，适应度值越大的个体被选中的概率就越大，使劣等个体在此步骤被淘汰。被选出的个体为后续步骤的操作主体。

步骤 5　交叉操作。在步骤 4 选出的个体中进行随机选择，两两配对，依据交叉概率进行交叉操作。交叉操作的目的是使两个染色体的信息进行交流，重新生成一组新的染色体，以获取更优良的个体。

步骤 6　变异操作。对种群中的个体，依照变异概率进行变异操作。经过选择、交叉与变异，生成子代种群。

步骤 7　检查是否满足终止条件，如果达到规定迭代次数且满足约束条件，则结束算法；若不满足，则继续迭代运行。

3. 基于遗传算法的水下 IPT 系统参数优化设计

1)编码与解码设计

工作频率 f 编码：遗传算法采用二进制编码，对 f 的精度要求较高，所以采用 10 位二进制编码方式，解码后为十进制浮点数。

线圈匝数 N 编码：采用二进制编码，鉴于 N 的物理意义，解码后需将浮点数转化为整数。

染色体编码表如表 3.5 所示。

表 3.5　染色体编码表

参量	f	N
编码 X	$x_1, x_2, \cdots, x_{10}$	$x_{11}, x_{12}, \cdots, x_{20}$

假定系统工作频率 $f \in [100,1000]\text{kHz}$，线圈匝数 $N \in [11,20]$。前十位编码用来描述频率 f 在[100,1000]kHz 范围内的变化。由于线圈匝数 N 为整数，后十位解码取整后用来描述线圈匝数 N 在[11,20]范围内的变化。工作频率 f 的精度为 $900/(2^{10}-1)$，线圈匝数 N 的精度为 $9/(2^{10}-1)$。

工作频率 f 的解码方式为

$$f = 100 + 900 \cdot \text{bin2dec}(X[1:10]) / (2^{10} - 1) \qquad (3.98)$$

式中，$\text{bin2dec}(X[1:10])$ 表示编码 X 的前十位二进制数的十进制转换结果。

线圈匝数 N 的解码方式为

$$N = \text{fix}\left\{ 11 + 9 \cdot \text{bin2dec}(X[11,20]) / (2^{10} - 1) \right\} \qquad (3.99)$$

N 解码后使用 fix 取整函数才能用来计算最终 f、N 组合方案的适应度值。

2)终止条件与约束条件设计

终止条件用于控制算法何时停止。通常对遗传算法设置两个终止条件：其一，达到最大迭代次数，此为基本终止条件；其二，种群是否收敛，若种群基本收敛，则提前结束运算。

约束条件为保证输入电压 U_P 小于等于电源输出的最大值 U_{max}，初级侧电流小于等于电路允许通过的最大电流 I_{max}，同时负载功率大于等于最低负载功率 P_{min}。假定 I_{max} 为 5A，U_{max} 为 100V，则有

$$\begin{cases} 约束1: I_P \leqslant 5 \\ 约束2: U_P \leqslant 100 \\ 约束3: P_L \geqslant 200 \end{cases} \tag{3.100}$$

约束条件主要用于对算法和程序进行纠错，优化算法中的约束条件设计如下：

$$yueshu_1 = I_P - 5 = I_S\sqrt{(R_L + R_S + R_{eddy2})/R_{ref}} - 5 \tag{3.101}$$

$$\begin{aligned} yueshu_2 &= I_P(R_P + R_{eddy1} + R_{ref}) - 100 \\ &= I_S(R_P + R_{eddy1} + R_{ref})\sqrt{(R_L + R_S + R_{eddy2})/R_{ref}} - 100 \end{aligned} \tag{3.102}$$

$$yueshu_3 = P_L - 200 = I_S^2 R_L - 200 \tag{3.103}$$

分别给式(3.101)～式(3.103)加入惩罚系数 $punish_1$、$punish_2$ 及 $punish_3$，即

$$punish_1 \cdot [\max(yueshu_1, 0)]^2 \tag{3.104}$$

$$punish_2 \cdot [\max(yueshu_2, 0)]^2 \tag{3.105}$$

$$punish_3 \cdot [\min(yueshu_3, 0)]^2 \tag{3.106}$$

式中，$punish_1$ 为约束条件 1 惩罚系数；$punish_2$ 为约束条件 2 惩罚系数；$punish_3$ 为约束条件 3 惩罚系数。

当 $I_P = I_S\sqrt{[R_L + R_{coil}(f,N) + R_{eddy}]/R_{ref}}$ 计算的数值超过 5A 时，式(3.101)计算结果为正值，将其代入 $[\max(yueshu_1, 0)]^2$ 计算值不为 0，则上一步计算出来的适应度值就会受到"惩罚"；相反，假如 I_P 小于或等于 5A，$yueshu_1$ 计算结果为负值，代入 $[\max(yueshu_1, 0)]^2$ 计算值为 0，此时不对原先适应度值进行"惩罚"。用同样的方法，对指标 U_P、P_L 进行约束。

3)适应度函数设计

适应度函数用于评定水下 IPT 系统的电能传输效率，希望通过优化搜索得到传输效率最大时系统的工作频率和线圈匝数。结合传输效率表达式和约束条件，可得适应度函数如式(3.107)所示，适应度函数值的大小与个体适应程度成正比。

$$\mathrm{fit}(f,N) = \eta(f,N)$$

$$- \mathrm{punish}_1 \cdot [\max(\mathrm{yueshu}_1, 0)]^2 - \mathrm{punish}_2 \cdot [\max(\mathrm{yueshu}_2, 0)]^2$$

$$- \mathrm{punish}_3 \cdot [\min(\mathrm{yueshu}_3, 0)]^2$$

$$= \left(\frac{R_{\mathrm{ref}}}{R_{\mathrm{ref}} + R_{\mathrm{coil\text{-}P}} + R_{\mathrm{eddy1}}} \right) \cdot \left(\frac{R_{\mathrm{L}}}{R_{\mathrm{L}} + R_{\mathrm{coil\text{-}S}} + R_{\mathrm{eddy2}}} \right) \quad (3.107)$$

$$- \mathrm{punish}_1 \cdot [\max(\mathrm{yueshu}_1, 0)]^2 - \mathrm{punish}_2 \cdot [\max(\mathrm{yueshu}_2, 0)]^2$$

$$- \mathrm{punish}_3 \cdot [\min(\mathrm{yueshu}_3, 0)]^2$$

4）遗传过程设计

种群初始化：假设种群内个体数量为 popsize，则初始种群的维度为 popsize·total_size，这里 total_size 为编码位数，取为 20，工作频率 f 和线圈匝数 N 均由十位二进制数组成，每条染色体的内部元素由随机产生的"0"和"1"构成。

选择操作：首先保存种群中的最优个体，使其不参与之后的交叉与变异操作以防止种群优良性状被破坏，然后在剩余染色体中进行选择：采用经典轮盘赌的方式进行选择操作，假设 popsize 个染色体计算出来的适应度值为

$$\mathrm{Fit} = [\mathrm{fit}_1, \mathrm{fit}_2, \cdots, \mathrm{fit}_{\mathrm{popsize}}] \quad (3.108)$$

以染色体适应度值除以种群适应度值之和即 $\mathrm{fit}_i / (\mathrm{fit}_1 + \mathrm{fit}_2 + \cdots + \mathrm{fit}_{\mathrm{popsize}})$，计算所有染色体的被选中概率。每代的选择操作，需要进行 popsize 次选择，选择后的个体组成下一代种群。轮盘赌示意图如图 3.18 所示。

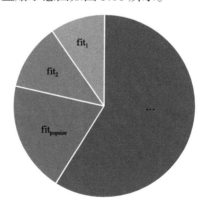

图 3.18　轮盘赌示意图

交叉操作：假设交叉概率为 P_{c}，在随机数 $k < P_{\mathrm{c}}$ 的情况下进行交叉操作。交叉操作是以种群中的每个个体为单位，采用单点交叉方式进行的首先将种群中的染色体进行一一配对，将第 i 个染色体与第 popsize $- i$ 个染色体进行单点交叉操作。假如 popsize 为奇数，则最中间的染色体不进行交叉操作。

变异操作：假设变异概率为 P_m，在随机数 $k < P_m$ 的情况下进行变异操作。变异操作是以解空间内的每个元素为单位，先产生一个随机数 k，若 $k < P_m$，则进行变异操作，将原先的元素进行"取反"操作即可。

在最大迭代次数以内，按照选择、交叉、变异进行种群的更新。若达到最大迭代次数 Genmax，则此时的搜索结果为最优解。

检查是否满足终止条件，若达到规定迭代次数且满足终止条件，则运算结束，否则，继续迭代运行。

4. 遗传算法参量寻优改进

1) 模拟退火算法

遗传算法与传统算法相比虽然具有诸多优势，但仍有其不足之处，例如，参量较多，参量的设定主要依赖经验，设置不当易对优化结果产生较大的影响，出现早熟等问题；计算量较大，依概率进行搜索，无明确搜索方向，导致算法实时性差。因此，可以对遗传算法进行改进或与其他算法相结合，以达到更好的优化效果。

在遗传算法的基础上引入模拟退火(simulated annealing, SA)算法，可以实现优势互补，加强局部搜索能力，加快算法的收敛速度。

模拟退火算法由局部搜索算法改进而来，理论上对于全局最优解有着概率为 1 的收敛性。模拟退火算法的思想来自冶金的退火过程，是对固体退火降温过程的模拟。退火降温过程就是将材料加热后再使其慢慢冷却，目的是增大晶体的体积，减小晶体的缺陷。在固体的加热过程中，其原子的热运动加强，内能增大，随着热量的不断增加，原子会离开原来的位置而随机地在其他位置中移动；冷却时，粒子运动速率较慢，慢慢到达平衡，最后到达常温下的基态，内能降低为最小状态。

模拟退火的原理与金属冶炼退火的原理相似：将搜寻空间中的每个点想象成空气内的分子，分子的能量即它的动能；搜寻空间内的每个点，其如同空气分子一样带有能量，以此表示空间内该点的适应度。算法以任意点作为起始，每步先选择一个邻点，然后计算到达邻点的概率。

模拟退火算法所得解可以收敛到全局最优解，该算法有五种主要参数，分别是初始解与初始温度、降温与降温速率、目标函数、接受概率和解的更替。

(1)初始解与初始温度。初始解为算法求解的起点，模拟退火算法具有渐进收敛性，初始解对求解精度的影响很小；初始温度对算法开始时接受较差解的概率 p 有影响。

(2)降温与降温速率。当运算达到设定的同温度下的迭代次数但仍不满足终止条件时，进行降温操作。通过降温操作使得算法接受较差解的概率降低，以较大的概率接受更优解，帮助算法快速收敛。通过设置降温速率对温度降低的速度进行控制：

$$T_k = T_{k-1} \times \text{rate} \tag{3.109}$$

式中，T_k 为第 k 次降温后的温度；T_{k-1} 为第 $k-1$ 次降温后的温度；rate 为降温速率。

（3）目标函数。目标函数与优化目标密切相关，用于评定解的优劣，指导搜索方向。

（4）接受概率。在求解过程中以一定的概率接受较差解，以保证算法的全局搜索能力。

（5）解的更替。以新解替代当前解，使算法继续进行搜索。在迭代过程中，通过对当前解 i 进行随机扰动产生新解 j，若 $f(i)<f(j)$，则以新解 j 取代旧解 i；若 $f(i)>f(j)$，则以概率 p 选择性地接受该较差解 j。概率 p 一般依照 Metropolis 准则确定：

$$p = \exp\left[\frac{f(i) - f(j)}{KT}\right] \tag{3.110}$$

式中，K 为玻尔兹曼常量；T 为当前温度。

算法迭代过程中逐渐降低温度 T，由式 (3.110) 可知，当温度 T 较高时，算法接受较差解的概率较大，这使得该算法拥有了跳出局部最优解的能力；当温度 T 逐渐降低并趋近于零时，算法接受较差解的概率很小，以较大概率接受更优解。因此，算法在温度 T 较高时，进行全局搜索，在搜索后期温度 T 较低时，进行局部搜索。现实中固体退火过程中需要缓慢降温，以防固体归于亚稳态，同理，算法求解过程中也应缓慢降温，即在同一温度下迭代一定次数再降温，以保证求解的准确性。模拟退火算法的特点描述如表 3.6 所示。

表 3.6　模拟退火算法的特点描述

特点	描述
简化性	计算过程简单，易于实现，同时善于对复杂问题进行高效求解
渐进收敛性	求解效果和初始解的选择无关，理论上对于全局最优解存在概率为 1 的收敛性
全局搜索性	在搜索优良解的同时，也以一定概率接受较差解，具有全局搜索能力

模拟退火算法实现步骤如下：

步骤 1　设置初始温度、降温速率、同一温度下迭代次数 L，随机生成初始解，并计算其目标函数值 $f(x_0)$。

步骤 2　迭代进行步骤 3～步骤 5。

步骤 3　对当前解进行扰动以产生新解，计算新解的目标函数值 $f(x_1)$。

步骤 4　计算 $\Delta f = f(x_1) - f(x_0)$。若 $\Delta f > 0$，则新解优于当前解，接受新解为下一次模拟退火的初始点；若 $\Delta f < 0$，则按照 Metropolis 准则计算新解的接受概率。

步骤 5　判断是否满足终止条件一，若满足，则求解结束，输出当前解。

步骤 6　进行降温操作，判断是否满足终止条件二，若满足，则求解结束，输出当前解；若不满足，则继续迭代。

终止条件：条件一通常设置为连续 n 个新解未被接受；条件二通常设置为当前温度超出规定范围。模拟退火算法优化流程如图 3.19 所示。

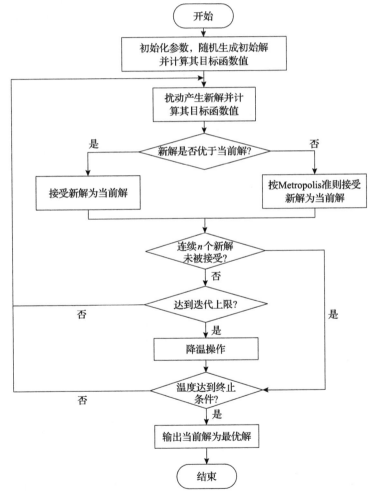

图 3.19　模拟退火算法优化流程

2) 基于模拟退火遗传算法的水下 IPT 系统参数优化算法设计

遗传算法适合进行全局搜索，而局部搜索能力不强，在实际应用中，遗传算法容易出现早熟现象，且计算量较大，难以满足某些问题的实时性要求。模拟退火算法局部搜索能力强，但在求解复杂问题时，需要消耗较长的时间才能求得高质量解。在遗传算法的基础上引入模拟退火算法，目的是使两种算法优势互补，加强局部搜索能力，加快算法的收敛速度。

模拟退火遗传算法 (simulated annealing and genetic algorithm, SAGA) 的核心思想为：首先由遗传算法进行全局搜索，然后将得到的子代种群作为初始种群代入模拟退火算法，进行局部搜索。

遗传算法单独的交叉和变异操作具有随机性，可对遗传算法得到的子代种群进行模拟退火操作，通过这种方式给予种群一定的进化方向引导，弥补遗传算法局部搜索能力弱和模拟退火算法全局搜索能力弱的不足。

3) 算法优化结果与对比

采用遗传算法和模拟退火遗传算法对水下 IPT 系统进行参数优化，优化参数见表 3.7。

表 3.7　GA 和 SAGA 优化参数

参数	数值
约束 1 惩罚系数 $punish_1$	0.001
约束 2 惩罚系数 $punish_2$	0.001
种群个体数量 popsize	10
最大迭代次数 Genmax	100
降温速率 rate	0.9℃/代
初始温度 T	45℃
同温度下迭代次数 L	9

遗传算法通过种群的行动产生"智能"的效果，因此种群中个体的数量对寻优结果的影响非常大。为了突出将模拟退火算法引入后对遗传算法整体性能的提升作用，将种群中个体的数量设置为 10。

(1) 遗传算法寻优结果。

应用遗传算法，得到工作频率 f 和线圈匝数 N 的优化结果分别如图 3.20 和图 3.21 所示。从图中可以看出，当 f=243.1033kHz、N=16 时优化过程开始收敛。对图 3.21 进行分析可以得出，当迭代次数 Gen 为 93 时，全局最佳适应度收敛，并且具有良好的快速性和收敛性。图 3.22 为遗传算法参数寻优全局最佳适应度和种群适应度均值的比较。结合图 3.20～图 3.22 可以得到工作频率 f 和线圈匝数 N 的匹配方案是 f=243.1033kHz，N=16，此时系统最大传输效率 η=0.9412。负载功率 P_L=200.0038W>200W，输入电压 V_P=90.81V<100V，初级侧电流 I_P=2.34A<5A，均符

合约束条件。

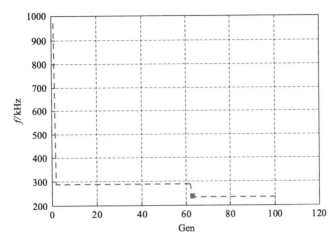

图 3.20　遗传算法工作频率 f 优化结果

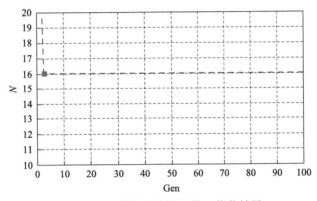

图 3.21　遗传算法线圈匝数 N 优化结果

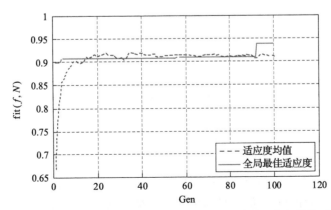

图 3.22　遗传算法参数寻优全局最佳适应度和种群适应度均值对比

(2)模拟退火遗传算法寻优结果。

采用模拟退火遗传算法进行优化，图 3.23 和图 3.24 分别为在 100 次迭代过程中工作频率 f 和线圈匝数 N 的优化结果。

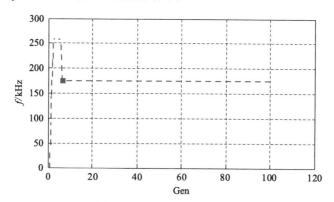

图 3.23　模拟退火遗传算法工作频率 f 优化结果

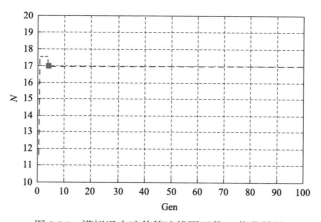

图 3.24　模拟退火遗传算法线圈匝数 N 优化结果

从图 3.23 和图 3.24 可以看出，当 f=181.1789kHz、N=17 时，参数优化过程开始收敛。下面分别从适应度均值和全局最佳适应度两个方面对遗传算法和模拟退火遗传算法参数寻优效果进行对比。

图 3.25 为遗传算法和模拟退火遗传算法参数寻优适应度均值的对比。从图中可以看出，在优化初期，模拟退火遗传算法并没有很好地收敛，也没有较强的全局搜索能力，但是随着迭代次数的增加，模拟退火遗传算法表现出了很好的全局搜索性能和全局收敛性。

图 3.26 为遗传算法和模拟退火遗传算法参数寻优全局最佳适应度对比。从图中可以看出，当遗传算法迭代 93 次时，全局最佳适应度实现收敛，并且具有良好的快速性和收敛性；而模拟退火遗传算法只经历了 42 次迭代就开始收敛搜索到全局

最优解，当 f=181.1789kHz、N=17 时，系统最大传输效率 η = 0.9414。

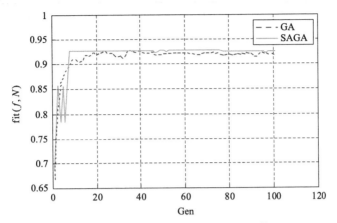

图 3.25　GA 和 SAGA 参数寻优适应度均值对比

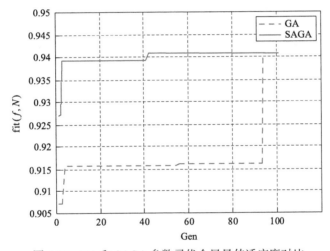

图 3.26　GA 和 SAGA 参数寻优全局最佳适应度对比

负载功率 P_L =200.0038W>200W，输入电压 U_P=68.1248V<100V，初级侧电流 I_P =3.1046A<5A，各指标均符合约束条件。

(3)优化性能比较。

遗传算法和模拟退火遗传算法的优化性能对比如表 3.8 所示。

从迭代仿真时长看，遗传算法优于模拟退火遗传算法，但是遗传算法达到最优解时经历的迭代次数为 93 次，而模拟退火遗传算法只经历了 42 次迭代就搜索到了与全局最优解接近的最优解。相较于遗传算法，模拟退火遗传算法的迭代仿真时长较长，是因为在退火过程产生新的个体，将该个体与全局最优个体进行比较的过程耗费了大量的时间，所以模拟退火遗传算法的实时性稍差。

表 3.8 遗传算法和模拟退火遗传算法优化性能对比

寻优指标	遗传算法	模拟退火遗传算法
100 次迭代仿真时长	6.23s	18.81s
收敛时迭代次数	93 次	42 次
传输效率 η	0.9412	0.9414
输入电压 U_P	70.7229V	68.1248V
初级侧电流 I_P	3.1588A	3.1046A
参数匹配方案	f=243.1033kHz, N=16	f=181.1789kHz, N=17

3.7 本章小结

本章推导出载有正弦交流电的线圈电磁场空间分布的解析解，得出初、次级线圈产生的合成电磁场近场空间分布规律。针对海水介质的特殊性，分析了海洋环境物理参数(电导率、介电常数和磁导率)对水下 IPT 系统的影响机理，建立了海水中 IPT 系统的修正互感模型和能量分配模型。基于能量分配模型，采用遗传算法，提出了 IPT 系统的参数优化方法。

第4章 IPT系统阻抗匹配

IPT系统中的补偿结构由电容元件和电感元件组成，除谐振补偿外，还起到阻抗变换、实现恒流输出或者恒压输出等作用。电池充电通常可分为恒流与恒压两个主要阶段，随着充电的进行，电池等效负载会发生动态变化。为降低系统控制难度，增强系统可靠性，保证系统谐振，需设计补偿电路以实现恒流充压或者恒压充电。

本章首先分析反Γ型、S-S型、S-SP型、T型及LCC-LCC型补偿结构的传输特性；然后着重研究对称式T型补偿结构的恒压输出特性或恒流输出特性，并根据T型补偿结构的输出特性设计由多个T型补偿结构串-并联组成的恒压输出系统和恒流输出系统，这两种系统可以较好地解决线圈偏心时负载上电压波动或者电流波动的问题，具有较强的抗偏心能力；最后采用Boost升压电路实现阻抗匹配，减小次级侧输入等效阻抗，增大反射阻抗，提高耦合线圈传输效率。该方法适用于负载为大电压、低电流、等效阻抗值较大的应用场合。

4.1 反Γ型补偿结构

图4.1为反Γ型补偿结构，其中Z_L为负载，Z_1和Z_3为补偿元件。

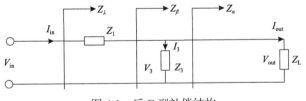

图4.1 反Γ型补偿结构

图中，Z_β与Z_λ分别为

$$Z_\beta = \frac{Z_L Z_3}{Z_L + Z_3} \tag{4.1}$$

$$Z_\lambda = \frac{Z_L Z_3}{Z_L + Z_3} + Z_1 \tag{4.2}$$

输入电流I_{in}可表示为

$$I_{in} = \frac{V_{in}}{Z_\lambda} = \frac{V_{in}}{\dfrac{Z_L Z_3}{Z_L + Z_3} + Z_1} \tag{4.3}$$

负载 Z_L 上的电流 I_{out} 为

$$I_{out} = I_{in}\frac{Z_3}{Z_L + Z_3} = \frac{V_{in}Z_3}{Z_L Z_3 + Z_1 Z_L + Z_1 Z_3} \tag{4.4}$$

由式(4.4)可知，当公式

$$Z_3 + Z_1 = 0 \tag{4.5}$$

成立时，I_{out} 与负载 Z_L 无关。反 Γ 型补偿结构为受 V_{in} 控制的恒流输出，该恒流输出结构有两种形式，如图 4.2 所示。

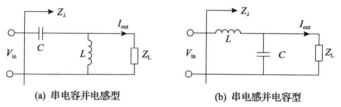

(a) 串电容并电感型   (b) 串电感并电容型

图 4.2　两种反 Γ 型补偿结构

式(4.5)成立，系统工作角频率应满足如下关系：

$$\omega^2 = \frac{1}{LC} \tag{4.6}$$

此时，图 4.2(a)中 Z_λ 的表达式为

$$Z_\lambda = \frac{j\omega L}{j\omega C Z_L - 1} = \frac{Z_L - j\omega L}{(\omega C Z_L)^2 + 1} \tag{4.7}$$

图 4.2(b)中 Z_λ 的表达式为

$$Z_\lambda = \frac{Z_L + j\omega L}{(\omega C Z_L)^2 + 1} \tag{4.8}$$

由式(4.7)和式(4.8)可知，反 Γ 型补偿结构可以实现在 V_{in} 控制下的恒流输出，但 Z_λ 虚部不为零，即 V_{in} 与 I_{in} 相位不同步。

在初级侧电路中要求 I_{in} 的相位略滞后 V_{in} 的相位以实现软开关，若 V_{in} 与 I_{in} 相位严重不同步，则很难实现高效电能传输，因此在采用反 Γ 型补偿结构进行补偿时需要考虑系统失谐问题。而 T 型补偿结构既能实现恒流输出，也能使系统始

终处于谐振状态。

4.2　S-S 型补偿结构

由 4.1 节中的分析可知，反 Γ 型补偿结构能实现恒流输出，但系统会产生失谐现象。采用图 4.3 所示的 S-S 型补偿结构可实现恒流输出，负载变动时系统仍可处于谐振状态，此外通过调节频率值可实现恒压输出。图中，L_{P1} 与 L_{S2} 是耦合线圈的漏感，L_M 是耦合线圈之间的互感，初级侧输入电压是 V_{in}。该 S-S 型补偿结构与图 4.4 中的 T 型补偿结构等效。

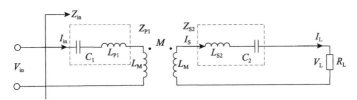

图 4.3　S-S 型补偿结构

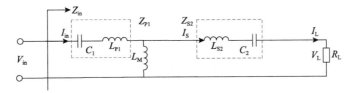

图 4.4　T 型补偿结构

图 4.4 中的 Z_{S2}、Z_{P1} 分别为

$$Z_{S2} = \frac{1}{j\omega C_2} + j\omega L_{S2} \tag{4.9}$$

$$Z_{P1} = \frac{1}{j\omega C_1} + j\omega L_{P1} \tag{4.10}$$

当公式

$$\begin{cases} Z_{P1} = \dfrac{1}{j\omega C_1} + j\omega L_{P1} = 0 \\ Z_{S2} = \dfrac{1}{j\omega C_2} + j\omega L_{S2} = 0 \end{cases} \tag{4.11}$$

成立时，S-S 型补偿结构能够使负载两端电压恒定，即

$$V_{\mathrm{L}} = V_{\mathrm{in}} \tag{4.12}$$

此时，输入阻抗 Z_{in} 的表达式为

$$Z_{\mathrm{in}} = \mathrm{j}\omega L_{\mathrm{M}} /\!/ R_{\mathrm{L}} = \frac{\mathrm{j}\omega L_{\mathrm{M}} R_{\mathrm{L}}}{\mathrm{j}\omega L_{\mathrm{M}} + R_{\mathrm{L}}} \tag{4.13}$$

根据 4.1 节中的推导，由反 Γ 型补偿结构传输特性可知，当 Z_{P1} 为容性且公式

$$Z_{\mathrm{P1}} + \mathrm{j}\omega L_{\mathrm{M}} = 0 \tag{4.14}$$

成立时，S-S 型补偿结构实现恒流输出。由式(4.4)可知，输出电流为

$$I_{\mathrm{out}} = \frac{V_{\mathrm{in}}}{Z_{\mathrm{P1}}} = \frac{V_{\mathrm{in}}}{\mathrm{j}\omega L_{\mathrm{M}}} \tag{4.15}$$

由式(4.9)～式(4.15)可知，当采用 S-S 型补偿结构时，可根据式(4.11)设定工作频率，使 IPT 系统实现恒压输出，也可根据式(4.14)设定工作频率，实现恒流输出。充电时不需要调节系统的其他参数或增加电路元件，仅需调节 ω 即可使系统由恒压输出变为恒流输出，系统简单可靠。由式(4.13)可知，在实现恒压输出时，系统处于非谐振状态，由于线圈阻抗耗能，会出现严重失谐而降低效率，这是采用 S-S 型补偿结构实现恒压输出需要注意的地方。由图 4.4 可知，当 Z_{S2}、Z_{P1} 均为容性且 $Z_{\mathrm{S2}}=Z_{\mathrm{P1}}$ 时，S-S 型补偿结构可等效为一个对称式 T 型补偿结构，因此在下面用多个 T 型补偿结构串-并联组成抗偏心 IPT 系统时，不再将耦合线圈画出，直接以 T 型补偿结构表示。

4.3   S-SP 型补偿结构

若需要实现恒压输出，并且要求负载变动时系统仍处于谐振状态，则可采用如图 4.5 所示的 S-SP 型补偿结构。与 S-S 型补偿结构不同的是，S-SP 型补偿结构的次级侧负载端多了一个并联电容 C_3。

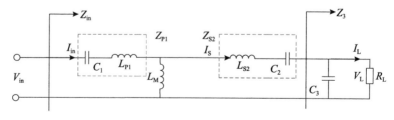

图 4.5   S-SP 型补偿结构

图 4.5 中 Z_3 阻抗的表达式为

$$Z_3 = \frac{R_L}{j\omega C_3 R_L + 1} \tag{4.16}$$

次级侧电路阻抗表达式为

$$Z_S = Z_{S2} + j\omega L_M + Z_3 \tag{4.17}$$

反射阻抗为

$$Z_{ref} = \frac{(\omega L_M)^2}{Z_{S2} + j\omega L_M + Z_3} \tag{4.18}$$

初级侧输入阻抗为

$$Z_{in} = Z_{P1} + j\omega L_M + Z_{ref} \tag{4.19}$$

Z_{S2} 与 Z_{P1} 分别见式(4.9)与式(4.10)，令

$$\omega = 1/\sqrt{L_{S2}C_2} = 1/\sqrt{L_{P1}C_1} \tag{4.20}$$

当 C_2 与 L_{S2}、C_1 与 L_{P1} 在频率 ω 处谐振时，反射阻抗 Z_{ref}、系统输入阻抗 Z_{in} 分别为

$$\begin{cases} Z_{ref} = \dfrac{(\omega L_M)^2}{j\omega L_M + \dfrac{R_L}{j\omega C_3 R_L + 1}} = \dfrac{(\omega L_M)^2(j\omega C_3 R_L + 1)}{-\omega^2 L_M C_3 R_L + j\omega L_M + R_L} \\[4mm] Z_{in} = j\omega L_M + Z_{ref} = j\omega L_M + \dfrac{(\omega L_M)^2(j\omega C_3 R_L + 1)}{-\omega^2 L_M C_3 R_L + j\omega L_M + R_L} \end{cases} \tag{4.21}$$

由式(4.21)可知，当频率 ω、L_M 和 C_3 满足如下关系式时：

$$\omega = 1/\sqrt{L_M C_3} \tag{4.22}$$

V_{in} 两端等效负载是纯阻性的，其值为

$$Z_{in} = R_L \tag{4.23}$$

在此谐振状态下，初级侧电流幅值 I_{in} 为

$$I_{in} = \frac{V_{in}}{Z_{in}} = \frac{V_{in}}{R_L} \tag{4.24}$$

由式(4.23)可知，I_L 的表达式为

$$I_L = I_{in} \tag{4.25}$$

负载两端电压为

$$V_L = I_L R_L = V_{in} \tag{4.26}$$

由式(4.26)可知，若采用如图 4.5 所示的电路拓扑，且 C_1、C_2 与 C_3 的值满足式(4.20)和式(4.22)，则负载两端电压与 ω、L_M 和 R_L 均无关。由式(4.23)可知，系统输入阻抗始终为纯阻性，负载变化时系统不会出现失谐现象。

图 4.6 为 R_L 为 50Ω 时的 V_{in}、I_{in} 和 V_L 波形。当 R_L 为 50Ω，频率为 131.3kHz，L_M 为 15μH，初、次级侧线圈自感皆为 67μH 时，根据式(4.20)和式(4.22)设置补偿电容，C_1 和 C_2 为 21.9nF，C_3 为 98.3nF，R_L 为 50Ω，V_{in} 为 50V。R_L 为 100Ω 和 25Ω 时的 V_{in}、I_{in}、V_L 波形如图 4.7 和图 4.8 所示。比较图 4.6~图 4.8 可知，当负载变化时，V_L 维持恒定，这与式(4.26)分析的结果一致。

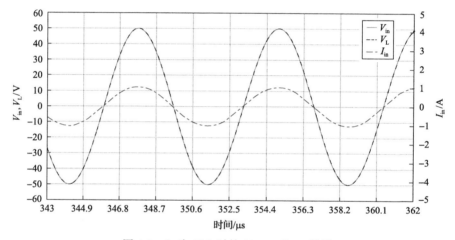

图 4.6　R_L 为 50Ω 时的 V_{in}、I_{in} 和 V_L 波形

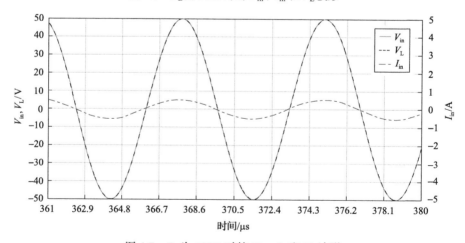

图 4.7　R_L 为 100Ω 时的 V_{in}、I_{in} 和 V_L 波形

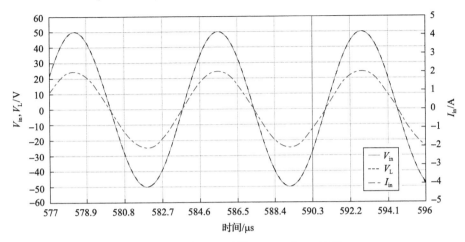

图 4.8　R_L 为 25Ω 时的 V_{in}、I_{in} 和 V_L 波形

　　根据式 $(4.16) \sim$ 式 (4.19) 可求得不同频率下 Z_{in} 的大小，如图 4.9 所示，其参数值与图 4.6 设定的相同。由图 4.9 可知，在谐振频率处反射阻抗的实部 R_{in} 取得最大值，R_{in} 随频率的变动而减小。同理，根据式 $(4.16) \sim$ 式 (4.19) 可求得在不同互感下 Z_{in} 的大小，如图 4.10 所示，其参数值与图 4.6 设定的相同。由图 4.10 可知，L_M 变化使式 (4.22) 不再成立，系统失谐，互感与原设定值偏差越大，失谐程度越严重，且 R_{in} 随互感的变动而减小。因此，S-SP 型补偿结构适用于对接精度较高的 IPT 系统中，对接精度越高，互感变化越小，系统失谐程度也就越小，因此设计抗干扰能力强的线圈结构就成为应用 S-SP 型补偿结构的关键。

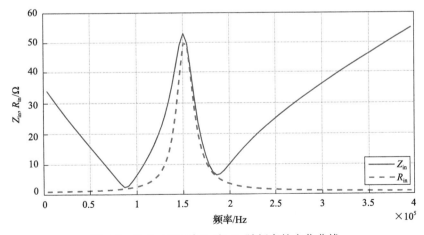

图 4.9　R_L 为 50Ω 时 Z_{in} 和 R_{in} 随频率的变化曲线

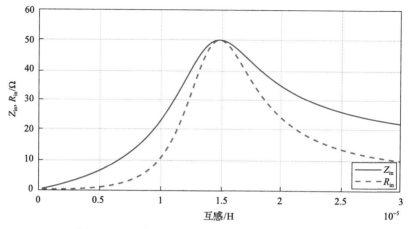

图 4.10 R_{L} 为 50Ω 时 Z_{in} 和 R_{in} 随互感的变化曲线

4.4 T 型补偿结构

根据图 4.4，IPT 系统中的耦合线圈可以简化成 T 型补偿结构，因此深入研究 T 型补偿结构有助于设计 IPT 系统。图 4.11 为 T 型谐振补偿网络，该网络可以起到两种作用：一是阻抗变换，当负载 Z_{L} 一定时，通过调节 Z_1、Z_2 和 Z_3 的值，可以达到调节 Z_λ 的目的；二是实现不受负载变化影响的恒压输出或者恒流输出。输出可以分为三种情况：一是受 V_{in} 控制的恒压输出（V_{in}-V_{out}）；二是受 I_{in} 控制的恒压输出（I_{in}-V_{out}）；三是受 V_{in} 控制的恒流输出（V_{in}-I_{out}）。

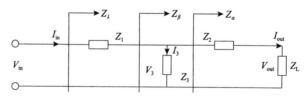

图 4.11 T 型谐振补偿网络

4.4.1 T 型 V_{in}-V_{out} 输出方式

由图 4.11 可知，V_{in} 与 V_{out} 满足如下关系式：

$$V_{\text{in}} = V_{\text{out}}\left(1 + \frac{Z_1}{Z_3} + \frac{Z_1 Z_3 + Z_2 Z_3 + Z_1 Z_2}{Z_3 Z_{\text{L}}}\right) \tag{4.27}$$

当次级侧负载要求恒压充电时，即要求输出电压 V_{out} 不随 Z_{L} 变化，因此需要选取合适的谐振补偿网络参数 Z_1、Z_2 和 Z_3，使其满足如下关系式：

$$\Lambda = Z_1 Z_3 + Z_2 Z_3 + Z_1 Z_2 = 0 \tag{4.28}$$

为保证系统进行高效电能传输，Z_1、Z_2 和 Z_3 中不能有电阻存在；同时由于 Λ 为 0，Z_1、Z_2 和 Z_3 不能同时为容性阻抗或感性阻抗，所以存在如图 4.12 所示的六种 T 型网络结构可以实现恒压输出。

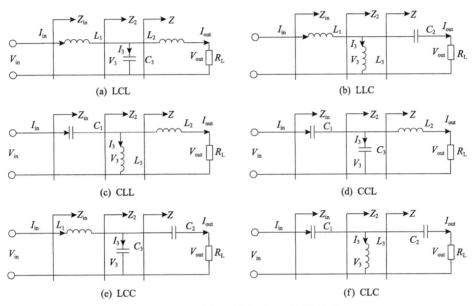

图 4.12　六种恒压输出型 T 型网络结构

当 Z_1、Z_2 和 Z_3 的取值满足式 (4.28) 时，有

$$I_{\text{out}} = \frac{V_{\text{out}}}{Z_{\text{L}}} = V_{\text{in}} \frac{Z_3}{(Z_3 + Z_1)Z_{\text{L}}} \tag{4.29}$$

V_{out}、V_3 分别为

$$V_{\text{out}} = \frac{Z_3}{Z_3 + Z_1} V_{\text{in}} \tag{4.30}$$

$$V_3 = I_{\text{out}}(Z_{\text{L}} + Z_2) = V_{\text{in}} \frac{Z_3(Z_{\text{L}} + Z_2)}{Z_{\text{L}}(Z_3 + Z_1)} \tag{4.31}$$

以及 I_3 为

$$I_3 = \frac{V_3}{Z_3} = V_{\text{in}} \frac{Z_{\text{L}} + Z_2}{Z_{\text{L}}(Z_3 + Z_1)} \tag{4.32}$$

此时，输入阻抗 Z_λ 可表示为

$$Z_\lambda = \frac{V_{\text{in}}}{I_3 + I_{\text{out}}} = \frac{1}{\dfrac{Z_3}{(Z_3 + Z_1)Z_\text{L}} + \dfrac{Z_\text{L} + Z_2}{Z_\text{L}(Z_3 + Z_1)}} = \frac{Z_\text{L}(Z_3 + Z_1)}{Z_\text{L} + Z_2 + Z_3} \tag{4.33}$$

当式(4.28)成立时，可通过调节 Z_1、Z_2 和 Z_3 达到调节 Z_λ 的目的，同时还能实现受 V_{in} 控制的恒压输出，但由式(4.33)可知，系统输入阻抗 Z_λ 并不是纯阻性的，这是采用式(4.28)进行参数选取的弊端。

因此，利用 T 型补偿结构直接实现 V_{in}-V_{out} 输出方式并不是最优选择，但如果将两个对称式 T 型补偿结构串联，那么在实现 V_{in}-V_{out} 输出的同时，还能使系统谐振，具体分析见 4.5 节。

4.4.2　对称式补偿结构

由 4.1～4.3 节以及 4.4.1 节中的分析可知，尽管采用反 Γ 型、S-SP 型和 T 型补偿结构可以实现恒压输出或者恒流输出，但相应带来的问题是负载变动或者互感变动，从而引起失谐现象。因此，引入对称式 T 型补偿结构，见图 4.13，对称式是指 T 型补偿结构中两电感值相等或两电容值相等，并且电容值与电感值满足式(4.6)。为便于分析对照，给出了两种对称式 Π 型补偿结构，见图 4.14。

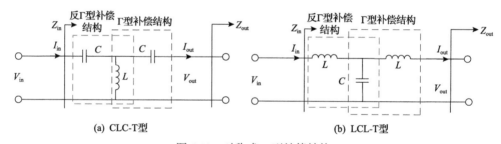

(a) CLC-T型　　　　　　　　　　　　　　(b) LCL-T型

图 4.13　对称式 T 型补偿结构

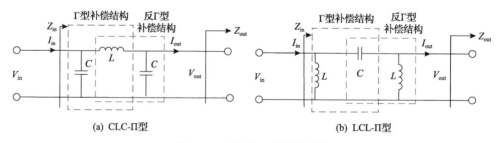

(a) CLC-Π型　　　　　　　　　　　　　　(b) LCL-Π型

图 4.14　对称式 Π 型补偿结构

由于 T 型补偿结构与 Π 型补偿结构在阻抗变换、输入-输出特性上完全一致，所以只以 CLC-T 型补偿结构为例进行阐述。V_{in} 与 I_{in} 分别为输入电压与输入电

流，V_{out} 和 I_{out} 分别为输出电压和输出电流，电感 L 和电容 C 在频率 ω 处发生谐振，四种对称式补偿结构的 Z_{in} 都为

$$Z_{\text{in}} = \frac{V_{\text{in}}}{I_{\text{in}}} = \frac{(\omega L)^2}{Z_{\text{out}}} \qquad (4.34)$$

若输入电压 V_{in} 不变，且参数值的选取使式(4.6)成立，则图 4.13 中反 Γ 型补偿结构发挥作用，I_{out} 的值与负载无关，实现受 V_{in} 控制的恒流输出(V_{in}-I_{out})，其表达式为

$$I_{\text{out}} = -\frac{V_{\text{in}}}{\text{j}\omega L} \qquad (4.35)$$

若输入电流 I_{in} 不变，且参数值的选取使式(4.6)成立，则图 4.13 中 Γ 型补偿结构发挥作用，Γ 型输出对应反 Γ 型输入，Γ 型输入对应反 Γ 型输出，因此当 I_{in} 恒定时，输出电压的值 V_{out} 与负载无关，为恒压输出(I_{in}-V_{out})，其输出表达式为

$$V_{\text{out}} = \text{j}\omega L I_{\text{in}} \qquad (4.36)$$

由式(4.34)、式(4.36)可知，采用对称式补偿结构可实现两个功能：①阻抗变换；②恒流输出或者恒压输出。当采用对称式 T 型补偿结构，且 Z_{out} 为纯阻性负载时，即便 Z_{out} 变动，由式(4.34)可知，Z_{in} 仍为纯阻性，系统不会失谐。

若采用 4.4 节中的 T 型补偿结构，按照式(4.28)进行电路参数选取，尽管可以实现阻抗变换以及恒定电压输出，但系统是否处于谐振状态与负载有关，负载变化，系统失谐，这不利于系统传输效率的提高，同时给系统状态监控带来困难。为监控逆变器等效阻抗，不仅需要测量电压及电流幅值，也要测量电压与电流相位差，这使系统更加复杂。

图 4.3 所示的 S-S 型补偿结构与图 4.15 所示的 T 型补偿结构等效。通过 C_{P1} 与 C_{S2} 的补偿作用将 L_{P1} 与 L_{S2} 形成的阻抗抵消，即 Z_{P1} 与 Z_{S2} 为 0，C_{M} 与 L_{M} 在 ω 处有 $1/(\omega C_{\text{M}}) = \omega L_{\text{M}}$，此时 S-S 型 IPT 系统就是一个对称式 T 型补偿结构。需要指出的是：只要线圈自感系数不变，即便线圈偏心使 L_{M} 变动，式(4.37)也始终成立，系统不会失谐：

$$\begin{cases} \dfrac{1}{\omega(C_{\text{P1}} + C_{\text{M}})} = \omega(L_{\text{M}} + L_{\text{P1}}) \\ \dfrac{1}{\omega(C_{\text{S2}} + C_{\text{M}})} = \omega(L_{\text{M}} + L_{\text{S2}}) \end{cases} \qquad (4.37)$$

当有多个对称式 T 型补偿结构串联接入 IPT 系统时，整个 IPT 系统可简化为

如图 4.16 所示的结构。

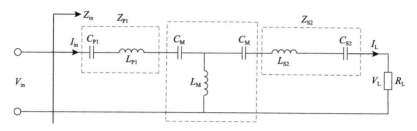

图 4.15　S-S 型 IPT 系统 T 型补偿结构

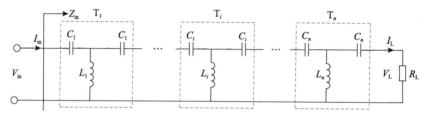

图 4.16　多个对称式 T 型补偿结构串联接入 IPT 系统

图 4.16 中 Z_{in} 可表示为

$$Z_{in} = \begin{cases} \dfrac{(L_1 L_3 L_5 \cdots L_{n-1})^2}{(L_2 L_4 L_6 \cdots L_n)^2} R_L, & n\text{为偶数} \\[4mm] \dfrac{(\omega L_1 L_3 L_5 \cdots L_n)^2}{(L_2 L_4 L_6 \cdots L_{n-1})^2} \dfrac{1}{R_L}, & n\text{为奇数} \end{cases} \tag{4.38}$$

当 n 为偶数时,是受输入电压 V_{in} 控制的恒压输出系统;当 n 为奇数时,是受输入电压 V_{in} 控制的恒流输出系统。根据实际需求,可决定采用几级 T 型补偿结构。例如,当负载阻值较大时,可以在次级侧线圈与负载之间加入一个 T 型补偿结构,根据式(4.34)选择合适的电感值以减小次级侧线圈两端的等效电阻值,从而使反射阻抗增加,初级侧线圈会以更高的效率将电能传输至次级侧,此时 IPT 系统为一个两级 T 型补偿结构,在输入 V_{in} 恒定时,两级 T 型补偿结构为恒压输出;若需要大负载条件下的恒流输出,可以在该两级 T 型补偿结构的电源与初级侧线圈之间再加入一个 T 型补偿结构,同样根据负载变换需求,利用式(4.34)选择电感值,三级 T 型补偿结构即可实现受 V_{in} 控制的恒流输出。

4.5　抗偏心结构-恒压型输出结构

在实际应用中,线圈偏心使负载电压波动,可采用图 4.17 中的恒压型输出结构。

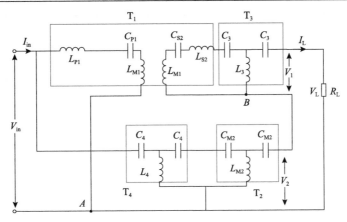

图 4.17　恒压型输出结构

在图 4.17 中，T_1、T_2 是由耦合线圈形成的等效 T 型补偿网络，由于 T_1 型补偿网络的输出端 A 和 B 的电势不相等，其结构无法简化成 T 型补偿结构的形式，所以将耦合线圈画出。T_3、T_4 为 T 型补偿网络，T_2 和 T_4 串联网络的输入电压为 V_{in}，输出电压为 V_2，V_2 的相位滞后 V_{in} 的相位为 180°。T_1 和 T_3 串联网络的输入电压为 V_{in}，输出电压为 V_1，负载上电流为 I_L，电压为 V_L，V_L 为 V_1 与 V_2 之和。

T_2 和 T_4 串联网络的输出电压 V_2 为

$$V_2 = -\frac{L_{M2}}{L_4}V_{in} \tag{4.39}$$

T_1 和 T_3 串联网络的输出电压 V_1 为

$$V_1 = -\frac{L_3}{L_{M1}}V_{in} \tag{4.40}$$

负载电压 V_L 的表达式为

$$V_L = V_1 + V_2 = -\left(\frac{L_{M2}}{L_4} + \frac{L_3}{L_{M1}}\right)V_{in} \tag{4.41}$$

当 L_{M1} 和 L_{M2} 增加时，式(4.41)中 L_{M2}/L_4 增加，L_3/L_{M1} 减小，$L_{M2}/L_4 + L_3/L_{M1}$ 基本不变，因此在一定范围内，当 L_{M1} 和 L_{M2} 增加时，V_L 基本不变。同理，当 L_{M1} 和 L_{M2} 同时减小时，也可以保证 V_L 基本不变。

令 $L_3=L_4$，$V_{in}=100V$，$L_{M1}=L_{M2}$，根据式(4.41)计算得到 $L_3=30, 40, 50, 60\mu H$ 时 V_L 随 L_{M1} 的变化，如图 4.18 所示。由图可知，当 L_{M1}、L_{M2} 的值在 L_3 值附近变化时，V_L 的变化较小，当 L_{M1}、L_{M2} 的值远大于或者远小于 L_3 时，V_L 的变化较大，因此在进行电路参数设计时，为保证系统有较强的抗偏心能力，需要根据 L_{M1}、L_{M2} 的大小来选择 L_3 和 L_4。

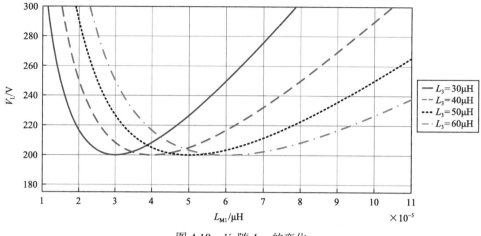

图 4.18　V_L 随 L_{M1} 的变化

图 4.19、图 4.20 和图 4.21 是 L_{M1} 和 L_{M2} 分别为 50μH、40μH、30μH，负载为

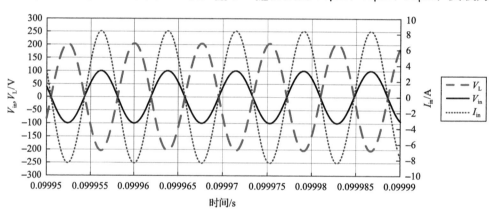

图 4.19　当 $L_{M1}=L_{M2}=50$μH、$L_3=L_4=40$μH 时 V_{in}、I_{in} 和 V_L 波形

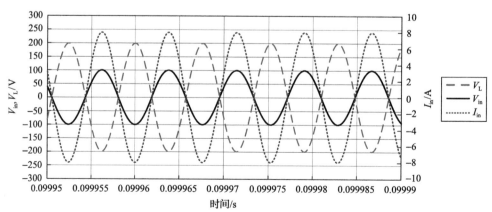

图 4.20　当 $L_{M1}=L_{M2}=40$μH、$L_3=L_4=40$μH 时 V_{in}、I_{in} 和 V_L 波形

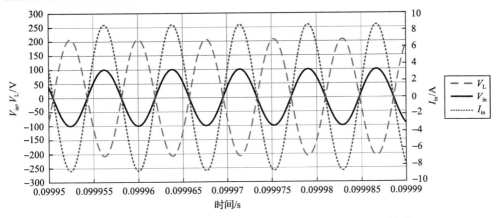

图 4.21　当 $L_{M1}=L_{M2}=30\mu H$、$L_3=L_4=40\mu H$ 时 V_{in}、I_{in} 和 V_L 波形

50Ω，V_{in} 为 100V，L_3 和 L_4 同为 $40\mu H$ 时，输入电压 V_{in}、输入电流 I_{in} 和输出电压 V_L 的波形。通过对比图 4.19、图 4.20 和图 4.21 可知，当互感从 $30\mu H$ 变化至 $50\mu H$ 时，系统输出电压基本不变，即系统传输功率基本不变，说明图 4.17 所示电路结构的抗偏心能力较强。

4.6　抗偏心结构-恒流型输出结构

图 4.22 为恒流型输出结构，其中 T_1、T_2 是由耦合线圈形成的等效 T 型补偿结构，T_3、T_4、T_5、T_6 为 T 型补偿结构，T_2、T_4 和 T_6 串联网络的输入电压为 V_{in}，输出电流为 I_2，I_2 的相位滞后 V_{in} 的相位 270°。T_1、T_3 和 T_5 串联网络的输入电压是 V_{in}，输出电流是 I_1，负载电流是 I_L(I_1 与 I_2 之和)。T_1、T_3 和 T_5 串联网络的输出电流 I_1 的表达式为

$$I_1 = -j\frac{L_3}{\omega L_{M1}L_5}V_{in} \tag{4.42}$$

T_2、T_4 和 T_6 串联网络输出电流的表达式为

$$I_2 = -j\frac{L_{M2}}{\omega L_4 L_6}V_{in} \tag{4.43}$$

负载电流 I_L 的表达式为

$$I_L = I_1 + I_2 = -j\left(\frac{L_3}{\omega L_{M1}L_5} + \frac{L_{M2}}{\omega L_4 L_6}\right)V_{in} \tag{4.44}$$

当 L_{M1} 和 L_{M2} 同时增加时，式(4.44)右侧括号中第一项减小，第二项增大，因

此在一定范围内，当 L_{M1} 和 L_{M2} 增加时，I_L 基本不变。同理，当 L_{M1} 和 L_{M2} 同时减小时，也可以保证 I_L 基本不变。

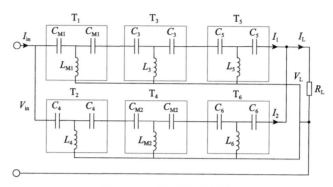

图 4.22　恒流型输出结构

令频率为 131.3kHz，V_{in} 为 100V，$L_3=L_4=L_5=L_6$，$L_{M1}=L_{M2}$，图 4.23 给出了 $L_3=30$, 40, 50, 60μH 时 I_L 随 L_{M1}、L_{M2} 的变化曲线。对比可知，L_3 越大，I_L 变化越平缓，意味着系统抗偏心能力越强，因此在恒流输出系统中，将 L_3、L_4、L_5 和 L_6 取得越大越好，但是电感值取得越大，采用的补偿电感线圈匝数越多，这样会产生更多的功率损耗，同时电感占用的空间也更大，因此补偿电感需要根据实际情况进行合理选择。

图 4.24、图 4.25 和图 4.26 为 $L_3=L_4=L_5=L_6=40$μH，负载是 50Ω，频率为 131.3kHz，V_{in} 为 100V 时，V_{in}、I_{in} 和 I_L 的波形。当 $L_{M1}=L_{M2}=50$μH 时，I_{in} 为 19.28A，I_L 为 6.20A；当 $L_{M1}=L_{M2}=40$μH 时，I_{in} 为 18.33A，I_L 为 6.05A；当 $L_{M1}=L_{M2}=30$μH 时，I_{in} 为 19.83A，I_L 为 6.30A。通过对比图 4.24、图 4.25 和图 4.26 可知，当互感变动时，电流基本不变，说明采用图 4.22 所示的恒流型输出结构具有很强的抗偏心能力。

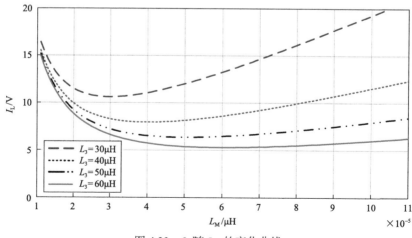

图 4.23　I_L 随 L_M 的变化曲线

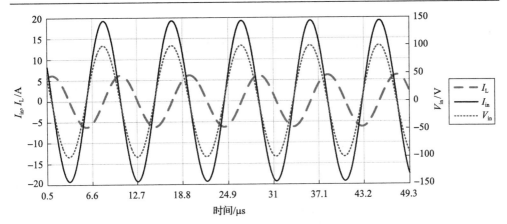

图 4.24　当 $L_{M1}=L_{M2}=50\mu H$、$L_3=L_4=L_5=L_6=40\mu H$ 时 V_{in}、I_{in} 和 I_L 波形

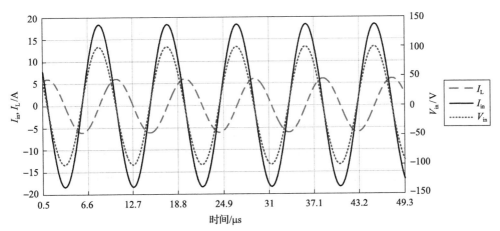

图 4.25　当 $L_{M1}=L_{M2}=40\mu H$、$L_3=L_4=L_5=L_6=40\mu H$ 时 V_{in}、I_{in} 和 I_L 波形

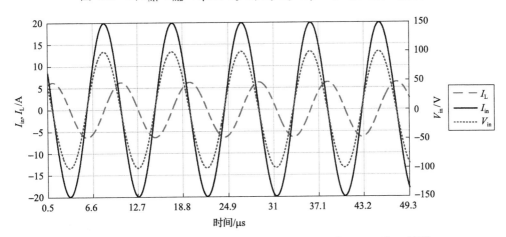

图 4.26　当 $L_{M1}=L_{M2}=30\mu H$、$L_3=L_4=L_5=L_6=40\mu H$ 时 V_{in}、I_{in} 和 I_L 波形

4.7 LCC-LCC 型补偿结构

当 S-S 型补偿电路处于工作状态时，若耦合系数变小，则初级侧电流急剧增大，这可能导致电路损坏，为此在 S-S 型补偿结构的基础上增加并联补偿得到 LCL 型补偿结构，该补偿结构能够在负载和耦合系数变化时实现恒流输出，但 LCL 型补偿结构电感值较大，使得系统整体的体积偏大，成本较高。针对这一问题，在 LCL 型补偿结构两侧传输线圈回路中串联补偿电容，减小补偿电感，这种补偿结构称为 LCC-LCC 型补偿结构，具备与 S-S 型补偿结构相似的特点，并且能够实现系统恒流输出以及次级侧移开保护功能。由于 LCL 型补偿结构与 LCC 型补偿结构具有相同的电路特性和功能，下面仅对 LCC-LCC 型补偿结构进行分析。

图 4.27 为 LCC-LCC 型补偿结构系统拓扑图，其中 U_{power} 为系统直流输入电压，$Q_1 \sim Q_4$ 为功率 MOS 管，$D_1 \sim D_4$ 为整流二极管，L_{f1}、L_{f2} 分别为初级侧补偿电感和次级侧补偿电感，C_{f1}、C_1 为初级侧补偿电容，C_{f2}、C_2 为次级侧补偿电容，R_{P}、R_{S} 分别为初级侧线圈交流阻抗与次级侧线圈交流阻抗。在初级侧，由于系统逆变器输出电压为方波，为简化电路结构，采用基波分析法将复杂的方波转换为与其同频率且能量占比最大的基波进行分析，具体做法是采用一个频率等于逆变器开关频率的正弦电压源 V_{P} 代替图 4.27 中的直流电压源 U_{power} 和逆变器。对于次级侧，可以将图 4.27 中整流电路、DC-DC 变换电路及负载用等效电阻 R_{L} 代替。具体数量关系由式 (4.45) 给出（先不考虑 Boost 变换器的阻抗变换作用）。最终得到 LCC-LCC 型补偿结构等效电路如图 4.28 所示。

$$\begin{cases} V_{\text{P}} = \dfrac{2\sqrt{2}}{\pi} U_{\text{power}} \\ R_{\text{L}} = \dfrac{8}{\pi^2} R \end{cases} \tag{4.45}$$

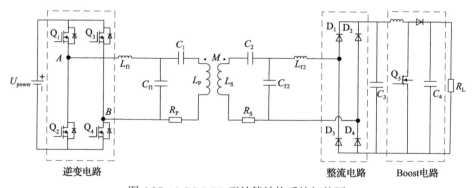

图 4.27　LCC-LCC 型补偿结构系统拓扑图

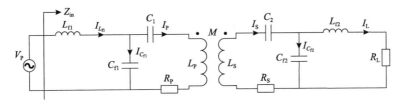

图 4.28　LCC-LCC 型补偿结构等效电路

在图 4.28 等效电路中，系统谐振频率满足

$$
\begin{cases}
L_{f1}C_{f1} = \dfrac{1}{\omega_0^2} \\[2mm]
L_{f2}C_{f2} = \dfrac{1}{\omega_0^2} \\[2mm]
L_P - L_{f1} = \dfrac{1}{\omega_0^2 C_1} \\[2mm]
L_S - L_{f2} = \dfrac{1}{\omega_0^2 C_2}
\end{cases}
\tag{4.46}
$$

下面根据互感电路理论及式(4.46)的谐振条件，对 LCC-LCC 型补偿结构进行详细分析。首先对次级侧等效电路进行分析，次级侧等效电路如图 4.29 所示。

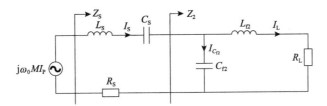

图 4.29　LCC-LCC 型补偿结构次级侧等效电路

在图 4.29 中，$j\omega_0 MI_P$ 为受控电压源，其大小与初级侧线圈电流有关。令

$$
\begin{cases}
Z_{L_S} = j\omega_0 L_S \\[2mm]
Z_{L_{f2}} = j\omega_0 L_{f2} \\[2mm]
Z_{C_{f2}} = \dfrac{1}{j\omega_0 C_{f2}} \\[2mm]
Z_{C_S} = \dfrac{1}{j\omega_0 C_S}
\end{cases}
\tag{4.47}
$$

可以得到

$$\begin{cases} Z_2 = (Z_{L_{f2}} + R_L)//Z_{C_{f2}} = \dfrac{(Z_{L_{f2}} + R_L)Z_{C_{f2}}}{R_L} \\[3mm] Z_S = Z_{L_S} + R_S + Z_2 + Z_{C_S} = \dfrac{Z_{L_{f2}}Z_{C_{f2}} + R_S R_L}{R_L} \end{cases} \quad (4.48)$$

将次级侧等效阻抗 Z_S 作为反射阻抗 Z_{ref} 折算到初级侧，得到系统等效电路模型如图 4.30 所示。

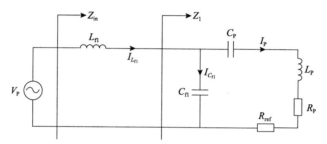

图 4.30　系统等效电路模型

在图 4.30 中，令

$$\begin{cases} Z_{L_P} = j\omega_0 L_P \\[2mm] Z_{L_{f1}} = j\omega_0 L_{f1} \\[2mm] Z_{C_{f1}} = \dfrac{1}{j\omega_0 C_{f1}} \\[3mm] Z_{C_P} = \dfrac{1}{j\omega_0 C_P} \end{cases} \quad (4.49)$$

可得

$$\begin{cases} Z_{ref} = \dfrac{w_0^2 M^2 R_L}{Z_{L_{f2}} Z_{C_{f2}} + R_L R_S} \\[3mm] Z_1 = (Z_{C_P} + Z_{L_p} + R_P + Z_{ref})//Z_{C_{f1}} = \dfrac{Z_{C_{f1}}(Z_{C_P} + Z_{L_p} + R_P + Z_{ref})}{R_P + Z_{ref}} \\[3mm] Z_{in} = Z_{L_{f1}} + Z_1 = \dfrac{Z_{C_{f1}}(Z_{C_P} + Z_{L_p})}{R_P + Z_{ref}} \end{cases} \quad (4.50)$$

根据谐振条件式(4.46)及式(4.50)可得

$$I_{L_{f1}} = \frac{V_P}{Z_{in}} = \frac{V_P(\omega_0^2 M^2 R_L + \omega_0^2 L_{f2}^2 R_P + R_P R_S R_L)}{\omega_0^2 L_{f1}^2(\omega_0^2 L_{f2}^2 + R_S R_L)} \angle 0° \quad (4.51)$$

进一步可得

$$\begin{cases} I_P = \dfrac{V_P}{\omega_0 L_{f1}} \angle -90° \\[3mm] I_S = \dfrac{M V_P R_L}{\omega_0^2 L_{f2}^2 L_{f1} + R_S R_L L_{f1}} \angle 0° \\[3mm] I_L = \dfrac{\omega_0 M V_P L_{f2}}{\omega_0^2 L_{f2}^2 L_{f1} + R_S R_L L_{f1}} \angle -90° \end{cases} \qquad (4.52)$$

由式(4.51)和式(4.52)可得系统输入功率、输出功率及输出效率分别为

$$\begin{cases} P_{in} = V_P I_{in} = \dfrac{V_P^2 (\omega_0^2 M^2 R_L + \omega_0^2 L_{f2}^2 R_P + R_P R_S R_L)}{\omega_0^2 L_{f1}^2 (\omega_0^2 L_{f2}^2 + R_S R_L)} \\[4mm] P_L = I_L^2 R_L = \dfrac{(\omega_0 M V_P L_{f2})^2 R_L}{L_{f1}^2 (\omega_0^2 L_{f2}^2 + R_S R_L)^2} \\[4mm] \eta = \dfrac{P_L}{P_{in}} = \dfrac{\omega_0^4 M^2 L_{f2}^2 R_L}{(\omega_0^2 L_{f2}^2 + R_S R_L)(\omega_0^2 M^2 R_L + \omega_0^2 L_{f2}^2 R_P + R_P R_S R_L)} \end{cases} \qquad (4.53)$$

可知，输入功率与输入电压 V_P 的二次方成正比，因此可以通过在初级侧线圈前或者次级侧线圈后引入 Buck 降压电路或者 Boost 升压电路来控制输入功率。

对比式(4.53)与式(4.41)可知，与 S-S 型补偿结构相比，LCC-LCC 型补偿结构可以通过改变 L_{f1} 与 L_{f2} 值的方式调节输入功率、输出功率及输出效率，增大了系统控制的自由度。在式(4.51)及式(4.52)中，若不考虑发射线圈和接收线圈阻抗，即 $R_P = R_S \approx 0$ ，可得

$$\begin{cases} I_{L_{f1}} = \dfrac{M^2 V_P R_L}{\omega_0^2 L_{f1}^2 L_{f2}^2} \angle 0° \\[4mm] I_P = \dfrac{V_P}{\omega_0 L_{f1}} \angle -90° \\[4mm] I_S = \dfrac{M V_P R_L}{\omega_0^2 L_{f2}^2 L_{f1}} \angle 0° \\[4mm] I_L = \dfrac{M V_P}{\omega_0 L_{f1} L_{f2}} \angle -90° \end{cases} \qquad (4.54)$$

由式(4.54)可知，输入电压 V_P 与输入电流 $I_{L_{f1}}$ 同相位，因此输入阻抗是纯阻性的，且不随负载 R_L、耦合系数 k 的变化而变化；发射线圈电流 I_P 与负载无关，

$I_{L_{f1}}$、I_L 与耦合系数成正比，即系统在未对准情况下，初、次级侧的充电电流对应减小，使得系统不会因电流过大而发生危险；I_L 与负载变化无关。因此，系统可以实现恒流输出。

当 $L_{f1}=L_{f2}=68.3\mu H$ 时，对 LCC-LCC 型补偿结构进行仿真分析，结果如图 4.31 和图 4.32 所示。

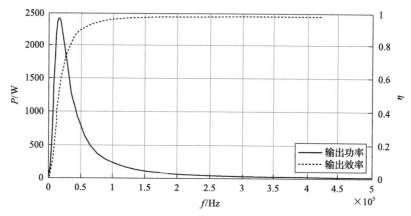

图 4.31　$k=0.3$ 时系统输出功率、输出效率与谐振频率的关系

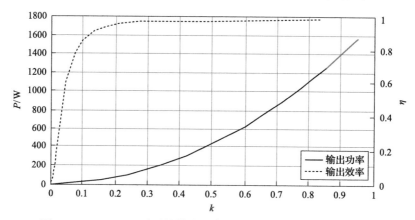

图 4.32　$f=120kHz$ 时系统输出功率、输出效率与耦合系数的关系

由图 4.31 可知，LCC-LCC 型补偿结构输出功率、输出效率与谐振频率的关系和 S-S 型补偿结构十分相似，都存在一个最大功率输出频率，但在该频率处，系统输出效率较低。由图 4.32 可知，LCC-LCC 型补偿结构输出功率随着耦合系数的减小而减小，当 AUV 受到较大海流冲击而导致耦合系数突然变小时，初、次级侧的输入、输出功率随之减小，起到保护系统的作用。

通过改变负载阻值，得到不同负载阻值 R_L 下的输入电压 V_P、输入电流 I_f、发射线圈电流 I_L、负载电流 I_{R_L} 的波形关系如图 4.33 所示。

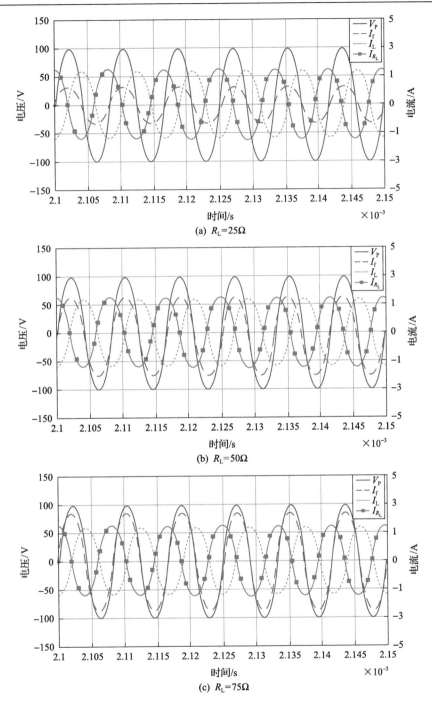

(a) $R_{\text{L}}=25\Omega$

(b) $R_{\text{L}}=50\Omega$

(c) $R_{\text{L}}=75\Omega$

图 4.33　LCC-LCC 型补偿结构恒流输出仿真图

由图 4.33 可知，尽管负载阻值发生变化，但 LCC-LCC 型补偿结构输出电流始终保持不变，且输入电压 V_P 与输入电流 I_f 始终保持同相位，说明系统输入阻抗是纯阻性的，系统处于谐振状态，有助于降低系统的无功功率，提升系统的整体效率。与 S-S 型补偿结构不同的是，LCC-LCC 型补偿结构初级侧线圈电流 I_L 也不随负载的变化而变化，提高了系统初级侧的安全性及可靠性。

结合以上分析，S-S 型补偿结构和 LCC-LCC 型补偿结构的谐振频率与负载阻值和耦合系数均无关，而且均可实现恒流输出，系统输入阻抗为纯阻性，两种补偿结构对比如表 4.1 所示。

表 4.1　S-S 型补偿结构与 LCC-LCC 型补偿结构对比

序号	S-S 型	LCC-LCC 型
1	补偿元件只有谐振电容，数量较少，整体结构简单，体积较小	补偿元件在 S-S 型补偿结构基础上，在初级侧及次级侧各增加 1 个补偿电感及补偿电容，系统的复杂程度增大，体积较大
2	输出功率与耦合系数成反比，在耦合系数很小的情况下，容易导致初、次级侧电流过大而发生危险，因此在耦合系数变化较大的系统中，一般需要加装初级侧、次级侧线圈位置监测装置或者功率限制装置来保障系统安全	输出功率与耦合系数的平方成正比，当耦合系数取得最大值时，系统获得最大输出功率
3	当系统谐振频率，初、次级侧线圈电感及耦合系数确定时，系统谐振情况下输出功率恒定	相同情况下，可以通过调节 L_{f1} 和 L_{f2} 来调节输出功率
4	初级侧电流随负载的变化而变化	初级侧线圈电流与负载无关

根据以上对比结果，结合海洋环境下水下航行器无线充电过程受海流冲击影响较大、耦合系数不断变化的特点，同时出于对航行器及海底充电基站的安全考虑，在耦合系数较小时，初、次级侧电流应保持稳定或者减小，因此 LCC-LCC 型补偿结构在实际工程应用中较为普遍。

4.8　基于 Boost 变换器的阻抗匹配

电池的充电过程可分为恒流充电和恒压充电两个主要阶段，电池两端的电压不断上升，即电池等效负载不断增大(图 4.34)，这将导致系统次级侧至初级侧的反射阻抗减小，从而引起系统传输效率下降。为了在充电过程中稳定传输效率，系统需要进行阻抗匹配，使得系统的等效负载维持不变。针对 IPT 系统蓄电池在充电过程中等效负载动态变化引起系统传输效率下降的问题，采用 Boost 升压电路实现阻抗匹配，减小次级侧输入等效阻抗，增大反射阻抗，提高耦合线圈传输效率，适用于负载为大电压、低电流、等效阻抗较大的场合。

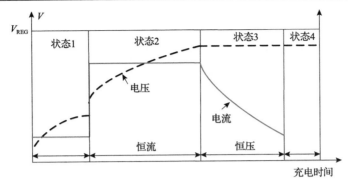

图 4.34　电池充电过程中电压电流曲线

本节首先根据 IPT 系统电路拓扑结构，以系统传输效率最大为设计目标，得到系统的最优负载表达式。其次，Boost 变换器的工作模式会直接影响阻抗匹配范围，如果只工作在电流连续模式(current continuous mode, CCM)下，则变换器的输入阻抗调节范围十分受限，因此分别分析 Boost 变换器工作在 CCM 和电流断续模式(discontinuous current mode, DCM)下的输入阻抗特性，并结合最优负载条件，求解出 Boost 变换器占空比参数的调节规律，从而建立负载-占空比的搜索表。

4.8.1　IPT 系统最大效率传输的最优负载条件

最大效率传输是 IPT 系统的重要性能指标，下面将分析 IPT 系统最大效率传输的最优负载条件。IPT 系统的基本结构如图 4.35 所示，包括逆变器、耦合系统、整流器和负载。其中，V_{in} 是高频交流电压源，R_{in} 和 R_1 分别定义为系统输入端和整流桥前等效阻抗，R_L 是系统的等效负载阻抗。

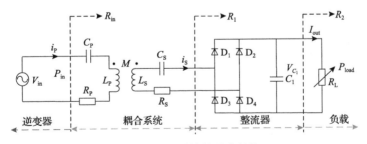

图 4.35　IPT 系统的基本结构

定义系统的效率 η_{sys} 为

$$\eta_{sys} = \frac{P_{load}}{P_{in}} \tag{4.55}$$

式中，P_{load} 是负载接收到的功率；P_{in} 是从电源输出的功率。

系统效率的定义也可以表示为

$$\eta_{\text{sys}} = \eta_{\text{coil}} \cdot \eta_{\text{rec}} \tag{4.56}$$

式中，η_{coil} 和 η_{rec} 分别为耦合系统和整流器的效率。

这里，整流器的效率 η_{rec} 可以表示为

$$\eta_{\text{rec}} = \frac{P_{R_2}}{P_{R_1}} \tag{4.57}$$

式中，P_{R_1} 是整流器的输入功率；P_{R_2} 是等效负载 R_2 接收到的功率。

整流器的效率 η_{rec} 基本不变且维持在 98%左右，因此变负载条件下 IPT 系统的效率 η_{sys} 主要由耦合系统的效率 η_{coil} 决定，寻求最优负载就是使耦合系统的效率 η_{coil} 达到最优。

与前面一样，耦合系统的效率 η_{coil} 可以定义为

$$\eta_{\text{coil}} = \frac{P_{R_1}}{P_{\text{in}}} \tag{4.58}$$

当系统完全谐振时，谐振频率 f 满足

$$f = \frac{1}{2\pi\sqrt{L_{\text{P}}C_{\text{P}}}} = \frac{1}{2\pi\sqrt{L_{\text{S}}C_{\text{S}}}} \tag{4.59}$$

耦合系统次级侧对初级侧的反射阻抗 Z_{ref} 满足

$$Z_{\text{ref}} = \frac{(\omega M)^2}{R_1 + R_{\text{S}}} \tag{4.60}$$

式中，ω 是谐振频率且满足 $\omega = 2\pi f$。

那么，耦合系统的效率可表示为

$$\eta_{\text{coil}} = \frac{R_1}{R_1 + R_{\text{S}}} \cdot \frac{Z_{\text{ref}}}{Z_{\text{ref}} + R_{\text{P}}} = \frac{(\omega M)^2 R_1}{(R_1 + R_{\text{S}})[(\omega M)^2 + R_{\text{P}}(R_1 + R_{\text{S}})]} \tag{4.61}$$

要得到使耦合系统的效率 η_{coil} 最大的负载 R_1 所满足的条件，将式(4.61)关于 R_1 求导，则基于最大化传输效率的最优负载条件可以使用式(4.62)的极值条件求得，可推导出最优负载条件满足

$$\begin{cases} \dfrac{\mathrm{d}\eta_{\text{coil}}}{\mathrm{d}R_1} = 0 \\[2mm] \dfrac{\mathrm{d}^2\eta_{\text{coil}}}{\mathrm{d}R_1^2} < 0 \end{cases} \Rightarrow \quad R_{1,\text{opt}} = \sqrt{R_{\text{S}}^2 + \frac{(\omega M)^2 R_{\text{S}}}{R_{\text{P}}}} \tag{4.62}$$

在图 4.35 中，整流桥输入端等效负载为 R_1，整流滤波电路负载端等效电阻是 R_2。由电荷守恒定律可知半个周期内负载 R_2 上流过的电荷量为

$$Q = \int_0^{\pi/\omega} \sqrt{2} I_{\rm S} \sin(\omega t) {\rm d}t = \frac{2\sqrt{2} I_{\rm S}}{\omega} = \frac{V_{C_1}}{R_2} \cdot \frac{\pi}{\omega} \tag{4.63}$$

式中，$I_{\rm S}$ 是次级侧电流 $i_{\rm S}$ 的有效值。

由式 (4.63) 可知

$$V_{C_1} = \frac{2\sqrt{2} I_{\rm S}}{\pi} R_2 \tag{4.64}$$

忽略二极管导通压降以及电容 C_1 上的能量损耗，根据能量守恒定律，有

$$\frac{V_{C_1}^2}{R_2} = \frac{8}{\pi^2} I_{\rm S}^2 R_2 = I_{\rm S}^2 R_1 \tag{4.65}$$

因此，R_1 和 R_2 的关系可以表示为

$$R_1 = \frac{8}{\pi^2} R_2 \tag{4.66}$$

将式 (4.66) 代入式 (4.62)，可得最优负载 $R_{2,\rm opt}$ 为

$$R_{2,\rm opt} = \frac{\pi^2}{8} \sqrt{R_{\rm S}^2 + \frac{(\omega M)^2 R_{\rm S}}{R_{\rm P}}} \tag{4.67}$$

从式 (4.67) 可以看出，在初级侧线圈和次级侧线圈之间互感确定的情况下，存在唯一的最优负载 $R_{2,\rm opt}$。此时，系统输入功率、负载功率及系统完全谐振时耦合系统的效率表达式分别为

$$\begin{cases} P_{\rm in} = \dfrac{V_{\rm in}^2}{R_{\rm P} + Z_{\rm ref}} = \dfrac{V_{\rm in}^2}{R_{\rm P} + \dfrac{(\omega M)^2}{R_{1,\rm opt} + R_{\rm S}}} = \dfrac{(R_{1,\rm opt} + R_{\rm S}) V_{\rm in}^2}{(R_{1,\rm opt} + R_{\rm S}) R_{\rm P} + (\omega M)^2} \\[4mm] P_{\rm load} = P_{\rm in} \cdot \eta_{\rm coil} = \dfrac{(\omega M)^2 V_{\rm in}^2 R_{1,\rm opt}}{[(R_{1,\rm opt} + R_{\rm S}) R_{\rm P} + (\omega M)^2]^2} \\[4mm] \eta_{\rm coil-max} = \dfrac{(\omega M)^2 R_{1,\rm opt}}{(R_{1,\rm opt} + R_{\rm S})[(\omega M)^2 + R_{\rm P}(R_{1,\rm opt} + R_{\rm S})]} \end{cases} \tag{4.68}$$

由式(4.62)和式(4.68)计算得到此时 IPT 系统的最优负载为 62.81Ω，传输效率为 96.56%。

由式(4.68)可知，当 R_1 变动时，P_{in} 与 P_{load} 都会发生变化。在不考虑整流桥和 C_1 等损耗的前提下，影响效率 η_{coil} 的参数有 ω、M、R_1、R_P 和 R_S。

当设置系统工作频率 f=200kHz，互感 M=50μH，次级侧线圈阻抗 R_P、R_S 均为 1.1Ω 时，耦合系统的效率 η_{coil} 随负载 R_1 的变化情况如图 4.36 所示。

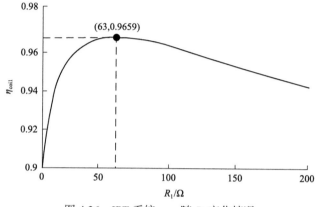

图 4.36　IPT 系统 η_{coil} 随 R_1 变化情况

根据式(4.68)计算耦合系统的效率，负载分别为 40Ω、70Ω、100Ω 时不同频率下的效率见图 4.37。由图 4.37 可知，不同负载条件下耦合系统的效率变化显著，需要采取相应的控制手段，保证负载变动时 R_1 基本不变，从而使耦合系统的效率最大。

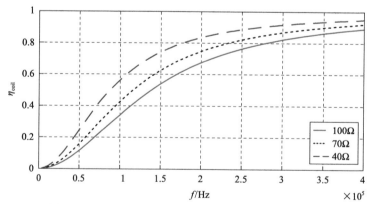

图 4.37　R_1 分别为 40Ω、70Ω、100Ω 时 η_{coil} 变化曲线

4.8.2　最优负载追踪

当负载 R_L 变动时，整流电路输出端等效负载 R_2 不再满足最优负载条件，导

致系统传输效率下降。为保证传输效率基本不变，考虑在整流桥和负载 R_L 之间加入 Boost 变换器。当负载 R_L 变动时，调节 Boost 变换器的占空比 d_1，可以使 R_2 始终处于最优。图 4.38 为基于 Boost 变换器的系统结构图。

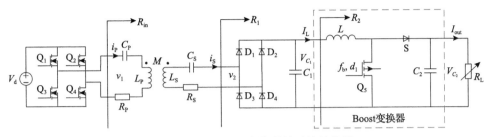

图 4.38　基于 Boost 变换器的系统结构图

设置 Boost 变换器的储能电感 L 为 100μH，电容 C_2 为 200μF，图 4.39 显示了该 Boost 变换器效率随占空比 d_1 的变化情况。可以看到，当占空比 d_1 在 0~1 范围内调节时，Boost 变换器效率可以一直维持在 95% 以上。

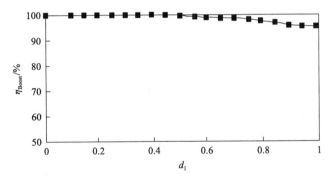

图 4.39　Boost 变换器效率随占空比 d_1 的变化情况

1. CCM 和 DCM 下 Boost 变换器的输入阻抗特性分析

Boost 变换器有两种基本工作模式，即 CCM 和 DCM。CCM 下电感电流总大于零，DCM 下开关管关断期间有一段时间电感电流为零，这两种状态之间有一个临界状态，即在开关管关断末期电感电流刚好为 0。这两种基本工作模式的工作条件为

$$\begin{cases} d_1(1-d_1)^2 R_L < \dfrac{2L}{T_b}, & \text{CCM} \\[3mm] d_1(1-d_1)^2 R_L > \dfrac{2L}{T_b}, & \text{DCM} \end{cases} \tag{4.69}$$

式中，d_1 和 T_b 分别是 Boost 变换器的占空比和开关周期。

典型的 Boost 变换器结构如图 4.40 所示，f_b 为 Boost 变换器中 MOS 管的开关频率。

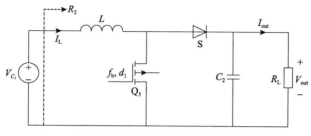

图 4.40　Boost 变换器结构

Boost 变换器工作在 CCM 和 DCM 时电感 L 上的电流 I_L 波形如图 4.41 所示。d_1T 为 MOS 管 Q_5 导通、二极管 S 关断的工作时间，d_2T 为 MOS 管 Q_5 关断、二极管 S 导通的工作时间。

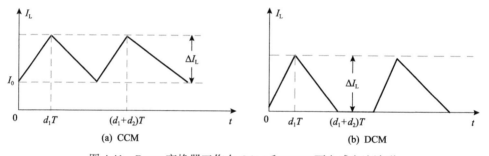

$$\text{(a) CCM} \qquad\qquad \text{(b) DCM}$$

图 4.41　Boost 变换器工作在 CCM 和 DCM 下电感电流波形

$t=0$ 时刻，Q_5 导通，二极管 S 被反向截止，此时输入电压 V_{C_1} 加到储能电感 L 两端，流过电感 L 的电流 I_L 满足

$$V_{C_1} = L\frac{\mathrm{d}I_L}{\mathrm{d}t} \Rightarrow \frac{\mathrm{d}I_L}{\mathrm{d}t} = \frac{V_{C_1}}{L} \Rightarrow \frac{\mathrm{d}I_L}{\mathrm{d}t} = \frac{\Delta I_L}{d_1T} = \frac{V_{C_1}}{L} \tag{4.70}$$

因此，有

$$(\Delta I_L)_{\text{opened}} = \frac{V_{C_1}}{L}d_1T \tag{4.71}$$

当 $d_1T \leqslant t \leqslant (d_1+d_2)T$ 时，Q_5 截止，二极管正向偏置而导通。电源功率和储存在 L 中的能量通过二极管 S 输送给负载和滤波电容。此时，加在电感上的电压为 $V_{C_1}-V_{\text{out}}$，流过电感 L 的电流 I_L 满足

$$V_{C_1}-V_{\text{out}} = L\frac{\mathrm{d}I_L}{\mathrm{d}t} \Rightarrow \frac{\mathrm{d}I_L}{\mathrm{d}t} = \frac{V_{C_1}-V_{\text{out}}}{L} \Rightarrow \frac{\mathrm{d}I_L}{\mathrm{d}t} = \frac{\Delta I_L}{d_2T} = \frac{V_{C_1}-V_{\text{out}}}{L} \tag{4.72}$$

因此，有

$$(\Delta I_L)_{\text{closed}} = \frac{V_{\text{out}} - V_{C_1}}{L} d_2 T \tag{4.73}$$

显然，只有 Q$_5$ 导通期间 (d_1T 内) 储能电感 L 增加的电流等于 Q$_5$ 截止期间 (d_2T 内) 减少的电流，这样电路才能达到平衡。由式 (4.71) 和式 (4.73) 可得

$$\frac{V_{\text{out}}}{V_{C_1}} = \frac{d_1 + d_2}{d_2} \tag{4.74}$$

当 Boost 变换器工作在 CCM 时，由图 4.41 (a) 可知，$d_1+d_2=1$，因此由式 (4.74) 可得 CCM 下 Boost 变换器的输入输出电压关系为

$$V_{\text{out}} = \frac{1}{d_2} V_{C_1} \tag{4.75}$$

当 Boost 变换器工作在 DCM 时，$d_1+d_2<1$，由图 4.41 (b) 和式 (4.74) 可得

$$V_{\text{out}} = \frac{d_1 + d_2}{d_2} V_{C_1} \tag{4.76}$$

在 DCM 下，由式 (4.76) 可知，负载 R_L 上的电流为

$$I_{\text{out}} = \frac{V_{\text{out}}}{R_L} = \frac{V_{C_1}}{R_L} \frac{d_1 + d_2}{d_2} \tag{4.77}$$

在 $[0, (d_1+d_2)T]$ 时间段内，V_{C_1} 向 Boost 变换器提供的能量为

$$P_{\text{in}} = \int_0^{d_1T} V_{C_1} \frac{V_{C_1}}{L} t\mathrm{d}t + \int_{d_1T}^{(d_1+d_2)T} V_{C_1} \frac{V_{\text{out}} - V_{C_1}}{L} t\mathrm{d}t$$
$$= \frac{1}{2} \frac{V_{C_1}^2}{L} (d_1T)^2 + \frac{1}{2} \frac{V_{C_1}^2}{L} (d_1T)(d_2T) \tag{4.78}$$

在一个周期内，负载 R_L 消耗的能量为

$$P_L = I_{\text{out}}^2 R_L T = \frac{V_{C_1}^2}{R_L} \left(\frac{d_1 + d_2}{d_2} \right)^2 T \tag{4.79}$$

根据能量守恒定律，联立式 (4.78) 和式 (4.79) 可得

$$\frac{1}{2} \frac{V_{C_1}^2}{L} (d_1T)^2 + \frac{1}{2} \frac{V_{C_1}^2}{L} (d_1T)(d_2T) = \frac{V_{C_1}^2}{R_L} \left(\frac{d_1 + d_2}{d_2} \right)^2 T \tag{4.80}$$

求解关于 d_2 的一元二次方程组：

$$\frac{dR_L}{2Lf_b}d_2^2 - d_2 - d_1 = 0 \tag{4.81}$$

解得

$$d_2 = \frac{Lf_b + \sqrt{(Lf_b)^2 + 2d_1^2 R_L Lf_b}}{d_1 R_L} \tag{4.82}$$

在忽略 L、Q_5 等器件损耗的情况下，由能量守恒定律可知

$$\frac{V_{C_1}^2}{R_2} = \frac{V_{out}^2}{R_L} \tag{4.83}$$

将式(4.83)分别结合式(4.75)、式(4.76)和式(4.82)，可得 CCM 和 DCM 下 Boost 变换器的输入阻抗 R_2 满足

$$R_2 = \begin{cases} (1-d_1)^2 R_L, & \text{CCM} \\ R_L\left[\dfrac{Lf_b + \sqrt{(Lf_b)^2 + 2d_1^2 R_L Lf_b}}{d_1^2 R_L + Lf_b + \sqrt{(Lf_b)^2 + 2d_1^2 R_L Lf_b}}\right]^2, & \text{DCM} \end{cases} \tag{4.84}$$

根据式(4.66)和式(4.84)，整流桥前端的输入阻抗 R_1 与负载 R_L 之间的关系为

$$R_1 = \begin{cases} \dfrac{8}{\pi^2}(1-d_1)^2 R_L, & \text{CCM} \\ \dfrac{8R_L}{\pi^2}\left[\dfrac{Lf_b + \sqrt{(Lf_b)^2 + 2d_1^2 R_L Lf_b}}{d_1^2 R_L + Lf_b + \sqrt{(Lf_b)^2 + 2d_1^2 R_L Lf_b}}\right]^2, & \text{DCM} \end{cases} \tag{4.85}$$

由式(4.84)可知，CCM 下，当负载 R_L 变化时，可以通过调节 Boost 变换器的占空比 d_1 使得 Boost 变换器的输入阻抗 R_2 始终维持在最优负载 $R_{2,\text{opt}}$。根据式(4.84)中 DCM 下的阻抗关系式可知，DCM 下 R_2 与 L、f_b、d_1 及 R_L 有关。为便于找出各参数对 R_2 的影响，令

$$\lambda = d_1^2 / (Lf_b) \tag{4.86}$$

则 DCM 下的阻抗关系式可以转换为

$$R_2 = R_L\left(\frac{1 + \sqrt{1 + 2\lambda R_L}}{1 + \lambda R_L + \sqrt{1 + 2\lambda R_L}}\right)^2 \tag{4.87}$$

由式 (4.87) 可知，在 R_L 一定的情况下，R_2 仅与 λ 有关，因此只需对该式进行求导，便可知 λ 的变化对 R_2 的影响。求导可得

$$\frac{dR_2}{d\lambda} = R_L^2 \frac{1+\sqrt{1+2\lambda R_L}}{\left(1+\lambda R_L + \sqrt{1+2\lambda R_L}\right)^3} \cdot \frac{2}{\sqrt{1+2\lambda R_L}}\left(-1-\lambda R_L - \sqrt{1+2\lambda R_L}\right) < 0 \quad (4.88)$$

由式 (4.88) 可知，R_2 为关于 λ 的单调递减函数。由式 (4.86) 可知，增加占空比 d_1 或者减小 Boost 变换器开关频率 f_b 均可减小 R_2。选取 Boost 变换器的 MOS 管频率为 50kHz，占空比变化范围为 0.3～0.5，电感 L 为 100μH，为保证 Boost 变换器始终工作在 DCM，依据式 (4.69)，R_L 选取大于 100Ω 即可。依据式 (4.86) 和式 (4.87)，R_2 随占空比的变化曲线如图 4.42 所示，可见增大占空比可以减小 R_2。

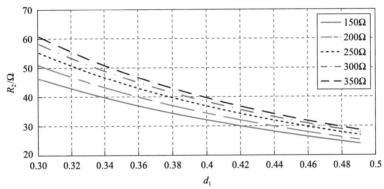

图 4.42　R_L 为 150Ω、200Ω、250Ω、300Ω、350Ω 时 R_2 随占空比 d_1 的变化曲线

选取 Boost 变换器的 MOS 管频率变化范围为 50～150kHz，占空比 d_1 为 0.5，电感 L 为 100μH。Boost 变换器始终工作在 DCM，R_2 随 MOS 管开关频率的变化曲线如图 4.43 所示，可见 R_2 随 MOS 管开关频率的变化单调递增。

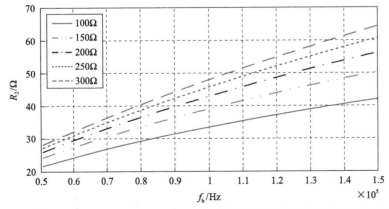

图 4.43　R_L 为 100Ω、150Ω、200Ω、250Ω、300Ω 时 R_2 随 MOS 管开关频率的变化曲线

2. 最优占空比

由式 (4.84) 反解出当系统负载 R_L 变化时, 稳定系统传输效率的最优占空比的调节规律如下:

$$d_{1,\text{opt}} = \begin{cases} 1 - \sqrt{\dfrac{R_{2,\text{opt}}}{R_L}}, & \text{CCM} \\[4mm] \sqrt{\dfrac{2Lf_b}{R_{2,\text{opt}}}\left(1 - \sqrt{\dfrac{R_{2,\text{opt}}}{R_L}}\right)}, & \text{DCM} \end{cases} \tag{4.89}$$

为了便于实现该调节规律, 可以建立关于负载 R_L 和最优占空比 $d_{1,\text{opt}}$ 之间一个更为直观的搜索表。当系统中电子元件的参数不变时, 对于某一瞬时一个确定的负载值, 存在唯一的最优占空比与其对应。求解最优占空比, 建立搜索表的关键是需要知道在当前负载值条件下, 最优占空比的数值应该按照 CCM 还是 DCM 下的关系式进行求解。

设置 IPT 系统的电路参数如表 4.2 所示。

表 4.2　IPT 系统的电路参数

参数	数值
系统工作频率 f	200kHz
耦合线圈互感 M	20μH
初级侧线圈交流电阻 R_P	1.1Ω
次级侧线圈交流电阻 R_S	1.1Ω
Boost 变换器储能电感 L	100μH
Boost 变换器开关频率 f_b	50kHz

计算得到该系统的最优负载 $R_{2,\text{opt}}$ 为 30.9837Ω。图 4.44 为不同负载条件下 (R_L 分别为 50Ω、80Ω、120Ω、300Ω) 临界占空比示意图。当 R_L 等于 50Ω 时, 整个曲线位于 0 刻度线以下, 表示随着占空比的变化, Boost 变换器始终工作在 CCM 下, 那么此时只需要按 CCM 下的阻抗关系式来解算最优占空比。

当 R_L 变化到 80Ω 时, 曲线和 0 刻度线有两个交点。其中, 第一个交点记作临界占空比 D_1, 此时 Boost 变换器由 CCM 进入到 DCM; 第二个交点记作临界占空比 D_2, 此时 Boost 变换器由 DCM 进入到 CCM。在临界占空比 D_1、D_2 处, 可分别计算得到对应的两个临界 R_2 值, 当最优负载 $R_{2,\text{opt}}$ 位于这两个临界 R_2 值之间时，按 DCM 下的阻抗关系式来解算最优占空比。当最优负载 $R_{2,\text{opt}}$ 小于较小的临界 R_2 值或者大于较大的临界 R_2 值时，按 CCM 下的阻抗关系式来解算最优占空比。同时可以看到，随着负载 R_L 的增大，处于 DCM 下的占空比范围越来越大。

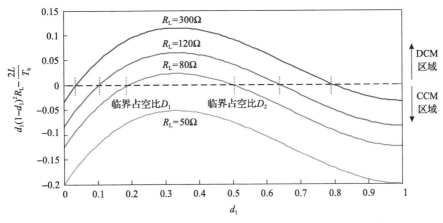

图 4.44　R_L 分别为 50Ω、80Ω、120Ω、300Ω 时临界占空比示意图

当负载 R_L 分别为 50Ω、80Ω、120Ω、300Ω 时，R_2 随占空比的变化曲线如图 4.45 所示。其中，虚线表示在此占空比下 Boost 变换器工作于 CCM，实线表示在此占空比条件下 Boost 变换器工作于 DCM。由图 4.45 可见，当负载变动范围较大时，若仅在 CCM 区间调节，无法使 R_2 取得最优值。$R_{2,\text{opt}}$ 与电阻线交点的纵坐标为对应的最优占空比 $d_{1,\text{opt}}$。

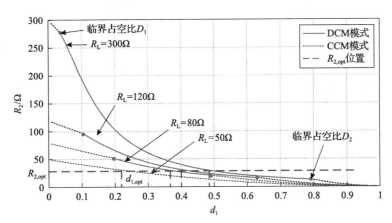

图 4.45　R_L 分别为 50Ω、80Ω、120Ω、300Ω 时 R_2 随占空比 d_1 的变化曲线

基于以上分析，该 IPT 系统的最优负载 $R_{2,\text{opt}}$ 为 30.9837Ω 时，可以建立如表 4.3 所示的负载-最优占空比搜索表。

表 4.3　负载-最优占空比搜索表

负载 R_L/Ω	临界 D_1、D_2		CCM 或 DCM	最优占空比 $d_{1,\mathrm{opt}}$
40	不存在		始终处于 CCM	0.12
50	不存在		始终处于 CCM	0.2128
60	不存在		始终处于 CCM	0.2814
70	0.263	0.409	DCM	0.3287
80	0.1910	0.5	DCM	0.3491
90	0.1559	0.5509	DCM	0.3652
100	0.1330	0.5874	DCM	0.3783
110	0.1165	0.6158	DCM	0.3892
120	0.1037	0.6388	DCM	0.3984
130	0.0936	0.6581	DCM	0.4064
140	0.0854	0.6746	DCM	0.4134
150	0.0785	0.6889	DCM	0.4196
300	0.0359	0.7953	DCM	0.468

由表 4.3 可知，当系统负载变化时，每个负载值有且仅有一个最优占空比的值与其对应。因此，在电池充电过程中，对于每个实时检测的负载值，可以通过查表并以此作为参数占空比 d_1 的调节依据。可以看到，随着负载的增大，占空比 d_1 的调节幅度越来越小。假如负载只变化很小的范围，如从 140Ω 变化到 150Ω，占空比 d_1 的调节范围只有 0.0062，这在实际的调节过程中几乎不具有可操作性。

前面已经分析过，在 DCM 下，R_2 不仅与占空比 d_1 相关，还与 Boost 变换器的开关频率 f_b 相关。因此，当负载变化、占空比 d_1 的调节精度受限时，可以考虑通过调节 Boost 变换器的开关频率 f_b 来提升系统的传输效率。完整的调节过程示意图如图 4.46 所示。

假设 IPT 系统的初始状态位于 A 处，此时 Boost 变换器的占空比为 D_1，MOS 管开关频率为 f_{b1}。如果负载增大，则对照表 4.3 将占空比增大至 D_2，此时系统位于 B 状态。因为占空比的可调范围很小，R_2 的调节精度受限，B 状态系统可能尚未到达最优负载，此时可以调节 MOS 管开关频率的大小。将 B 状态的占空比 D_2 和此时负载 R_L 的值代入，可反解出 MOS 管开关频率 f_{b2} 的值，即需要将系统调节至 C 状态。如果系统在初始状态负载开始减小，则对照表 4.3 将占空比减小至 D_3，此时系统位于 D 状态。同样，若此时系统效率尚未达到最优，则可通过适当增大 MOS 管开关频率至 f_{b3}，最终调节系统位于 E 状态。

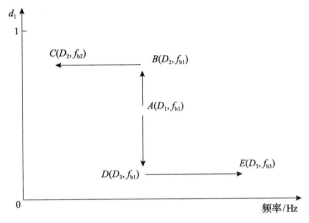

图 4.46　调节过程示意图

图 4.47 为变负载条件下 IPT 系统的控制示意图。系统实时采样负载的电压电流，控制器根据采样值计算出实时负载值，然后通过查表得到控制器输出维持 R_2 不变所需的 Boost 变换器占空比 d_1 和 MOS 管开关频率 f_b，从而稳定系统的传输效率。

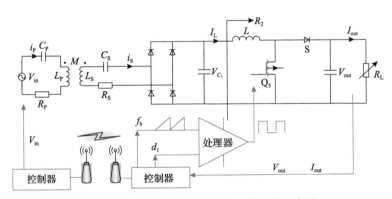

图 4.47　变负载条件下 IPT 系统的控制示意图

4.8.3　实验验证

R_L 取 80Ω、100Ω、120Ω、200Ω、250Ω 和 300Ω，Q_5 的开关频率 f_b 为 50kHz。占空比 d_1 随着负载的变化而变化，同一负载有无 Boost 变换器的系统效率实验曲线见图 4.48。从图中可以看出，加入 Boost 变换器后，系统传输效率明显增大。

当 R_L=200Ω、d_1=0.44、f_b=50kHz 时，具有 Boost 变换器的系统输出功率和传输效率随输入电压 V_{in} 变化曲线如图 4.49 所示。随着输入电压从 40V 到 93.1V，输出功率逐渐增大，系统传输效率基本维持不变。

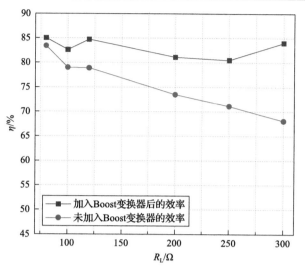

图 4.48　系统传输效率实验曲线

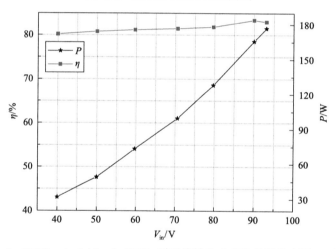

图 4.49　R_L=200Ω、d_1=0.44、f_b=50kHz 时系统输出功率和传输效率随 V_{in} 变化曲线

4.9　本 章 小 结

　　本章系统分析了反 Γ 型、S-S 型、S-SP 型、T 型及 LCC-LCC 补偿结构的传输特性，针对海洋环境下由海流冲击造成的线圈偏心问题，提出了由多个 T 型串-并联补偿结构组成的恒压输出系统和恒流输出系统，可以较好地解决线圈偏心时的负载电压或者电流波动问题。针对电池充电过程中等效负载动态变化影响传输效率的问题，采用 Boost 变换器升压电路实现阻抗匹配，提高 IPT 系统的传输效率，适用于负载为大电压低电流、等效阻抗值较大的应用场合。

第5章　互感变化下 IPT 系统设计

当负载动态变化时，可以通过阻抗匹配保证负载恒流或恒压充电，但当互感变化时，负载传输功率会发生波动，影响功率的稳定传输。例如，水下航行器一般为回转体结构，若耦合线圈安装在腹部，则航行器需要承受海水压力；线圈表面的防护层过厚，会增加传输距离，使耦合线圈互感减小，降低系统的传输效率。航行器进入回收笼之后发生横滚，导致耦合线圈产生偏心，偏心同样会影响系统电能传输效率；海流冲击使耦合线圈产生轴向位移偏差，导致传输功率不稳定。针对互感变化影响系统电能稳定传输的问题，本章提出一种三线圈结构及混合拓扑，尽量降低互感变化对系统电能传输性能的影响。

5.1　适用于海洋环境的三线圈结构

在水下磁耦合无线电能传输系统中，耦合线圈是最主要的组成部分，主要采用两线圈结构，即 1 个发射线圈和 1 个接收线圈。为增加互感，可在线圈中间或表面加装磁芯，但为了便于理论分析，先不考虑加装磁芯。螺旋三线圈结构如图 5.1 所示，即 2 个发射线圈和 1 个接收线圈(简称 $1\times1\times1$ 结构)，发射线圈 $Coil_1$ 和 $Coil_2$ 对称地放置在接收线圈 $Coil_3$ 两侧。

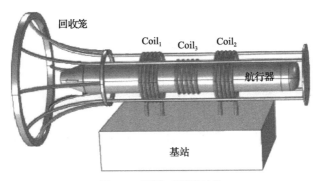

图 5.1　螺旋三线圈结构

螺旋三线圈结构具有以下三个优点：

(1)通过合理选取线圈匝数与线圈间距，可以使 $Coil_1$ 和 $Coil_2$ 形成的合成电场在一定区域内基本恒定。若该区域为 $Coil_3$ 的轴向移动区域，即使航行器发生位移偏差，$Coil_3$ 上的感应电压也可基本维持不变，系统传输功率可基本保持稳定。

（2）三线圈结构虽然使涡流损耗区域变大，但在传输相同功率情况下，两个初级侧线圈电流仅为传统两线圈初级侧电流的 1/2，而涡流损耗与电流的平方成正比，因此采用三线圈结构可以降低涡流损耗。

（3）当航行器产生横滚时，Coil₁ 与 Coil₃、Coil₂ 与 Coil₃ 之间的互感不会受到影响，这意味着即使产生横滚，系统传输功率及传输效率也不会发生变化，因此采用三线圈结构可以消除横滚对无线电能传输系统的影响。

本节研究螺旋三线圈结构在空间产生的电磁场分布，推导出在海水中产生的电磁场的解析表达式；建立海水环境下涡流损耗分布模型，并与传统两线圈产生的涡流损耗进行对比。

5.1.1 螺旋三线圈电磁场解析表达式

1. 螺旋线圈

螺旋线圈可看作由 N 个半径为 r 且同心的单匝线圈，沿 z 轴以远离 xOy 平面的方向，以导线轴心距 d 递增缠绕而成的。建立螺旋线圈圆柱坐标系示意图如图 5.2 所示。

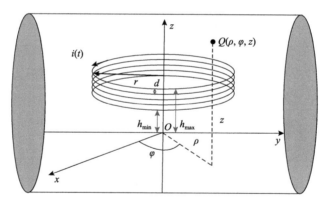

图 5.2　螺旋线圈圆柱坐标系示意图

距离 xOy 平面最近的高度为 $h_{\min}$，距离 xOy 平面最远的高度为 $h_{\max}$，$Q(\rho, \varphi, z)$ 为空间中任意一点。

最低线圈在 $Q(\rho, \varphi, z)$ 处产生的电场表达式为

$$\boldsymbol{E}(\rho, \varphi, z) = -\frac{\mathrm{j}\omega\mu r\boldsymbol{I}}{2}\int_0^\infty \frac{\lambda}{u}\mathrm{J}_1(\lambda r)\mathrm{J}_1(\lambda\rho)\mathrm{e}^{-u|z-h_{\min}|}\mathrm{d}\lambda\boldsymbol{e}_\varphi \tag{5.1}$$

最低线圈高度增加 d 为次低线圈，其在 $Q(\rho, \varphi, z)$ 处产生的电场表达式为

$$\boldsymbol{E}_{\text{total}}(\rho,\varphi,z)=-\frac{\mathrm{j}\omega\mu r\boldsymbol{I}}{2}\int_0^\infty\frac{\lambda}{u}\mathrm{J}_1(\lambda r)\mathrm{J}_1(\lambda\rho)\mathrm{e}^{-u|z-h_{\min}-d|}\mathrm{d}\lambda\boldsymbol{e}_\varphi \tag{5.2}$$

同理，高度增加$(N-1)d$的最顶端线圈在$Q(\rho,\varphi,z)$点的电场表达式为

$$\boldsymbol{E}_{\text{total}}(\rho,\varphi,z)=-\frac{\mathrm{j}\omega\mu r\boldsymbol{I}}{2}\int_0^\infty\frac{\lambda}{u}\mathrm{J}_1(\lambda r)\mathrm{J}_1(\lambda\rho)\mathrm{e}^{-u|z-h_{\min}-(N-1)d|}\mathrm{d}\lambda\boldsymbol{e}_\varphi \tag{5.3}$$

螺旋线圈在空间中产生的合成电场是单匝线圈产生电场的矢量和，因此图 5.2 中的螺旋线圈在$Q(\rho,\varphi,z)$点的电场表达式为

$$\begin{aligned}\boldsymbol{E}_{\text{total}}(\rho,\varphi,z)=&-\frac{\mathrm{j}\omega\mu r\boldsymbol{I}}{2}\int_0^\infty\frac{\lambda}{u}\mathrm{J}_1(\lambda r)\mathrm{J}_1(\lambda\rho)\\&\cdot\left[\mathrm{e}^{-u|z-h_{\min}|}+\mathrm{e}^{-u|z-h_{\min}-d|}+\cdots+\mathrm{e}^{-u|z-h_{\min}-(N-1)d|}\right]\mathrm{d}\lambda\boldsymbol{e}_\varphi\end{aligned} \tag{5.4}$$

2. 螺旋三线圈电场分布

建立螺旋三线圈坐标系示意图如图 5.3 所示，其中$h_j(j=1,2,3)$表示线圈到xOy平面的最小垂直距离，线圈 Coil$_3$的轴心位于坐标原点，所以$h_3=0$。N_j、$r_j(j=1,2,3)$分别表示线圈匝数及半径，其中$j=1,2$时代表发射线圈参数，$j=3$时代表接收线圈参数，d为导线轴心距。

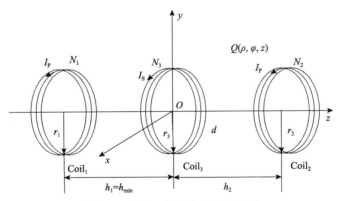

图 5.3   螺旋三线圈坐标系示意图

螺旋三线圈的电场分布可分为如下四个区域：

$$\begin{aligned}&\text{Zone 1：}\ z\leqslant-h_1-(N_1-1)d\\&\text{Zone 2：}\ -h_1\leqslant z\leqslant-(N_3-1)d/2\\&\text{Zone 3：}\ (N_3-1)d/2\leqslant z\leqslant h_2\\&\text{Zone 4：}\ h_2+(N_2-1)d\leqslant z\end{aligned} \tag{5.5}$$

当发射线圈 Coil$_1$ 和 Coil$_2$ 参数完全相同，即 $N_1=N_2=N_P$、$r_1=r_2=r_P$、$I_1=I_2=I_P$ 时，接收端线圈匝数 $N_3=N_S$，电流为 I_S，Coil$_1$ 和 Coil$_2$ 关于 Coil$_3$ 在 z 轴上对称分布，即 $h_1=h_2=h_{\min}$。则空间任意一点 $Q(\rho,\varphi,z)$ 的电场强度 $\boldsymbol{E}_{\text{total}}$ 是发射线圈产生的 $\boldsymbol{E}_P$ 与接收线圈产生的 $\boldsymbol{E}_S$ 的矢量和。

因此，Zone1 中的电场表达式为

$$
\begin{aligned}
\boldsymbol{E}_{\text{total}}(\rho,\varphi,z) &= \boldsymbol{E}_P + \boldsymbol{E}_S \\
&= -\frac{\mathrm{j}\omega\mu r_P I_P}{2}\int_0^\infty \frac{\lambda}{u}\mathrm{J}_1(\lambda r_P)\mathrm{J}_1(\lambda\rho)\left[\mathrm{e}^{u(z+h_{\min})}\frac{1-\mathrm{e}^{-N_P ud}}{1-\mathrm{e}^{ud}} + \mathrm{e}^{u(z-h_{\min})}\frac{1-\mathrm{e}^{-N_P ud}}{1-\mathrm{e}^{-ud}}\right]\mathrm{d}\lambda\boldsymbol{e}_\varphi \\
&\quad -\frac{\mathrm{j}\omega\mu r_S I_S}{2}\int_0^\infty \frac{\lambda}{u}\mathrm{J}_1(\lambda r_S)\mathrm{J}_1(\lambda\rho)\mathrm{e}^{u[z+(N_S-1)d/2]}\frac{1-\mathrm{e}^{-N_S ud}}{1-\mathrm{e}^{-ud}}\mathrm{d}\lambda\boldsymbol{e}_\varphi
\end{aligned}
\tag{5.6}
$$

Zone2 中的电场解析表达式为

$$
\begin{aligned}
\boldsymbol{E}_{\text{total}}(\rho,\varphi,z) &= \boldsymbol{E}_P + \boldsymbol{E}_S \\
&= -\frac{\mathrm{j}\omega\mu r_P I_P}{2}\int_0^\infty \frac{\lambda}{u}\mathrm{J}_1(\lambda r_P)\mathrm{J}_1(\lambda\rho)\left[\mathrm{e}^{-u(z+h_{\min})}\frac{1-\mathrm{e}^{-N_P ud}}{1-\mathrm{e}^{-ud}} + \mathrm{e}^{u(z-h_{\min})}\frac{1-\mathrm{e}^{-N_P ud}}{1-\mathrm{e}^{-ud}}\right]\mathrm{d}\lambda\boldsymbol{e}_\varphi \\
&\quad -\frac{\mathrm{j}\omega\mu r_S I_S}{2}\int_0^\infty \frac{\lambda}{u}\mathrm{J}_1(\lambda r_S)\mathrm{J}_1(\lambda\rho)\mathrm{e}^{u[z+(N_S-1)d/2]}\frac{1-\mathrm{e}^{-N_S ud}}{1-\mathrm{e}^{-ud}}\mathrm{d}\lambda\boldsymbol{e}_\varphi
\end{aligned}
\tag{5.7}
$$

Zone3 中的电场表达式化简为

$$
\begin{aligned}
\boldsymbol{E}_{\text{total}}(\rho,\varphi,z) &= \boldsymbol{E}_P + \boldsymbol{E}_S \\
&= -\frac{\mathrm{j}\omega\mu r_P I_P}{2}\int_0^\infty \frac{\lambda}{u}\mathrm{J}_1(\lambda r_P)\mathrm{J}_1(\lambda\rho)\left[\mathrm{e}^{-u(z+h_{\min})}\frac{1-\mathrm{e}^{-N_P ud}}{1-\mathrm{e}^{-ud}} + \mathrm{e}^{u(z-h_{\min})}\frac{1-\mathrm{e}^{-N_P ud}}{1-\mathrm{e}^{-ud}}\right]\mathrm{d}\lambda\boldsymbol{e}_\varphi \\
&\quad -\frac{\mathrm{j}\omega\mu r_S I_S}{2}\int_0^\infty \frac{\lambda}{u}\mathrm{J}_1(\lambda r_S)\mathrm{J}_1(\lambda\rho)\mathrm{e}^{-u[z+(N_S-1)d/2]}\frac{1-\mathrm{e}^{N_S ud}}{1-\mathrm{e}^{ud}}\mathrm{d}\lambda\boldsymbol{e}_\varphi
\end{aligned}
\tag{5.8}
$$

Zone4 中的电场表达式化简为

$$
\begin{aligned}
\boldsymbol{E}_{\text{total}}(\rho,\varphi,z) &= \boldsymbol{E}_P + \boldsymbol{E}_S \\
&= -\frac{\mathrm{j}\omega\mu r_P I_P}{2}\int_0^\infty \frac{\lambda}{u}\mathrm{J}_1(\lambda r_P)\mathrm{J}_1(\lambda\rho)\left[\mathrm{e}^{-u(z+h_{\min})}\frac{1-\mathrm{e}^{-N_P ud}}{1-\mathrm{e}^{-ud}} + \mathrm{e}^{-u(z-h_{\min})}\frac{1-\mathrm{e}^{N_P ud}}{1-\mathrm{e}^{ud}}\right]\mathrm{d}\lambda\boldsymbol{e}_\varphi \\
&\quad -\frac{\mathrm{j}\omega\mu r_S I_S}{2}\int_0^\infty \frac{\lambda}{u}\mathrm{J}_1(\lambda r_S)\mathrm{J}_1(\lambda\rho)\mathrm{e}^{-u[z+(N_S-1)d/2]}\frac{1-\mathrm{e}^{N_S ud}}{1-\mathrm{e}^{ud}}\mathrm{d}\lambda\boldsymbol{e}_\varphi
\end{aligned}
\tag{5.9}
$$

Zone1 和 Zone4 中电场关于原点对称，Zone2 和 Zone3 中电场关于原点对称，因此整个系统的电场关于原点对称。

5.1.2　涡流损耗

1. 三线圈与两线圈涡流损耗对比

在图 5.4(a) 的螺旋 1×1 结构中，发射线圈 Coil_1 离 xOy 平面最近的线圈的中心坐标为 $(0, 0, L)$，接收线圈 Coil_3 的中心坐标是 $(0, 0, 0)$；在图 5.4(b) 的螺旋 1×1×1 结构中，增加一个与 Coil_1 关于 Coil_3 对称分布的发射线圈 Coil_2，发射线圈 Coil_2 离 xOy 平面最近线圈的中心坐标为 $(0, 0, L)$，发射线圈匝数 N_P 和接收线圈匝数 N_S 相等，用 N 表示。根据线圈在 z 轴方向上的位置分布，将涡流损耗区域分为 $\mathrm{Zone1}_{LX}$、$\mathrm{Zone2}_{LX}$、$\mathrm{Zone3}_{LX}$ 和 $\mathrm{Zone4}_{LX}$。

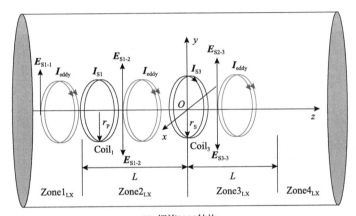

(a) 螺旋 1×1 结构

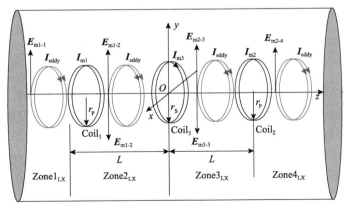

(b) 螺旋 1×1×1 结构

图 5.4　螺旋线圈电场分布图

在图 5.4 中，螺旋线圈产生涡流损耗的主要区域划分为如下四个子区域：

$$\text{Zonel}_{\text{LX}}: x_{\min} \leqslant x \leqslant x_{\max}, y_{\min} \leqslant y \leqslant y_{\max}, z_{\min} \leqslant z \leqslant -L-(N-1)d$$
$$\text{Zone2}_{\text{LX}}: x_{\min} \leqslant x \leqslant x_{\max}, y_{\min} \leqslant y \leqslant y_{\max}, -L-(N-1)d < z \leqslant -(N-1)d/2$$
$$\text{Zone3}_{\text{LX}}: x_{\min} \leqslant x \leqslant x_{\max}, y_{\min} \leqslant y \leqslant y_{\max}, (N-1)d/2 < z \leqslant L+(N-1)d \tag{5.10}$$
$$\text{Zone4}_{\text{LX}}: x_{\min} \leqslant x \leqslant x_{\max}, y_{\min} \leqslant y \leqslant y_{\max}, L+(N-1)d < z \leqslant z_{\max}$$

M_{13} 是 $Coil_1$ 和 $Coil_3$ 的互感, I_{S1} 和 I_{S3} 分别是 $Coil_1$ 和 $Coil_3$ 中的电流, $E_{Si\text{-}j}$ 表示线圈 $Coil_i$ 在 $Zonej$ 中的激励电场。图 5.4(b) 螺旋 $1\times1\times1$ 结构中, M_{13} 是 $Coil_1$ 和 $Coil_3$ 的互感, M_{23} 是 $Coil_2$ 和 $Coil_3$ 的互感, I_{m1}、I_{m2} 和 I_{m3} 分别是 $Coil_1$、$Coil_2$ 和 $Coil_3$ 中的电流。$E_{mi\text{-}j}$ 表示线圈 $Coil_i$ 在 $Zonej$ 中的激励电场。

螺旋线圈参数如下:线圈半径为 100mm, 线圈匝数为 15, 发射线圈通入交流电, $I_{S1}=2A$, $I_{m1}=I_{m2}=1A$, 调节电路使发射端和接收端电路均谐振, 接收端产生感应电场。螺旋线圈系统电场密度分布图如图 5.5 所示。

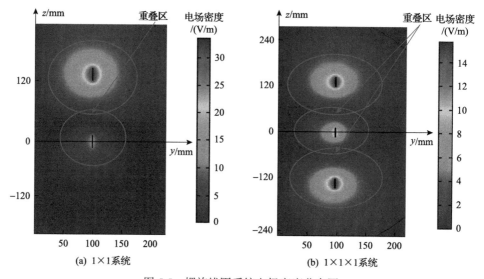

图 5.5 螺旋线圈系统电场密度分布图

由图 5.5 可知, 在螺旋线圈系统中, 当 $I_{s1}=2A$、$I_{m1}=I_{m2}=1A$ 时, 接收线圈周围的电场密度均为 10V/m 左右, 即 1×1 系统和 $1\times1\times1$ 系统从发射端到接收端传递功率近似相同。但是 $1\times1\times1$ 系统中单个发射线圈产生的电场密度是 1×1 系统中发射线圈产生的电场密度的 1/2, 这说明当 $1\times1\times1$ 系统发射线圈中通入的电流是 1×1 系统发射线圈中通入电流的 1/2 时, 两个系统的传输功率相等。

从图 5.5 还可以看出, Zone1 中的电场密度只由 I_{m1} 决定, Zone2 中的电场密度由 I_{m1} 和 I_{m3} 决定。Zone2 和 Zone3 靠近发射线圈的电场密度主要由发射线圈中的电流决定, 而接收线圈中的电流对其影响很小。类似地, Zone4 中的电场密度只由 I_{m3} 决定。

第 5 章 互感变化下 IPT 系统设计 ·137·

对于螺旋 1×1 结构，发射线圈 Coil₁ 在 Zone1 和 Zone2 中激励电场分别为 E_{S1-1} 和 E_{S1-2}，接收线圈 Coil₃ 在 Zone2 和 Zone3 中激励电场分别为 E_{S3-2} 和 E_{S3-3}。

对于螺旋 1×1×1 结构，Coil₁ 在 Zone1 和 Zone2 中激励电场分别为 E_{m1-1} 和 E_{m1-2}，Coil₂ 在 Zone3 和 Zone4 激励电场分别为 E_{m2-3} 和 E_{m2-4}，Coil₃ 在 Zone2 和 Zone3 区域激励电场分别为 E_{m3-2} 和 E_{m3-3}。

在 1×1 系统和 1×1×1 系统中，发射端通入正弦波电流，$Q(\rho, \varphi, z)$ 的合成电场强度均可以表示为

$$\boldsymbol{E}_{total}(\rho, \varphi, z) = \boldsymbol{E}_P + \boldsymbol{E}_S = \sqrt{2} E_{total} \sin(\omega t + \theta_3) \boldsymbol{e}_{\varphi} \tag{5.11}$$

根据式 (5.9)，计算接收线圈和发射线圈在 yOz 平面 $\boldsymbol{E}_P$、$\boldsymbol{E}_S$ 的相位差。利用有限元仿真软件建立线圈模型，其参数为：线圈间距 L=50mm，频率 f=300kHz，r_P=r_S=100mm，调节补偿电路电容使发射端和接收端均达到谐振状态，得到相位差的解析解和有限元解如图 5.6 所示。

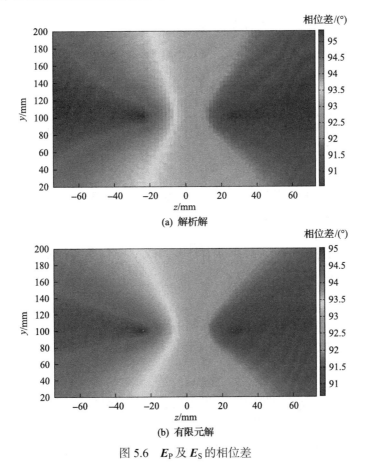

图 5.6 $\boldsymbol{E}_P$ 及 $\boldsymbol{E}_S$ 的相位差

因为重叠区较小，并且 $\boldsymbol{E}_{\mathrm{P}}$、$\boldsymbol{E}_{\mathrm{S}}$ 的相位差近似为 90°，所以 $\boldsymbol{E}_{\mathrm{m1\text{-}2}}$ 和 $\boldsymbol{E}_{\mathrm{m3\text{-}2}}$（或者 $\boldsymbol{E}_{\mathrm{m2\text{-}3}}$ 和 $\boldsymbol{E}_{\mathrm{m3\text{-}3}}$）的相位差近似 90°。

利用式 (5.9)，在 1×1×1 系统中，Zone2 的合成电场可以表示为

$$
\begin{aligned}
\boldsymbol{E}_{\mathrm{total}}(x,y,z) &= \boldsymbol{E}_{\mathrm{m3\text{-}2}}(x,y,z) + \boldsymbol{E}_{\mathrm{m1\text{-}2}}(x,y,z) \\
&\approx \sqrt{2}E_{\mathrm{m3\text{-}2}}(x,y,z)\sin(\omega t) + \sqrt{2}E_{\mathrm{m1\text{-}2}}(x,y,z)\sin\left(\omega t + \frac{\pi}{2}\right) \\
&= \sqrt{2}\sqrt{E_{\mathrm{m3\text{-}2}}^2(x,y,z) + E_{\mathrm{m1\text{-}2}}^2(x,y,z)}\sin(\omega t + \varphi) \\
&= \sqrt{2}E_{\mathrm{total}}(x,y,z)\sin(\omega t + \varphi)
\end{aligned}
\tag{5.12}
$$

在 Zone2 的重叠区域，合成电场的有效值可以表示为

$$
E_{\mathrm{total}}(x,y,z) = \sqrt{E_{\mathrm{m3\text{-}2}}^2(x,y,z) + E_{\mathrm{m1\text{-}2}}^2(x,y,z)}
\tag{5.13}
$$

结合式 (5.11) 和式 (5.13)，在 1×1×1 系统 Zone2 中的涡流损耗为

$$
\begin{aligned}
P_{\mathrm{Zone2}} &= \sigma \iiint E_{\mathrm{total}}^2(x,y,z)\mathrm{d}V_2 \\
&= \sigma \iiint \left[E_{\mathrm{m3\text{-}2}}^2(x,y,z) + E_{\mathrm{m1\text{-}2}}^2(x,y,z) \right]\mathrm{d}V_2
\end{aligned}
\tag{5.14}
$$

因此，在 1×1×1 系统中的总涡流损耗为

$$
\begin{aligned}
P_{\mathrm{eddy\_m}} = \sigma &\left\{ \iiint E_{\mathrm{m1\text{-}1}}^2(x,y,z)\mathrm{d}V_1 + \iiint \left[E_{\mathrm{m1\text{-}2}}^2(x,y,z) + E_{\mathrm{m3\text{-}2}}^2(x,y,z) \right]\mathrm{d}V_2 \right. \\
&\left. + \iiint \left[E_{\mathrm{m3\text{-}3}}^2(x,y,z) + E_{\mathrm{m2\text{-}3}}^2(x,y,z) \right]\mathrm{d}V_3 + \iiint E_{\mathrm{m2\text{-}4}}^2(x,y,z)\mathrm{d}V_4 \right\}
\end{aligned}
\tag{5.15}
$$

式中，V_1、V_2、V_3 和 V_4 分别表示 Zone1、Zone2、Zone3 和 Zone4 的体积。

同理，在 1×1 系统中的总涡流损耗为

$$
\begin{aligned}
P_{\mathrm{eddy\_S}} = \sigma &\left\{ \iiint E_{\mathrm{S1\text{-}1}}^2(x,y,z)\mathrm{d}V_1 + \iiint \left[E_{\mathrm{S1\text{-}2}}^2(x,y,z) + E_{\mathrm{S3\text{-}2}}^2(x,y,z) \right]\mathrm{d}V_2 \right. \\
&\left. + \iiint E_{\mathrm{S3\text{-}3}}^2(x,y,z)\mathrm{d}V_3 \right\}
\end{aligned}
\tag{5.16}
$$

为了比较 1×1×1 系统和 1×1 系统中涡流损耗的大小，假设在两个系统中从发射端传输到接收端的功率相等，即使得接收线圈 Coil_3 上的感应电流相同，满足如下公式：

$$
I_{\mathrm{S3}} = \frac{\omega M_{13} I_{\mathrm{S1}}}{R_{\mathrm{L1}}} = \frac{\omega(M_{13} I_{\mathrm{m1}} + M_{23} I_{\mathrm{m2}})}{R_{\mathrm{L1}}} = I_{\mathrm{m3}}
\tag{5.17}
$$

为了使式 (5.15) 成立，需要令 M_{13} 与 M_{23} 恒等，可以推导出

$$I_{m1} = I_{m2} = \frac{1}{2} I_{S1} \tag{5.18}$$

由式(5.16)可以得出

$$\begin{cases} \iiint E_{m1\text{-}1}^2(x,y,z)\mathrm{d}V_1 = \iiint E_{m2\text{-}4}^2(x,y,z)\mathrm{d}V_4 = \frac{1}{4}\iiint E_{S1\text{-}1}^2(x,y,z)\mathrm{d}V_1 \\ \iiint E_{m1\text{-}2}^2(x,y,z)\mathrm{d}V_2 = \iiint E_{m2\text{-}3}^2(x,y,z)\mathrm{d}V_3 = \frac{1}{4}\iiint E_{S1\text{-}2}^2(x,y,z)\mathrm{d}V_2 \\ \iiint E_{m3\text{-}2}^2(x,y,z)\mathrm{d}V_2 = \iiint E_{S3\text{-}2}^2(x,y,z)\mathrm{d}V_2 \\ \iiint E_{m3\text{-}3}^2(x,y,z)\mathrm{d}V_3 = \iiint E_{S3\text{-}3}^2(x,y,z)\mathrm{d}V_3 \end{cases} \tag{5.19}$$

结合式(5.15)、式(5.16)和式(5.19)，可得

$$\begin{aligned} P_{\text{eddy\_reduced}} &= P_{\text{eddy\_S}} - P_{\text{eddy\_m}} \\ &= \frac{1}{2}\sigma \left[\iiint E_{S1\text{-}1}^2(x,y,z)\mathrm{d}V_1 + \iiint E_{S1\text{-}2}^2(x,y,z)\mathrm{d}V_2 \right] \end{aligned} \tag{5.20}$$

说明 1×1×1 系统的涡流损耗比 1×1 系统少，减少的涡流损耗为 1×1 系统中发射线圈涡流损耗的 1/2。

2. 涡流损耗等效阻抗

海水中的电场强度主要由发射线圈产生的电场强度 $\boldsymbol{E}_P$ 和接收线圈产生的电场强度 $\boldsymbol{E}_S$ 两部分组成，E_P 和 E_S 分别是 $\boldsymbol{E}_P$ 和 $\boldsymbol{E}_S$ 的有效值。因此，海水中涡流产生的总涡流损耗 P_{eddy} 可以看作发射线圈 Coil_1 或 Coil_2 产生的涡流损耗（$P_{\text{eddy\_P}}$）与接收线圈 Coil_3 产生的涡流损耗（$P_{\text{eddy\_s}}$）之和，$P_{\text{eddy\_P}}$ 和 $P_{\text{eddy\_s}}$ 分别为

$$\begin{aligned} P_{\text{eddy\_P}} &= \iiint \sigma E_P^2 \mathrm{d}V = R_{\text{eddy\_P}} I_P^2 = k_{\text{eddy\_P}} N_P^2 f^2 I_P^2 \\ P_{\text{eddy\_S}} &= \iiint \sigma E_S^2 \mathrm{d}V = R_{\text{eddy\_S}} I_S^2 = k_{\text{eddy\_S}} N_S^2 f^2 I_S^2 \end{aligned} \tag{5.21}$$

涡流损耗等效阻抗 R_{eddy} 的表达式为

$$R_{\text{eddy}} = \frac{P_{\text{eddy}}}{I^2} \tag{5.22}$$

因此，发射线圈与接收线圈产生的涡流损耗等效阻抗分别为

$$R_{\text{eddy\_P}} = k_{\text{eddy\_P}} N_P^2 f^2$$
$$R_{\text{eddy\_S}} = k_{\text{eddy\_S}} N_S^2 f^2$$

(5.23)

式中，$k_{\text{eddy\_P}}$、$k_{\text{eddy\_S}}$ 是与线圈尺寸及结构有关的参数，当线圈参数确定时，涡流损耗等效阻抗只随频率和线圈匝数变化。

5.1.3　仿真与实验验证方法

仿真和实验基本参数如表 5.1 所示。

表 5.1　仿真和实验基本参数

符号	参数	数值
r_P、r_S	发射、接收螺旋线圈半径	100mm
a	导线半径	0.75mm
d	导线间距	0mm
N_P	发射线圈匝数	15 匝
N_S	接收线圈匝数	15 匝
R_L	负载阻值	30Ω
L	发射线圈和接收线圈垂直距离	120mm
I_P	发射线圈电流	1.5A
σ	海水电导率	3.38S/m
μ	海水磁导率	$4\pi \times 10^{-7}$H/m
ε	海水相对介电常数	$81 \times 8.85 \times 10^{-12}$F/m
f	工作频率	300×10^3Hz

1. 三线圈合成电场仿真验证

利用 Comsol 仿真软件，当 $\varphi=0$，0mm$<\rho<$210mm，z 为 30mm、60mm、90mm 时分别对合成电场强度 E 进行仿真，并通过式(5.12)计算出电场解析值，得到的仿真值与解析值如图 5.7 所示。

在图 5.7 中，随着 ρ 的增加，电场强度的幅值先增大后减小，且仿真结果和解析结果具有较好的吻合性。

2. 实验验证

由于实验中电场强度密度无法测得，所以需要用感应电压代替电场强度。由电磁感应定律可知，通电发射线圈产生感应磁场，在接收线圈会产生感应电压

U_{ind}，其计算公式为

$$U_{\text{ind}} = \oint\limits_{\text{Coil}} \boldsymbol{E}\mathrm{d}l \tag{5.24}$$

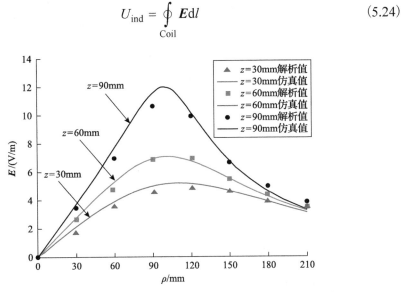

图 5.7　z 为 30mm、60mm、90mm 时合成电场强度 $\boldsymbol{E}$ 随 ρ 变化曲线

根据平面 1×1×1 结构线圈验证拓扑，按照图 5.8 连接电路，实验参数如表 5.1 所示。当工作频率 f 在 100～500kHz 范围内变化时，用示波器测量接收线圈两端的开路电压，得到实验测量结果。

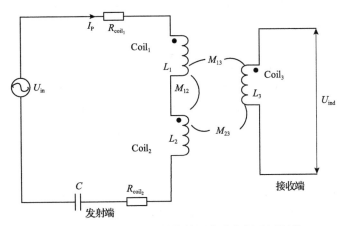

图 5.8　平面 1×1×1 结构线圈合成电场验证拓扑

通过 Comsol 软件建立平面 1×1×1 结构线圈电路模型,进行仿真并得到开路电压仿真结果。利用式(5.24)解析计算开路感应电压，得到解析计算结果。接收端开路感应电压 U_{ind} 的实验测量结果、仿真结果和解析计算结果如图 5.9 所示。

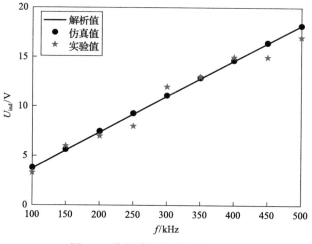

图 5.9　接收端开路感应电压 U_{ind}

5.1.4　同心螺旋三线圈设计

对于如图 5.2 所示的三线圈结构，当航行器与回收笼发生相对横滚运动时，发射线圈与接收线圈的轴心并未发生偏心位移，对系统传输功率没有产生影响，说明螺旋线圈安装方式具有抗横滚运动的优点。

此外，海水流动会使航行器与回收笼产生相对轴向位移。例如，接收线圈 Coil3 与发射线圈 Coil1 的轴向距离减小，导致 Coil1 与 Coil3 的互感 M_{13} 增大，Coil2 与 Coil3 之间的互感 M_{23} 减小；接收线圈 Coil3 与发射线圈 Coil1 的轴向距离增大，导致 Coil1 与 Coil3 的互感 M_{13} 减小，Coil2 与 Coil3 之间的互感 M_{23} 增大。在输入电压不变的条件下，在一定垂直距离范围内，M_{13} 增大意味着通过 Coil1 传输至 Coil3 的电能增大，而 M_{23} 减小意味着通过 Coil2 传输至 Coil3 的电能减小。在发生轴向位移的过程中，M_{13} 和 M_{23} 反方向变动，且在一定范围内合成电场基本不变，则可以保证系统发射端到接收端的电压近似不变，因此系统中总的传输功率基本不变。

合理选择参数，使得一定范围内合成电场稳定。建立同心螺旋三线圈结构的合成电场模型，如图 5.10 所示。为了更清晰地建立电场模型，将两个发射线圈的轴向位置示意得较远，实际接收线圈 Coil3 在发射线圈 Coil1 和 Coil2 的内部。

原点 O 在接收线圈 Coil3 垂直中心，两个发射线圈 Coil1 和 Coil2 中离原点 O 最近的为第 1 匝，分别表示为线圈 Coil1-1 和 Coil2-1，两线圈最近距离，即 Coil1-1 和 Coil2-1 的距离为 L_{12}。以间隙 d 远离原点的 Coil1 上的单匝线圈和 Coil2 上的单匝线圈分别表示为 Coil1-n1 ($n1$=1, 2, …, N_1) 和 Coil2-n2 ($n2$=1, 2, …, N_2)，N_1 和 N_2 分别是 Coil1 和 Coil2 的总匝数。线圈半径 r_P=172mm，r_S=147mm。当 L_{12}=d 时，同心螺旋三线圈系统可视为同心螺旋两线圈系统，即只有一个发射线圈和一个接收线

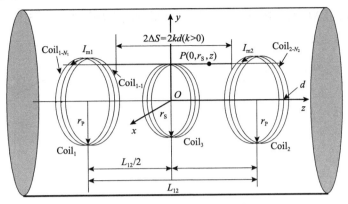

图 5.10　同心螺旋三线圈结构

圈，此时发射线圈的匝数为 $N_P=N_1+N_2$。

在接收线圈 Coil$_3$ 中，最左侧的单匝线圈为 Coil$_{3-1}$，以间隙 d 沿 z 轴正方向递增的单匝线圈为 Coil$_{1-n3}$，$n3=1,2,\cdots,N_3$，N_3 是 Coil$_3$ 的总匝数。

发射线圈 Coil$_1$ 和 Coil$_2$ 通有电流 I_P，频率为 ω。在图 5.10 中，$2\Delta S=2kd(k>0)$ 为发射线圈的运动区域，简称为运动区。将运动区以绕线间隙 d 为最小单位划分为 $2k+1$ 个点。在运动区运动时，线圈 Coil$_3$ 表面形成无数条垂直于 xOy 平面的运动直线轨迹，选取 $P(r_S,0,z)$ 是 $\rho=r_S$、$\varphi=0$ 这条运动轨迹上的任意一点。利用单匝线圈电场解析式 (2.1)，$E_{1-n1}(z)$ 和 $E_{2-n2}(z)$ 是 Coil$_{1-n1}$ 和 Coil$_{2-n2}$ 在 P 点产生的电场，分别表示为

$$\begin{cases} E_{1-n1}(0,r_S,z)=-\mathrm{j}\omega\mu r_P I_{m1}\int_0^\infty \dfrac{\lambda}{u}\mathrm{J}_1(\lambda r_P)\mathrm{J}_1(\lambda r_S)\mathrm{e}^{-u|(n_1-1)d+L_{12}/2+z|}\mathrm{d}\lambda e_\varphi=E_{1-n1}(z) \\[3mm] E_{2-n2}(0,r_S,z)=-\mathrm{j}\omega\mu r_P I_{m2}\int_0^\infty \dfrac{\lambda}{u}\mathrm{J}_1(\lambda r_P)\mathrm{J}_1(\lambda r_S)\mathrm{e}^{-u|(n_2-1)d+L_{12}/2-z|}\mathrm{d}\lambda e_\varphi=E_{2-n2}(z) \end{cases} \tag{5.25}$$

发射线圈 Coil$_1$ 和 Coil$_2$ 离原点最远的两个单匝线圈 Coil$_{1-N1}$ 和 Coil$_{2-N2}$ 在 P 点的激发电场分别为

$$\begin{cases} E_{1-N_1}(0,r_S,z)=-\mathrm{j}\omega\mu r_P I_{m1}\int_0^\infty \dfrac{\lambda}{u}\mathrm{J}_1(\lambda r_P)\mathrm{J}_1(\lambda r_S)\mathrm{e}^{-u|(N_1-1)d+L_{12}/2+z|}\mathrm{d}\lambda e_\varphi=E_{1-N_1}(z) \\[3mm] E_{2-N_2}(0,r_S,z)=-\mathrm{j}\omega\mu r_P I_{m2}\int_0^\infty \dfrac{\lambda}{u}\mathrm{J}_1(\lambda r_P)\mathrm{J}_1(\lambda r_S)\mathrm{e}^{-u|(N_2-1)d+L_{12}/2-z|}\mathrm{d}\lambda e_\varphi=E_{2-N_2}(z) \end{cases} \tag{5.26}$$

当 $I_{m1}=I_{m2}=1A$、$f=300kHz$、$d_1=6.8mm$、$d=2mm$、$L_{12}=28mm$、$N_1=N_2=4$ 时，

对式(5.26)通过 MATLAB 进行解析计算，得到的电场波形如图 5.11 所示。

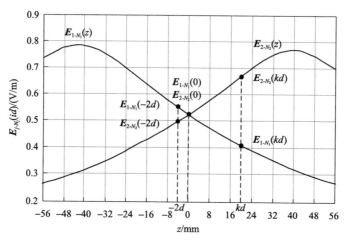

图 5.11　$\text{Coil}_{1\text{-}N_1}$ 和 $\text{Coil}_{2\text{-}N_2}$ 产生的电场波形

将单匝发射线圈在 P 点产生的电场 $E_{j\text{-}nj}(z)$ 离散，表示为 $E_{j\text{-}nj}(id)$, $i=-k$, $-k+1,\cdots$, $0,\cdots$, k, $j=1,2$ 分别表示线圈 $\text{Coil}_{1\text{-}n1}$ 和 $\text{Coil}_{2\text{-}n2}$。因此，根据电磁感应定律，$\text{Coil}_1$ 和 Coil_2 中每匝线圈在 $2k+1$ 个点激励电场的总和，即 $2k+1$ 个点上的合成电场。$E(id)$ 为在 $z=id$ 处的合成电场：

$$E(id) = \sum_{n1=1}^{N_1} E_{1\text{-}n1}(id) + \sum_{n2=1}^{N_2} E_{2\text{-}n2}(id), \quad i = -k,\cdots,0,\cdots,k \tag{5.27}$$

因此，接收线圈的互感电压为

$$U_{\text{coil}_3} = 2\pi r_S \times \sum_{m}^{m+N_3} E(md) \tag{5.28}$$

式中，N_3 为 Coil_3 的总匝数；$E(md)$ 为 Coil_3 最左侧位置 $z=md$ 的单匝线圈的合成电场。

利用 MATLAB 对解析式进行计算，运用 Comsol 软件进行仿真验证，同心螺旋三线圈仿真和实验参数见表 5.2。

表 5.2　同心螺旋三线圈仿真和实验参数

符号	参数	数值
r_P	发射线圈半径	172mm
r_S	接收线圈半径	147mm
a	导线半径	3.5mm

续表

符号	参数	数值
d	导线间距	2mm
N_1、N_2	发射线圈匝数	11 匝
N_3	接收线圈匝数	5 匝
L_{12}	发射线圈和接收线圈最近的垂直距离	28mm
I_P	发射线圈电流	0A
σ	海水电导率	3.38S/m
μ	海水磁导率	$4\pi \times 10^{-7}$H/m
ε	海水相对介电常数	$81 \times 8.85 \times 10^{-12}$F/m
f	频率	300×10^3Hz

首先，当 $L_{12}=d=2$mm 时，同心螺旋三线圈系统可视为同心螺旋两线圈系统，即 1×1 系统，分别计算当 $L_{12}=2$mm 和 $L_{12}=28$mm 时的系统合成电场，计算曲线和仿真曲线对比如图 5.12 所示。

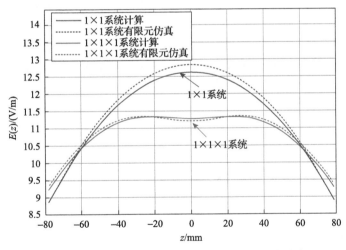

图 5.12　同心螺旋 1×1 系统和 $1\times1\times1$ 系统的电场

由图 5.12 可知，在 z 轴方向上的不同位置，合成电场中有一部分区域的电场几乎保持平稳，因此同心螺旋三线圈 $1\times1\times1$ 系统具有抗轴向位移的优势。

其次，受海流振动的影响，水下航行器对接时的移动区域很小，因此移动区域范围可看作 $-10d\sim10d$。当 L_{12} 发生变化时，计算同心螺旋三线圈系统 Coil$_3$ 的合成电场，并且利用 Comsol 软件进行仿真，合成电场计算结果和仿真结果如图 5.13 所示。

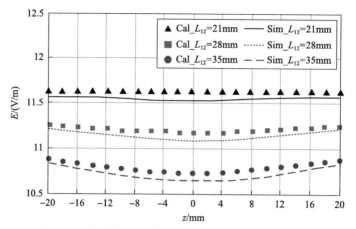

图 5.13 在不同 L_{12} 下的合成电场计算结果和仿真结果

Coil₃ 的互感电压 U_{coil_3} 在移动区域内随着 L_{12} 变化，U_{coil_3} 的计算结果和仿真结果如图 5.14 所示。

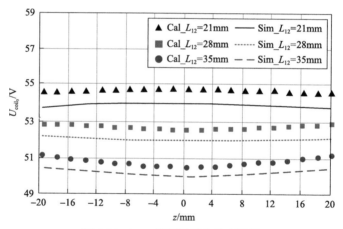

图 5.14 U_{coil_3} 计算结果和仿真结果

搭建实验平台进行实验，当 L_{12}=28mm 时，接收线圈的互感电压 U_{coil_3} 的计算结果、仿真结果与实验结果对比如图 5.15 所示。

图 5.13～图 5.15 的图例中，"L_{12}"表示发射线圈和接收线圈的最近距离，"Cal_"、"Sim_"和"Exp_"分别代表相对应条件的计算结果、有限元仿真结果和实验结果。

由图 5.13 可知，在运动区域，同心螺旋三线圈系统的电场强度保持稳定。在图 5.11 中，移动区域的感应电压波动幅度在 5% 以内，说明了同心螺旋三线圈具有抵抗轴向干扰的优点，并且可以减少水流扰动的影响。另外，距离 L_{12} 对合成电场的稳定性产生一定影响，在实际应用中需要优化系统参数。

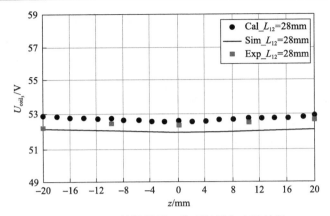

图 5.15　U_{coil_3} 计算结果、仿真结果和实验结果

5.1.5　三线圈结构补偿电路设计

三线圈结构共有三种补偿电路结构，即两发射线圈并联单独补偿电容电路拓扑、共享补偿电容电路拓扑和两发射线圈串联补偿电容电路拓扑。

1. 两发射线圈并联单独补偿电容电路拓扑

R_{coil_1}、R_{coil_2} 和 R_{coil_3} 分别是线圈 Coil_1、Coil_2 和 Coil_3 的交流阻抗，在等效电路中分别与线圈串联。在海水中，需要考虑线圈电流产生的涡流损耗对系统性能的影响。总涡流损耗表示为

$$P_{\text{eddy\_m}} = R_{\text{eddy1}}I_{\text{m1}}^2 + R_{\text{eddy2}}I_{\text{m2}}^2 + R_{\text{eddy3}}I_{\text{m3}}^2 \tag{5.29}$$

式中，R_{eddy1}、R_{eddy2} 和 R_{eddy3} 分别是线圈 Coil_1、Coil_2 和 Coil_3 在海水中产生的等效涡流损耗阻抗，可表示为

$$\begin{aligned}
\sigma\left[\iiint E_{\text{m1-1}}^2(x,y,z)\,\mathrm{d}V_1 + \iiint E_{\text{m1-2}}^2(x,y,z)\,\mathrm{d}V_2\right] &= R_{\text{eddy1}}I_{\text{m1}}^2 \\
\sigma\left[\iiint E_{\text{m2-3}}^2(x,y,z)\,\mathrm{d}V_3 + \iiint E_{\text{m2-4}}^2(x,y,z)\,\mathrm{d}V_4\right] &= R_{\text{eddy2}}I_{\text{m2}}^2 \\
\sigma\left[\iiint E_{\text{m3-2}}^2(x,y,z)\,\mathrm{d}V_2 + \iiint E_{\text{m3-3}}^2(x,y,z)\,\mathrm{d}V_3\right] &= R_{\text{eddy3}}I_{\text{m3}}^2
\end{aligned} \tag{5.30}$$

根据式 (5.30)，在 IPT 系统中，每个线圈产生的涡流损耗对系统的影响可以等效为涡流损耗阻抗。因此，将 R_{eddy1}、R_{eddy2} 和 R_{eddy3} 引入水下 IPT 系统的等效电路图中，以便能够更全面地分析互感变动对传输效率的影响。

在补偿电容电路中，发射端两个发射线圈 Coil_1 和 Coil_2 并联，为了保证线圈 Coil_1 和 Coil_2 所在的两条支路可以同时达到谐振状态，即存在一个角频率 ω，使

得电流 I_{m1}、电流 I_{m2} 和输入电压 U 同相位，需增加补偿电容。

与发射线圈 Coil₁ 和接收线圈 Coil₃ 间的互感 M_{13}，以及发射线圈 Coil₂ 和接收线圈 Coil₃ 间的互感 M_{23} 相比，发射线圈 Coil₁ 和 Coil₂ 间的互感 M_{12} 是很小的，而且对系统没有明显的影响，因此可以忽略 M_{12}。

在图 5.16 中，R_1、R_2 和 R_3 分别是线圈 Coil₁、Coil₂ 和 Coil₃ 的交流阻抗与涡流损耗阻抗之和。R_L 是负载电阻，负载总电阻 R_{L1} 是 Coil₃ 涡流损耗阻抗 R_3 和负载电阻 R_L 之和。当角频率为 ω 时，发射端处于谐振状态。根据基尔霍夫定律，在接收线圈 Coil₃ 上，由发射端电流 I_{m1} 和 I_{m2} 激励产生的互感电压 U_{m3} 的均方根值可表示为

$$U_3 = \omega M_{13} I_{m1} + \omega M_{23} I_{m2} \tag{5.31}$$

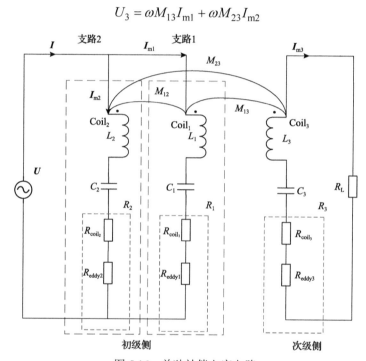

图 5.16 单独补偿电容电路

调节接收端电路使得接收端谐振，则接收端的谐振电流 I_{m3} 可表示为

$$I_{m3} = \frac{U_3}{R_{L1}} = \frac{\omega(M_{13} I_{m1} + M_{23} I_{m2})}{R_L + R_3} \tag{5.32}$$

从发射端传输到接收端的负载功率为

$$P_L = \frac{U_3^2}{R_{L1}} = \frac{(\omega M_{13} I_{m1} + \omega M_{23} I_{m2})^2}{R_L + R_3} = \omega M_{13} I_{m1} I_{m3} + \omega M_{23} I_{m2} I_{m3} \tag{5.33}$$

在式 (5.33) 中，可以把负载功率看作两部分：一部分是由发射线圈 Coil₁ 提供的功率 $\omega M_{13}I_{m1}I_{m3}$；另一部分是由发射线圈 Coil₂ 提供的功率 $\omega M_{23}I_{m2}I_{m3}$。因此，接收端电路在支路 1 和支路 2 的等效反射阻抗分别为

$$R_{\mathrm{ref1}} = \frac{\omega M_{13}I_{m1}I_{m3}}{I_{m1}^2} = \frac{\omega^2 M_{13}(M_{13}I_{m1} + M_{23}I_{m2})}{I_{m1}R_{L1}} \tag{5.34}$$

$$R_{\mathrm{ref2}} = \frac{\omega M_{23}I_{m2}I_{m3}}{I_{m2}^2} = \frac{\omega^2 M_{23}(M_{13}I_{m1} + M_{23}I_{m2})}{I_{m2}R_{L1}} \tag{5.35}$$

支路 1 和支路 2 处于谐振状态，根据基尔霍夫定律，输入电压源 U 的均方根值可以表示为

$$U = (R_{\mathrm{ref1}} + R_1)I_{m1} = \frac{\omega^2 M_{13}(M_{13}I_{m1} + M_{23}I_{m2})}{R_{L1}} + R_1 I_{m1} \tag{5.36}$$

$$U = (R_{\mathrm{ref2}} + R_2)I_{m2} = \frac{\omega^2 M_{23}(M_{13}I_{m1} + M_{23}I_{m2})}{R_{L1}} + R_2 I_{m2} \tag{5.37}$$

将反射阻抗 R_{ref1} 和 R_{ref2} 引入到发射端等效电路，则图 4.1 中的发射端电路可以等效为图 5.17。

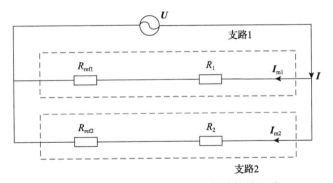

图 5.17　单独补偿电容电路发射端等效电路

那么，在支路 1 和支路 2 的总阻抗可以分别表示为

$$R_{1\_\mathrm{real}} = R_{\mathrm{ref1}} + R_1 \tag{5.38}$$

$$R_{2\_\mathrm{real}} = R_{\mathrm{ref2}} + R_2 \tag{5.39}$$

令

$$\begin{cases} R_{\text{ref}} = \dfrac{(\omega M_{13})^2}{R_{\text{L1}}} \\ \alpha = \dfrac{M_{13}}{M_{23}} \end{cases} \tag{5.40}$$

发射端两条支路的电流有效值的比值，即支路电流比为

$$k = \frac{I_{\text{m2}}}{I_{\text{m1}}} \tag{5.41}$$

各支路总阻抗为

$$\begin{cases} R_{1\_\text{real}} = R_{\text{ref}} + \dfrac{R_{\text{ref}}k}{\alpha} + R_1 \\ R_{2\_\text{real}} = \dfrac{R_{\text{ref}}}{\alpha^2} + \dfrac{R_{\text{ref}}}{\alpha k} + R_2 \end{cases} \tag{5.42}$$

对比式(5.38)、式(5.39)和式(5.42)，可得

$$\begin{cases} R_{\text{ref1}} = R_{\text{ref}} + \dfrac{R_{\text{ref}}k}{\alpha} \\ R_{\text{ref2}} = \dfrac{R_{\text{ref}}}{\alpha^2} + \dfrac{R_{\text{ref}}}{\alpha k} \end{cases} \tag{5.43}$$

由式(5.40)、式(5.41)和式(5.43)可知

$$k = \frac{I_{\text{m2}}}{I_{\text{m1}}} = \frac{U / R_{2\_\text{real}}}{U / R_{1\_\text{real}}} = \frac{R_{1\_\text{real}}}{R_{2\_\text{real}}} \tag{5.44}$$

k 可以表示为

$$k = \frac{\alpha^2 R_1 + R_{\text{ref}}\alpha(\alpha - 1)}{R_{\text{ref}}(1 - \alpha) + \alpha^2 R_2} \tag{5.45}$$

由式(5.45)可以看出，k 只与线圈互感 M_{13}、M_{23} 以及支路损耗电阻 R_1、R_2 有关。只要 M_{12}、M_{23}、R_1、R_2 固定，k 就保持恒定。

从发射端到接收端的传输效率 $\eta_{\text{P\_S}}$ 的计算公式为

$$\eta_{\text{P\_S}} = \frac{I_{\text{m1}}^2 R_{\text{ref1}} + I_{\text{m2}}^2 R_{\text{ref2}}}{I_{\text{m1}}^2 R_{1\_\text{real}} + I_{\text{m2}}^2 R_{2\_\text{real}}} \tag{5.46}$$

结合式(5.45)和式(5.46)，传输效率 $\eta_{\text{P\_S}}$ 和总阻抗 R_{eql} 可以分别表示为

$$\eta_{\mathrm{P\_S}} = \frac{\left(R_{\mathrm{ref}} + \dfrac{R_{\mathrm{ref}}k}{\alpha}\right)R_{2\_\mathrm{real}}^2 + \left(\dfrac{R_{\mathrm{ref}}}{\alpha^2} + \dfrac{R_{\mathrm{ref}}}{\alpha k}\right)R_{1\_\mathrm{real}}^2}{R_{1\_\mathrm{real}}R_{2\_\mathrm{real}}(R_{1\_\mathrm{real}} + R_{2\_\mathrm{real}})} \tag{5.47}$$

$$R_{\mathrm{eql}} = \frac{R_{1\_\mathrm{real}}R_{2\_\mathrm{real}}}{R_{1\_\mathrm{real}} + R_{2\_\mathrm{real}}} \tag{5.48}$$

由式(5.47)和式(5.48)可知，传输效率 $\eta_{\mathrm{P\_S}}$ 与 k、α 和 R_{ref} 三个参数有关，而这三个参数受系统谐振频率 ω、互感 M_{13} 和 M_{23}、负载电阻 R_{L1} 以及支路损耗电阻 R_1 和 R_2 的影响，以上参数均是系统自身的可设置参数，一旦系统搭建完成，以上参数确定，系统的传输效率就保持恒定不变。

令互感 M_{13} 保持恒定，即 $M_{13}=5.56\mu\mathrm{H}$，以及系统的谐振频率 $f=600\mathrm{kHz}$。在负载电阻 $R_{L1}=40\Omega$ 保持恒定时，在不同支路损耗电阻 R_1 和 R_2 的情况下，随着互感 M_{23} 的变化，支路电流比 k 的变化曲线如图 5.18(a) 所示，传输效率 $\eta_{\mathrm{P\_S}}$ 变化曲线

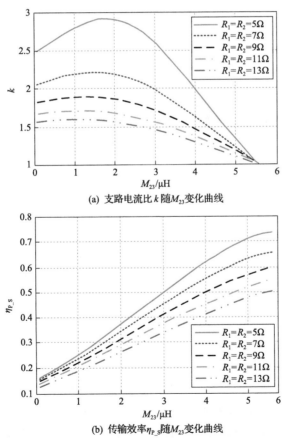

(a) 支路电流比 k 随 M_{23} 变化曲线

(b) 传输效率 $\eta_{\mathrm{P\_S}}$ 随 M_{23} 变化曲线

图 5.18　支路电流比值和传输效率随 M_{23} 的变化曲线（$R_{L1}=40\Omega$）

如图 5.18(b)所示。

在支路损耗电阻 R_1 和 R_2 恒等于 3Ω 时，在不同负载电阻 R_{L1} 的情况下，支路电流比值 k 随互感 M_{23} 变化曲线如图 5.19(a)所示，以及传输效率 η_{P_S} 变化曲线如图 5.19(b)所示。

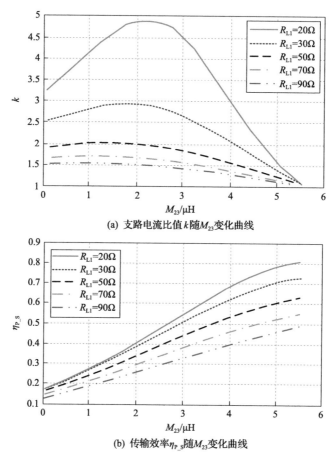

(a) 支路电流比值 k 随 M_{23} 变化曲线

(b) 传输效率 η_{P_S} 随 M_{23} 变化曲线

图 5.19　支路电流比值和传输效率随 M_{23} 的变化曲线（$R_1=R_2=3Ω$）

从图 5.18 和图 5.19 可知，支路 2 和支路 1 上的电流比值 k 随着互感 M_{23} 的增加先增大后减小，以及传输效率随着互感 M_{23} 的增加而增加。

在图 5.18(b)和图 5.19(b)中，直线为三线圈系统即 1×1×1 结构的传输效率，两种系统均在互感 M_{13} 恒等于 4.5μH 的条件下，当不同支路损耗阻抗 R_1 和 R_2 改变，或者负载电阻 R_{L1} 改变时，1×1×1 结构的传输效率比 1×1 结构的要高。

当互感 M_{23} 小于 5.56μH 时，支路 2 和支路 1 上的电流比值 I_{m2}/I_{m1} 大于 1，即 $k>1$。由于支路 1 和支路 2 的两端电压相等，均为输入电压 U，所以支路 2 消耗的功率比支路 1 消耗的功率多。根据传输效率公式(5.46)，互感 M_{23} 减少导致 α 增大，则支路 2 上的反射阻抗 R_{ref2} 减小，因此支路 2 上的传输效率比支路 1 上的传输效率小。可见，单独补偿电容电路的主要缺点是，线圈受海流振动影响，使得互感 M_{13} 和 M_{23} 不相等，支路 1 和支路 2 的电流变化较大。

2. 共享补偿电容电路拓扑

发射线圈 Coil$_1$ 所在支路 1 和 Coil$_2$ 所在支路 2 并联,发射端串联补偿电容 C_p,接收端接收线圈 Coil$_3$ 和补偿电容 C_3 串联,把这种补偿电路称为共享补偿电容电路，其拓扑如图 5.20 所示。

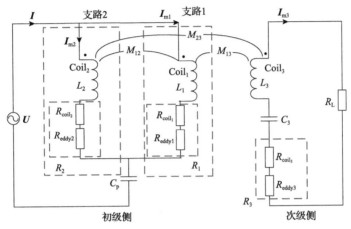

图 5.20　共享补偿电容电路

在共享补偿电容电路拓扑的支路 1 中，Coil$_1$ 的自感阻抗 ωL_1 通常是几十欧姆甚至几百欧姆，但是发射线圈和接收线圈的耦合系数通常是 0.1 或者更小。受此影响，接收端电路在支路 1 上的等效反射阻抗 R_{ref1} 远远小于自感阻抗 ωL_1。因此，在共享补偿电容电路中，支路 1 上的电流 I_{m1} 主要由 Coil$_1$ 的自感阻抗 ωL_1 决定。同理，在共享补偿电容电路中，支路 2 上的电流 I_{m2} 主要取决于 Coil$_2$ 的自感阻抗 ωL_2。发射线圈 Coil$_1$ 和 Coil$_2$ 完全相同，在谐振频率相等时，ωL_1 和 ωL_2 相等，则支路 1 上的电流 I_{m1} 和支路 2 上的电流 I_{m2} 也近似相等，即 I_{m1} 与 I_{m2} 的比值 k 近似等于 1。

因此，从发射端到接收端的传输效率为

$$\eta_{P\_S} = \frac{\dfrac{(\omega M_{13}I_{m1} + \omega M_{23}I_{m2})^2}{R_{L1}}}{\dfrac{(\omega M_{13}I_{m1} + \omega M_{23}I_{m2})^2}{R_{L1}} + I_{m1}^2 R_1 + I_{m2}^2 R_2} \tag{5.49}$$

当 I_{m1} 等于 I_{m2} 时，式(5.49)可以简化为

$$\eta_{P\_S} = \frac{\omega^2 (M_{13} + M_{23})^2}{\omega^2 (M_{13} + M_{23})^2 + (R_1 + R_2)R_{L1}} \qquad (5.50)$$

为了研究变互感情况下的传输效率变化，令线圈 Coil$_1$ 和 Coil$_3$ 间的互感 M_{13}=4.5μH 保持恒定，以及系统的谐振频率 f=600kHz，负载电阻 R_{L1}=40Ω。当 R_1 和 R_2 为不同值时，随着互感 M_{23} 变化，传输效率 η_{P_S} 变化曲线如图 5.21 所示。可以看出，传输效率 η_{P_S} 随着互感 M_{23} 的增加而增加，R_1 和 R_2 增大，传输效率 η_{P_S} 减小。

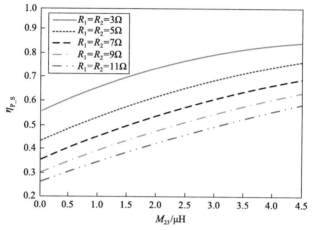

图 5.21 传输效率 η_{P_S} 随 M_{23} 变化曲线(R_1 和 R_2 取不同值)

在 R_1 和 R_2 恒等于3Ω而 R_{L1} 不同的情况下，随着互感 M_{23} 变化，系统传输效率变化曲线如图 5.22 所示。可以看出，系统传输效率 η_{P_S} 随着互感 M_{23} 的增加而增加，R_{L1} 增大，传输效率 η_{P_S} 减小。

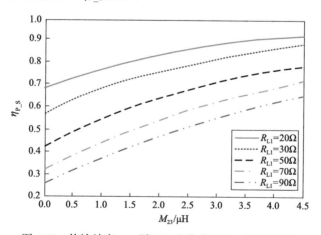

图 5.22 传输效率 η_{P_S} 随 M_{23} 变化曲线(R_{L1} 取不同值)

当 M_{13}=4.5μH 且互感 M_{23} 变化时，共享补偿电容电路和单独补偿电容电路的传输效率对比曲线如图 5.23 所示。

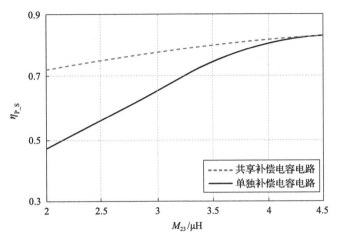

图 5.23　共享补偿电容电路和单独补偿电容电路的传输效率对比曲线

从图 5.23 可以看出，当互感 M_{23} 在 2～4.5μH 变化时，共享补偿电容电路的传输效率比单独补偿电容电路的传输效率变化幅度小，说明共享补偿电容电路的传输效率 η_{P_S} 对 M_{23} 变化的敏感性较弱，即共享补偿电容电路在变互感方面的鲁棒性较好。

利用 Simulink 软件包搭建图 5.16 中的单独补偿电容电路和图 5.20 中的共享补偿电容电路。发射线圈和接收线圈的自感均为 45μH，R_1 和 R_2 均为 3Ω，R_{L1} 为 40Ω，谐振频率为 600kHz。

当 M_{13}=4.5μH、M_{23}=2.5μH 时，两种补偿电路中发射端电流 I_{m1}、I_{m2} 和接收端电流 I_{m3} 仿真波形分别如图 5.24(a) 和 (b) 所示。

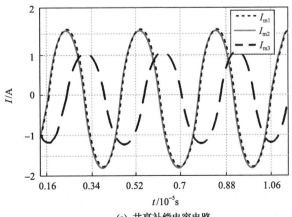

(a) 共享补偿电容电路

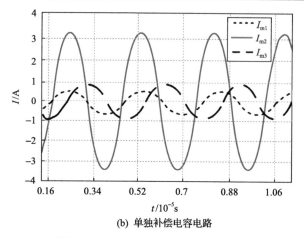

(b) 单独补偿电容电路

图 5.24　I_{m1}、I_{m2} 和 I_{m3} 的仿真波形图

当 M_{13}=4.5μH、M_{23}=2.5μH 时，在图 5.24（a）共享补偿电容电路中，支路 1 电流 I_{m1} 始终和支路 2 电流 I_{m2} 相等；在图 5.24（b）单独补偿电容电路中，支路 1 电流 I_{m1} 仅是支路 2 电流 I_{m2} 的 1/5。这说明，共享补偿电容电路中的电流稳定性比单独补偿电容电路中的好。因此，共享补偿电容电路更适合在实际系统中应用。

3. 两发射线圈串联补偿电容电路

两发射线圈串联补偿电容电路如图 5.25 所示。发射线圈 Coil₁ 和 Coil₂ 串联，Coil₁ 产生的总损耗阻抗 R_1 和 Coil₂ 产生的总损耗阻抗 R_2 串联，补偿电容 C_S 串联在发射端，接收端接收线圈 Coil₃ 和补偿电容 C_3 串联。

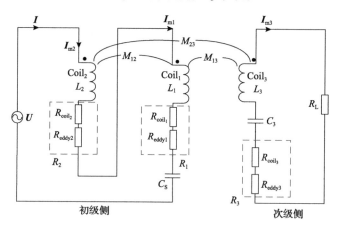

图 5.25　两发射线圈串联补偿电容电路

当角频率为 ω 时，发射端处于谐振状态。根据基尔霍夫定律，在接收线圈 Coil₃ 上，由通过发射线圈 Coil₁ 和 Coil₂ 的电流 I 激励产生的互感电压 U_3 可表示为

$$U_3 = (M_{13} + M_{23})\omega I \tag{5.51}$$

调节接收端电路达到谐振状态，则接收端的谐振电流 I_{m3} 可表示为

$$I_{m3} = \frac{U_3}{R_{L1}} = \frac{(M_{13} + M_{23})\omega I}{R_L + R_3} \tag{5.52}$$

因此，从发射端到接收端的负载功率为

$$P_L = \frac{U_3^2}{R_{L1}} = \frac{\left[(M_{13} + M_{23})\omega I\right]^2}{R_L + R_3} = \omega M_{13}I_{m3}I + \omega M_{23}I_{m3}I \tag{5.53}$$

根据式(5.53)，负载功率可以分为两部分：一部分是由发射线圈 Coil$_1$ 提供的功率 $\omega M_{13}I_{m3}I$；另一部分是由发射线圈 Coil$_2$ 提供的功率 $\omega M_{23}I_{m3}I$。因此，接收端电路在发射端的等效反射阻抗分别为

$$R_{ref1} = \frac{\omega M_{13}I_{m3}I}{I^2} = \frac{\omega^2 M_{13}(M_{13} + M_{23})}{R_{L1}} \tag{5.54}$$

$$R_{ref2} = \frac{\omega M_{23}I_{m3}I}{I^2} = \frac{\omega^2 M_{23}(M_{13} + M_{23})}{R_{L1}} \tag{5.55}$$

将等效反射阻抗 R_{ref1} 和 R_{ref2} 引入到发射端等效电路，图 5.25 中的发射端电路可以等效为图 5.26。

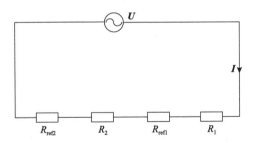

图 5.26　两发射线圈串联发射端等效电路

发射端处于谐振状态，由基尔霍夫定律可知，输入电压源 U 的均方根值 U_{RMS} 表示为

$$
\begin{aligned}
U_{RMS} &= (R_{ref1} + R_1 + R_{ref2} + R_2)I \\
&= \left[\frac{\omega^2(M_{13} + M_{23})^2}{R_{L1}} + R_1 + R_2\right]I
\end{aligned} \tag{5.56}
$$

则在发射端的总阻抗可以表示为

$$R_{\text{real}} = R_{\text{ref1}} + R_1 + R_{\text{ref2}} + R_2 \tag{5.57}$$

令

$$\begin{cases} R_{\text{ref}} = \dfrac{(\omega M_{13})^2}{R_{\text{L1}}} \\ \alpha = \dfrac{M_{13}}{M_{23}} \end{cases} \tag{5.58}$$

总阻抗(5.57)可以表示为

$$R_{\text{real}} = R_{\text{ref}} + \frac{2R_{\text{ref}}}{\alpha} + \frac{R_{\text{ref}}}{\alpha^2} + R_1 + R_2 \tag{5.59}$$

把式(5.58)代入式(5.54)和式(5.55)，可得

$$\begin{cases} R_{\text{ref1}} = R_{\text{ref}} + \dfrac{R_{\text{ref}}}{\alpha} \\ R_{\text{ref2}} = \dfrac{R_{\text{ref}}}{\alpha^2} + \dfrac{R_{\text{ref}}}{\alpha} \end{cases} \tag{5.60}$$

从发射端到接收端的传输效率 $\eta_{\text{P\_S}}$ 的计算公式为

$$\eta_{\text{P\_S}} = \frac{R_{\text{ref1}} + R_{\text{ref2}}}{R_{\text{real}}} \tag{5.61}$$

结合式(5.59)～式(5.61)，传输效率 $\eta_{\text{P\_S}}$ 可以表示为

$$\eta_{\text{P\_S}} = \frac{R_{\text{ref}} + 2\dfrac{R_{\text{ref}}}{\alpha} + \dfrac{R_{\text{ref}}}{\alpha^2}}{R_{\text{real}}} \tag{5.62}$$

结合式(5.58)和式(5.62)，传输效率可简化为

$$\eta_{\text{P\_S}} = \frac{\omega^2 (M_{13} + M_{23})^2}{\omega^2 (M_{13} + M_{23})^2 + (R_1 + R_2) R_{\text{L1}}} \tag{5.63}$$

比较式(5.61)和式(5.63)，显而易见，共享补偿电容电路的传输效率计算公式与两发射线圈串联补偿电容电路的公式一样，二者变形成为

$$\eta_{\text{P\_S}} = \frac{(M_{13} + M_{23})^2}{(M_{13} + M_{23})^2 + (R_1 + R_2) R_{\text{L1}}/(2\pi f)^2} \tag{5.64}$$

当电路串联谐振时，等效阻抗最小，阻抗为纯阻抗，意味着电容中的电场能与电感中的磁场能相互转换，电源不必与电容或电感往返转换能量，系统达到完

全谐振状态。

发射端达到谐振的条件为

$$\frac{1}{\omega C} = \omega L_{\mathrm{P}} \tag{5.65}$$

若发射线圈 $Coil_1$ 和 $Coil_2$ 的自感系数确定，在图 5.25 中的两发射线圈串联补偿电容电路中，发射线圈 $Coil_1$ 和 $Coil_2$ 串联，则有

$$L_{\mathrm{P}} = L_1 + L_2 \tag{5.66}$$

在图 5.20 中的共享补偿电容电路中，发射线圈 $Coil_1$ 和 $Coil_2$ 并联，则有

$$L_{\mathrm{P}} = \frac{L_1 L_2}{L_1 + L_2} \tag{5.67}$$

在同样的谐振频率下，两发射线圈串联补偿电容电路和共享补偿电容电路的补偿电容 C_{S} 和 C_{P} 分别为

$$C_{\mathrm{S}} = \frac{1}{\omega^2 (L_1 + L_2)} \tag{5.68}$$

$$C_{\mathrm{P}} = \frac{L_1 + L_2}{\omega^2 L_1 L_2} \tag{5.69}$$

当线圈结构固定时，线圈两端自感 $L_1 = L_2 = 45\mu\mathrm{H}$，随着谐振频率的变化，两种补偿电路的补偿电容变化如图 5.27 所示。

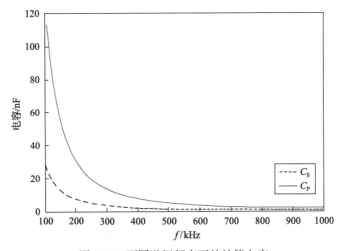

图 5.27　不同谐振频率下的补偿电容

　　从图 5.27 可以看出，在相同的谐振频率下，C_S 均小于 C_P，由于电容具有一定的交流阻抗，交流阻抗与电容值成反比，所以共享补偿电容电路拓扑电容的交流阻抗小于两发射线圈串联补偿电容电路。

　　另外，随着频率的增大，C_S 和 C_P 均下降，C_S 比 C_P 降落得平缓，说明在改变一定的谐振频率时，C_S 比 C_P 变化得小。在实际实验中，补偿电容变化范围越小，对补偿电容的精密度要求越高。因此，在两发射线圈串联补偿电容电路中，需要的电容精密度较高，实验较难准确、快捷地实现谐振；在共享补偿电容电路中，每个谐振频率对应的补偿电容差距较大，对电容的精密度要求较小，易于实验操作。因此，共享补偿电容电路和两发射线圈串联补偿电容电路拓扑在相同的系统下，传输效率相同，但共享补偿电容电路便于调节谐振，其补偿电容的损耗功率较小，更适于实际应用。

5.2　互感和负载变化下恒流输出的阻抗匹配网络调整方法

　　电动汽车在充电过程中，不同车辆的底盘与地面的间隙不同，同时车辆充电耦合器相对位置偏差都会导致耦合线圈之间的互感有较大差异，严重影响传输效率和功率。在恒流充电过程中，汽车蓄电池的等效负载阻抗不断加大，显著影响反射阻抗，对于传统的 S-S 型单元件补偿系统，这些变化都会引起系统传输功率和充电电流的改变，造成系统输入电压和电流过大，损坏逆变器。为克服这些不足，本节提出一种基于可变电容阵列的双边 LC-CCM 阻抗匹配网络结构，通过分别调节初级侧、次级侧电容阵列的值，消除互感和负载阻抗变化对系统充电的影响。

5.2.1　电池充电过程

　　电动汽车中电池的充电方式主要为恒压 (constant voltage, CV) 充电、恒流 (constant current, CC) 充电和恒流恒压 (constant current-constant voltage, CCCV) 两段充电。当恒压充电时，电压较高，在初始阶段会使得充电电流过大，可能损坏电池。当恒流充电时，在充电后期电池对输入能量的接收能力不足。恒流恒压两段充电综合了恒流充电和恒压充电的优点，取长补短，在充电初期采用恒流充电，当电池电压达到某一个阈值时，改为恒压充电。图 5.28 为单节锂电池的恒流恒压充电曲线图。

　　S-S 型补偿的 IPT 系统结构如图 5.29 所示，整个系统由 S-S 型补偿结构、耦合线圈、整流电路以及负载组成。L_P、L_S 分别为初级侧和次级侧自感，C_P、C_S 分别为初级侧和次级侧谐振补偿电容，i_P、i_S 分别为初级侧和次级侧瞬时电流，R_{eq1}、R_{eq2} 分别为初级侧和次级侧等效阻抗，R_E 为整流桥输入端等效阻抗，R_P、R_S 分别为初级侧和次级侧线圈交流阻抗，谐振频率为 ω。用 I_P、I_S 代表电流的相量，用

I_P、I_S 代表电流的有效值。为便于分析，忽略整流桥的损耗。

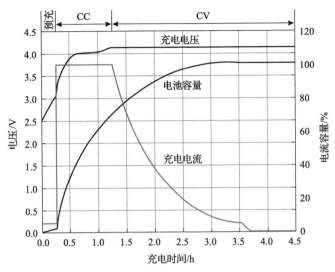

图 5.28　单节锂电池的恒流恒压充电曲线图

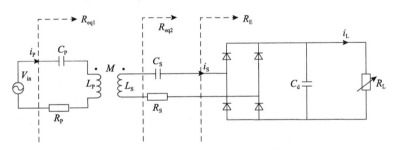

图 5.29　S-S 补偿的 IPT 系统结构图

图 5.29 中，R_E 为

$$R_E = \frac{8}{\pi^2} R_L \tag{5.70}$$

可得 R_{eq2} 为

$$R_{eq2} = R_E + R_S \tag{5.71}$$

根据图 5.29 的电路模型：

$$\begin{cases} V_{in} = j\omega M I_S + I_P R_P + I_P \left(j\omega L_P + \dfrac{1}{j\omega C_P} \right) \\[3mm] j\omega M I_P = I_S R_{eq2} + I_S \left(j\omega L_S + \dfrac{1}{j\omega C_S} \right) \end{cases} \tag{5.72}$$

谐振时有

$$j\omega L_P + \frac{1}{j\omega C_P} = 0$$

$$j\omega L_S + \frac{1}{j\omega C_S} = 0 \tag{5.73}$$

将式(5.73)代入式(5.72)，可得两侧电流有效值分别为

$$I_P = \frac{V_{in}}{R_P + \frac{(\omega M)^2}{R_{eq2}}}$$

$$I_S = \frac{\omega M I_P}{R_{eq2}} = \frac{\omega M V_{in}}{(R_E + R_S)R_P + (\omega M)^2} \tag{5.74}$$

R_P、R_S 远小于 R_L，对电流大小的影响较小，因此忽略线圈交流阻抗，可得

$$I_P = \frac{8V_{in}R_L}{(\pi\omega M)^2} \tag{5.75}$$

由式(5.75)可得，在 S-S 型补偿结构中，初级侧电流随着负载的变化而变化，当负载大范围变化时，输入电流变化剧烈，严重时会损坏逆变器，影响系统正常工作。另外，由式(5.74)可知，当负载和互感发生变化时，系统输出电流会发生变化，不能满足电池恒流充电的要求。因此，本节通过一种基于电容阵列的双边 LC-CCM 阻抗匹配网络和相应的控制方法来解决这些问题。

5.2.2　双边 LC-CCM 阻抗匹配网络电路拓扑分析

双边 LC-CCM 阻抗匹配网络电路拓扑如图 5.30 所示。图中，U_{in} 为直流电源，$S_1 \sim S_4$ 为四个功率 MOS 管，构成的全桥逆变器将直流电源转换为高频交流电，$D_1 \sim D_4$ 为次级侧整流二极管，将交流转换为直流，M 为初、次级侧线圈之间的互感，R_L 为负载阻抗，U_{AB} 为逆变器输出电压，U_{ab} 为次级侧补偿网络输出端电压。初级侧补偿网络由四个元件构成，即串联电感 L_{f1}，串联补偿可变电容阵列 C_{P2}、C_{P3}，并联补偿可变电容阵列 C_{P1}。次级侧补偿网络也由四个相对应的元件构成，即串联电感 L_{f2}，串联补偿可变电容阵列 C_{S2}、C_{S3}，并联补偿可变电容阵列 C_{S1}。R_1、R_2、R_P、R_S 分别为串联支路上电感与电容的阻抗之和，R_{P1}、R_{S1} 分别为并联补偿电容 C_{P1}、C_{S1} 的阻抗。i_{f1}、i_{f2}、i_P、i_S 分别为流过 L_{f1}、L_{f2}、L_P、L_S 的电流瞬时值。在下面的分析中，将使用大写 U_{AB}、U_{ab}、I_{f1}、I_{f2}、I_P、I_S 表示相应的电压、电流有效值，$\boldsymbol{U}_{AB}$、$\boldsymbol{U}_{ab}$、$\boldsymbol{I}_{f1}$、$\boldsymbol{I}_{f2}$、$\boldsymbol{I}_P$、$\boldsymbol{I}_S$ 表示相应参数的相量。

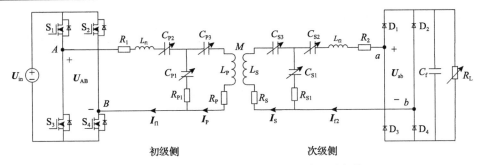

图 5.30　双边 LC-CCM 阻抗匹配网络电路拓扑

如图 5.31 所示的初级侧 LC-CCM 谐振网络可以分为三个子网络：IM_1、IM_2 和 IM_3，其中，IM_1 由电容阵列 C_{P1} 及其阻抗 R_{P1} 组成，IM_2 由串联电感 L_{f1} 和电容阵列 C_{P2} 及阻抗 R_1 组成，IM_3 由自感 L_{P} 和电容阵列 C_{P3} 及阻抗 R_{P} 组成，Z_{eq1} 为初级侧等效输入阻抗，Z_{ref} 为次级侧在初级侧的反射阻抗。电容阵列 C_{P2} 和 C_{P3} 分别由大小为 $C_0/2^{m1-1}$, $C_0/2^{m1-2}$, $\cdots$, C_0 的电容并联构成，其大小不超过 $2C_0$。电容阵列 C_{P1} 为 $m2$ 个大小为 C_0 的电容和 $m3$ 个大小分别为 $C_0/2^{m3}$, $C_0/2^{m3-1}$, $\cdots$, $C_0/2^1$ 并联构成。每个电容通过交流开关接入电路，由控制系统控制导通与关断。

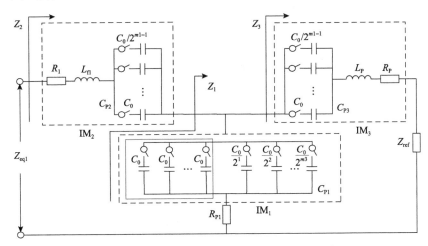

图 5.31　初级侧 LC-CCM 谐振网络电容阵列示意图

系统谐振条件如下：

$$\begin{cases} \dfrac{1}{C_{\text{P3}}} + \dfrac{1}{C_{\text{P1}}} = \dfrac{1}{C_0} \\ C_{\text{P2}} = C_{\text{P3}} \\ \dfrac{1}{\omega C_0} = \omega L_{\text{P}} = \omega L_{\text{f1}} \end{cases} \tag{5.76}$$

式中，ω 为系统的谐振频率。

由式(5.76)可得，当系统谐振时，子网络 IM_3 与 Z_{ref} 串联形成的阻抗 Z_3 为

$$Z_3 = \frac{1}{j\omega C_{P3}} - \frac{1}{j\omega C_0} + Z_{ref} + R_P \tag{5.77}$$

Z_3 与 IM_1 并联的阻抗为

$$\begin{aligned}
Z_1 &= \frac{1/(j\omega C_{P3}) - 1/(j\omega C_0) + R_{ref} + R_P}{1 + C_{P1}/C_{P3} - C_{P1}/C_0 + j\omega C_{P1}(R_{ref} + R_P)} \\
&= \frac{L_P\omega^2 C_{P3} - 1}{\omega^2 C_{P1} C_{P3}(R_{ref} + R_P + R_{P1})} + \frac{(R_{ref} + R_P)R_{P1}}{R_{ref} + R_P + R_{P1}} + \frac{1}{j\omega C_{P1}} - \frac{2R_{P1}}{j\omega C_{P1}(R_{ref} + R_P + R_{P1})}
\end{aligned} \tag{5.78}$$

系统初级侧输入阻抗为

$$\begin{aligned}
Z_{eq1} = Z_2 &= \frac{L_P\omega^2 C_{P3} - 1}{\omega^2 C_{P1} C_{P3}(Z_{ref} + R_P + R_{P1})} \\
&\quad + \frac{(Z_{ref} + R_P)R_{P1}}{Z_{ref} + R_P + R_{P1}} + \frac{1}{j\omega C_{P1}} + \frac{1}{j\omega C_{P2}} + j\omega L_{f1} + R_1
\end{aligned} \tag{5.79}$$

根据式(5.78)和式(5.79)，初级侧等效阻抗可以表示为

$$Z_{eq1} = \frac{(\omega L_{P0})^2}{Z_{ref} + R_P + R_{P1}} + Z_{pri} \tag{5.80}$$

式中，

$$\begin{aligned}
L_{P0} &= L_{f1} - \frac{1}{\omega^2 C_{P3}} \\
Z_{pri} &= R_P + \frac{(Z_{ref} + R_P)R_{P1}}{Z_{ref} + R_P + R_{P1}}
\end{aligned} \tag{5.81}$$

从式(5.81)可以看出，串联支路等效于较小的电感，其值由谐振频率和电容大小决定。由于 $L_P=L_{f1}$ 和 $C_{P2}=C_{P3}$，所以 IM_2 和 IM_3 两个分支的等效电感值相同，可以用 L_{P0} 表示。初级侧的 LC-CCM 阻抗匹配网络可以等效于图 5.32 所示的电路结构。初级侧的 LC-CCM 阻抗匹配网络可以等效于图 5.32 中的 LCL 结构，但是与常规 LCL 结构相比，L_{P0} 受电容阵列的影响。在充电过程中，可以通过调整电容阵列改变电感，因此系统各部分的状态也会发生相应改变，这是基于可变电容阵列的双边 LC-CCM 结构的优势。

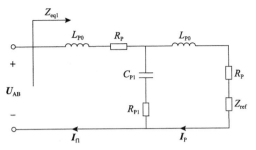

图 5.32　初级侧 LC-CCM 补偿网络等效电路图

将初级侧 LC-CCM 补偿网络的分析结果推广到次级侧，结果如下：

$$\begin{cases} \dfrac{1}{C_{S3}} + \dfrac{1}{C_{S1}} = \dfrac{1}{C_0} \\ C_{S2} = C_{S3} \\ \dfrac{1}{\omega C_0} = \omega L_S = \omega L_{f2} \end{cases} \tag{5.82}$$

当系统处于谐振状态时，整个系统的等效电路如图 5.33 所示。

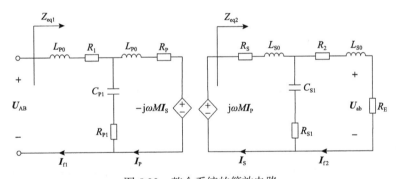

图 5.33　整个系统的等效电路

图 5.33 中，Z_{eq2} 是次级侧等效阻抗，R_E 是整流器和负载的等效阻抗，L_{S0} 的定义类似于 L_{P0}，表达式为

$$L_{S0} = L_{f2} - \frac{1}{\omega^2 C_{S3}} \tag{5.83}$$

由式 (5.83) 可类推出次级侧等效阻抗为

$$Z_{eq2} = \frac{(\omega L_{S0})^2}{R_E + R_S + R_{S1}} + Z_{sec} \tag{5.84}$$

式中，Z_{sec} 为

$$Z_{sec} = R_S + \frac{(R_E + R_S)R_{S1}}{R_E + R_S + R_{S1}} \tag{5.85}$$

反射阻抗为

$$Z_{ref} = \frac{(\omega M)^2}{Z_{eq2}} = \frac{(R_E + R_S + R_{S1})(\omega M)^2}{(\omega L_{S0})^2 + R_E(R_{S1} + R_S) + 2R_S R_{S1} + R_S^2} \tag{5.86}$$

Z_{ref} 对 R_E 求偏导，可得

$$\frac{\partial Z_{ref}}{\partial R_E} = \frac{\left[(\omega L_{S0})^2 - R_{S1}^2\right](\omega M)^2}{\left[(\omega L_{S0})^2 + R_E(R_{S1} + R_S) + 2R_S R_{S1} + R_S^2\right]^2} \tag{5.87}$$

Z_{ref} 对 M 求偏导，可得

$$\frac{\partial Z_{ref}}{\partial M} = \frac{2\omega^2 M(R_E + R_S + R_{S1})}{(\omega L_{S0})^2 + R_E(R_{S1} + R_S) + 2R_S R_{S1} + R_S^2} > 0 \tag{5.88}$$

Z_{eq1} 对 Z_{ref} 求偏导，可得

$$\frac{\partial Z_{eq1}}{\partial Z_{ref}} = \frac{R_{P1}^2 - (\omega L_{P0})^2}{(Z_{ref} + R_P + R_{P1})^2} < 0 \tag{5.89}$$

从式(5.87)~式(5.89)可知，R_E 和 M 与 Z_{eq1} 是负相关的。因此，当负载或互感增加时，Z_{eq1} 将减小。

为了分析方便，忽略线圈和电容的等效串联电阻(equivalent series resistance, ESR)，并由图 5.33 得出以下公式：

$$\begin{cases} U_{AB} = j\omega L_{P0} I_{f1} + (I_{f1} - I_P)\dfrac{1}{j\omega C_{P1}} \\[2mm] (I_{f1} - I_P)\dfrac{1}{j\omega C_{P1}} = j\omega L_{P0} I_P - j\omega M I_S \\[2mm] j\omega M I_P = j\omega L_{S0} I_S + (I_S - I_{f2})\dfrac{1}{j\omega C_{S1}} \\[2mm] (I_S - I_{f2})\dfrac{1}{j\omega C_{S1}} = j\omega L_{S0} I_{f2} + R_E I_{f2} \end{cases} \tag{5.90}$$

解之可得

$$
I_{f1} = \frac{U_{AB} M^2 R_E}{\omega^2 L_{P0}^2 L_{S0}^2} \ , \quad I_P = \frac{U_{AB}}{j\omega L_{P0}}
$$
$$
I_S = \frac{U_{AB} M R_E}{\omega^2 L_{S0}^2 L_{P0}} \ , \quad I_{f2} = \frac{U_{AB} M}{j\omega L_{P0} L_{S0}}
$$

(5.91)

由式 (5.91) 可知，输出电流 I_{f2} 与负载无关，它与输入电压、耦合线圈的互感成正比，与等效电感成反比。当这些参数同时以一定比例变化时，电流输出可以保持稳定。系统的输出是恒定电流源，因此双边 LC-CCM 结构非常适合电池的恒流充电。

当系统处于谐振状态时，输出功率和传输效率分别为

$$
\begin{cases}
P_{out} = \dfrac{U_{AB} U_{ab} M}{\omega L_{P0} L_{S0}} \\[3mm]
\eta = \dfrac{U_{ab} I_{f2}}{U_{AB} I_{f1}}
\end{cases}
$$

(5.92)

5.2.3 系统控制策略

在电池充电过程中，电池的等效负载变化很大，引起初级侧等效阻抗发生变化。如果初级侧等效阻抗变化很大，则输入电压或电流值将发生相应变化，并且可能会超过逆变器的最大容量。由式 (5.92) 可知，当互感变化时，输出电流也将发生变化，不满足对电池恒流充电的要求。双边 LC-CCM 结构可以通过调整电容阵列来解决这些问题，为了简化系统的控制策略，当负载变化时，控制次级侧的电容阵列；当互感变化时，控制初级侧的电容阵列。

1. 在负载变化下保持 Z_{eq2} 恒定

假设在充电开始时，次级侧电容阵列分别为 C_{S1}、C_{S2} 和 C_{S3}，整流器和负载的等效阻抗为 R_b，在某一时刻，等效阻抗为 R_E。R_E 与 R_b 之间的关系可表示为

$$
r = \frac{R_E}{R_b}
$$

(5.93)

为了简化公式推导，定义

$$
f = \sqrt{r}
$$

(5.94)

为了使次级侧等效阻抗 Z_{eq2} 保持恒定，由式 (5.83) 可得次级侧电容为

$$C'_{S3} = C'_{S2} \approx \frac{C_{S3}}{f(1 - \omega^2 C_{S3} L_S) + \omega^2 C_{S3} L_S} \tag{5.95}$$

由式(5.82)可得

$$C'_{S1} \approx \frac{C_{S3}}{f(\omega^2 C_{S3} L_S - 1)} \tag{5.96}$$

2. 在互感变化下保证 Z_{eq1} 恒定

由式(5.80)和式(5.84)可知，输入阻抗为

$$Z_{eq1} = \frac{(\omega L_{P0})^2 Z_{eq2}}{(\omega M)^2 + (R_P + R_{P1}) Z_{eq2}} + Z_{pri} \tag{5.97}$$

假设在充电开始时，初级侧电容阵列分别为 C_{P1}、C_{P2} 和 C_{P3}，互感为 M_b，当耦合线圈互感变为 M 时，α 定义为

$$\alpha = \frac{M}{M_b} \tag{5.98}$$

为使初级侧输入阻抗 Z_{eq1} 保持恒定，由式(5.97)可得

$$C'_{P3} = C'_{P2} \approx \frac{C_{P3}}{\alpha(1 - \omega^2 L_P C_{P3}) + \omega^2 L_P C_{P3}} \tag{5.99}$$

根据式(5.76)，并联电容可表示为

$$C'_{P1} \approx \frac{C_{P3}}{\alpha(\omega^2 C_{P3} L_P - 1)} \tag{5.100}$$

3. 保持系统恒流输出的控制策略

根据式(5.84)和式(5.96)，在调节次级侧的电容之后，次级侧等效电感为

$$L'_{S0} \approx f L_{S0} \tag{5.101}$$

式中，L_{S0} 为初始等效电感值，因为 L_{P0} 不发生变化，且已知

$$I_{f2} = -j \frac{M U_{AB}}{\omega L_{P0} f L_{S0}} \tag{5.102}$$

若要 I_{f2} 保持不变，则输入电压要满足如下等式：

$$U'_{AB} = fU_{AB} \tag{5.103}$$

由以上分析可知，在充电负载等效阻抗发生变化后，输入电压必须是初始输入电压的 f 倍。因此，在充电过程中，输入电压需要随负载的变化而变化，以满足恒流充电要求。

根据以上分析，确定双边 LC-CCM 谐振网络的电容阵列调整策略如下：

当负载 R_L 变化时，通过调节电容 C_{S1}、C_{S2} 和 C_{S3} 来保持 Z_{eq2} 稳定。同时，随着负载的变化调整输入电压，以满足电池恒流充电的要求。在某些应用中，如果仅需要恒流输出，对系统性能不做要求，因为此系统为恒流输出，则不需要对电容 C_{S1}、C_{S2} 和 C_{S3} 以及输入电压进行调节。当互感变化时，调节 C_{P1}、C_{P2} 和 C_{P3} 以保持 Z_{eq1} 不变，同时控制 L_{P0}/M 保持不变，由式 (5.102) 可知，该系统可维持恒流输出。

5.2.4　仿真分析

在 Simulink 软件中搭建仿真模型，电路参数如表 5.3 所示。

表 5.3　电路参数

参数	数值	参数	数值
L_P, L_{f1}	108μH	L_S, L_{f2}	108μH
C_0	2nF	C_{P1}	$6C_0$
C_{P2}, C_{P3}	$1.2C_0$	C_{S1}	$6C_0$
C_{S2}, C_{S3}	$1.2C_0$	f	342kHz
M	17.25μH	V_{in}	153V
R_1, R_P	0.08Ω	R_2, R_S	0.08Ω
R_{P1}	0.1Ω	R_{P2}	0.1Ω

1. 电容阵列对 Z_{eq1} 和 Z_{eq2} 的影响

当负载 R_L 在 30~80Ω 变化且 R_b 设置为 40Ω 时，为了使 Z_{eq2} 等于 45Ω，电容 C_{S3} 的变化趋势（C_{S1} 和 C_{S2} 同时变化）如图 5.34 所示，此时 M 设定为 17.25μH。当 R_L 变化时，调整 C_{S3} 可使次级侧等效阻抗 Z_{eq2} 保持稳定，并且 C_{S3} 随着负载的增加而增加。

当互感在 12~18μH 变化且 M_b 为 17.25μH 时，为了使 Z_{eq1} 等于 50Ω，C_{P3} 的变化趋势（C_{P1} 和 C_{P2} 同时变化）如图 5.35 所示，此时 R_L 设定为 40Ω。当互感变化时，调节 C_{P3} 可使初级侧输入阻抗 Z_{eq1} 保持稳定。C_{P3} 随着互感的增加而增加，但不超过 $2C_0$。

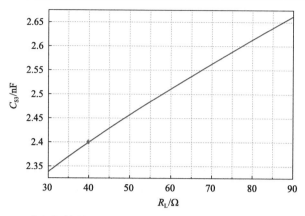

图 5.34　次级侧等效阻抗不变时次级侧电容阵列随负载的变化趋势

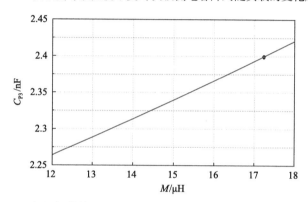

图 5.35　初级侧等效阻抗不变时初级侧电容阵列随互感的变化趋势

2. 负载变化时的控制策略

当负载 R_L 为 40Ω 时，仿真得到的电流波形如图 5.36 所示。电路中电流分别

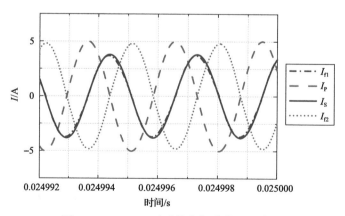

图 5.36　R_L=40Ω 时系统各部分的电流波形

为：I_{f1}=2.62A，I_{f2}=3.41A，I_P=3.56A，I_S=2.70A。输入电流 I_{f1} 和输出电流 I_{f2} 之间的相位差为 90°。I_{f1} 与 I_S 同相，这与式 (5.91) 的分析一致。输入电压和输入电流波形如图 5.37 所示。可以看出，输入电压和输入电流同相，表明系统处于谐振状态。

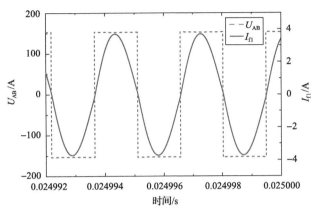

图 5.37　R_L=40Ω 时输入电压和输入电流波形

将负载增加到 52.8Ω，其他仿真参数不变，仿真得到的电流波形如图 5.38 所示，电路中电流为：I_{f1}=3.34A，I_{f2}=3.40A，I_P=3.55A，I_S=3.47A。与图 5.37 中的电流相比，当负载 R_L 增加时，输出电流 I_{f2} 保持不变，这表明系统的输出是恒流源；I_{f1} 增加，Z_{eq1} 减少，I_S 增加，与式 (5.91) 的分析相同，当系统保持谐振时，负载的变化不会影响系统的谐振状态。

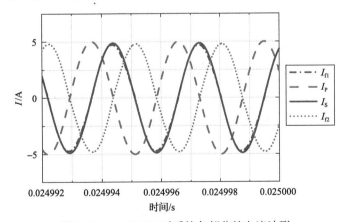

图 5.38　R_L=52.8Ω 时系统各部分的电流波形

调节次级侧电容：根据式 (5.95) 和式 (5.96)，将 C_{S2} 和 C_{S3} 调整为 2.47nF，将 C_{S1} 调整为 10.6nF，其他仿真参数不变。图 5.39 给出了调整后的系统电流波形，电路中电流为：I_{f1}=2.63A，I_{f2}=3.01A，I_P=3.56A，I_S=2.71A。与图 5.38 相比，输出电流 I_{f2} 随着次级侧电容阵列的调节而减小，表明 Z_{eq2} 减少了，这与式 (5.91) 的分析一致。与图 5.36 相比，输入电流 I_{f1} 与 40Ω 负载的输入电流相同，表明 Z_{eq1} 返回到初始值，这间接证明了在负载变化时调节次级侧电容可以使 Z_{eq2} 保持不变。

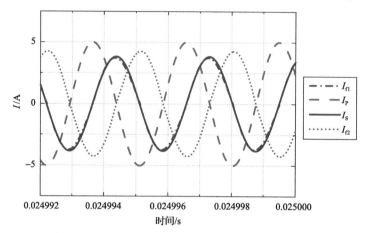

图 5.39　R_L=52.8Ω 时调整次级侧电容后系统电流波形

调节输入电压：根据仿真条件，负载电阻增加到 40Ω 的 1.32 倍，并且根据式 (5.102) 将输入电压调整为初始值的 1.14 倍，其他参数不变，仿真得到的电流波形如图 5.40 所示。将输入电压调整为 174V 后，输入电流 I_{f1} 为 2.98A，输出电流 I_{f2} 为 3.40A，与初始输出电流相同，这表明在负载变化时在调节二次侧电容阵列的同时调整初级侧输入电压可使系统输出电流保持恒定。

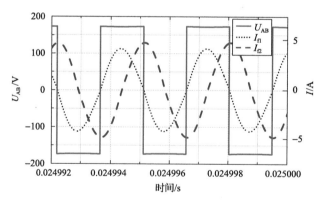

图 5.40　调节输入电压后电流波形

3. 互感变化时的控制策略

当互感变为 15μH、R_L=52.8Ω、I_{f1}=2.27A、I_{f2}=2.97A、I_P=4.04A、I_S=2.68A 时，仿真得到的电流波形如图 5.41 所示。与图 5.36 相比，可以看出当互感减小时，系统输入电流和输出电流都减小，这与式 (5.91) 的分析是一致的。

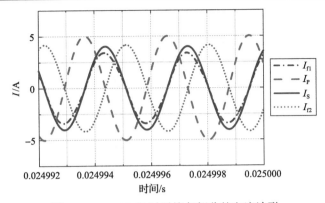

图 5.41　$M=15\mu H$ 时系统各部分的电流波形

根据式(5.99)和式(5.100)，C_{P2} 和 C_{P3} 调节为 2.34nF，C_{P1} 调节为 13.8nF。仿真得到的电流波形如图 5.42 所示，$I_{f1}=2.98A$，$I_{f2}=3.41A$，$I_P=4.64A$，$I_S=3.07A$。与图 5.36 相比可以发现，通过改变初级侧电容阵列的值，谐振网络的输出电流 I_{f2} 返回到初始值，I_{f1} 的值为 2.98A，表明 Z_{eq1} 保持稳定。

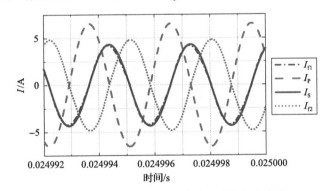

图 5.42　调整初级侧电容阵列后系统电流波形

以上仿真结果表明，双边 LC-CCM 阻抗匹配网络的输出是恒流源，不受负载变化的影响。当负载 R_L 变化时，可以通过调节次级侧电容阵列的值使 Z_{eq2} 保持不变。如果将 Z_{eq2} 设置为最佳负载，则可以实现最大传输效率。当互感变化时，可以通过在初级侧调整电容阵列值使 Z_{eq1} 和输出电流 I_{f2} 保持稳定。

5.2.5　实验验证

1. 电容调节方法

电容阵列 C_{S2} 和 C_{S3} 由并联的电容 $C_0/2^{n_1-1}$，$C_0/2^{n_1-2}$，$\cdots$，C_0 组成，其值不超过 $2C_0$。电容阵列 C_{S1} 由 n_2 个电容(其值为 C_0)和 n_3 个电容($C_0/2$, $C_0/2^2$, $\cdots$, $C_0/2^{n_3}$)并联组成，负载变化引起的 Z_{eq2} 变化可以通过控制电容阵列 C_{S1}、C_{S2} 和 C_{S3} 来

补偿。

　　为了实现并联电容动态配置，找到最合适的电容组合，并使其最接近计算值，在负载变化时可使用电容搜索算法。当负载为 40Ω 时，C_{S2} 和 C_{S3} 设置为 2400pF。当负载以 5Ω 的间隔更改为 40Ω，45Ω，50Ω，$\cdots$，80Ω 时，三个电容阵列的电容的最佳组合如表 5.4 和表 5.5 所示。

表 5.4　负载变化下电容阵列 C_{S2}、C_{S3} 开关配置

负载/Ω	C_{S2}, C_{S3} /pF	开关状态 (1/开启, 0/关闭, $n_1=8$)							
		C_0	$C_0/2$	$C_0/4$	$C_0/8$	$C_0/16$	$C_0/32$	$C_0/64$	$C_0/128$
40	2400	1	0	0	1	1	0	1	0
45	2430	1	0	0	1	1	1	0	0
50	2447	1	0	0	1	1	1	0	1
55	2484	1	0	0	1	1	1	1	1
60	2511	1	0	1	0	0	0	0	1
65	2537	1	0	1	0	0	0	1	0
70	2563	1	0	1	0	0	1	0	0
75	2588	1	0	1	0	0	1	1	0
80	2613	1	0	1	0	0	1	1	1

表 5.5　负载变化下电容阵列 C_{S1} 开关配置

负载/Ω	C_{S1} /pF	开关状态 (1/开启, 0/关闭, $n_2=6$, $n_3=4$)				
		C_0 (数量)	$C_0/2$	$C_0/4$	$C_0/8$	$C_0/16$
40	12000	1(6)	0	0	0	0
45	11486	1(5)	1	1	0	0
50	10896	1(5)	0	1	1	1
55	10389	1(5)	0	0	1	1
60	9947	1(5)	0	0	0	0
65	9557	1(4)	1	1	0	0
70	9209	1(4)	1	0	1	0
75	8897	1(4)	0	1	1	1
80	8615	1(4)	0	1	0	1

　　当通过实时测量负载的电流和电压来获得负载值时，可以从表 5.4 和表 5.5 中得到最佳的电容组合，而无须再次计算，这有助于改善控制系统的实时性能。

　　使用相同的方法，当互感变为 13μH，14μH，$\cdots$，17μH（间隔为 1μH）时，给出电容的最佳组合，如表 5.6 和表 5.7 所示。

表 5.6 互感变化下电容阵列 C_{P2}、C_{P3} 开关配置

$M/\mu H$	C_{P2}, C_{P3} /pF	开关状态(1/开启，0/关闭，$m_1=8$)							
		C_0	$C_0/2$	$C_0/4$	$C_0/8$	$C_0/16$	$C_0/32$	$C_0/64$	$C_0/128$
13	2288	1	0	0	1	0	0	1	0
14	2314	1	0	0	1	0	1	0	0
15	2340	1	0	0	1	0	1	1	0
16	2366	1	0	0	1	0	1	1	1
17	2393	1	0	0	1	1	0	0	1

表 5.7 互感变化下电容阵列 C_{P1} 开关配置

$M/\mu H$	C_{P1} /pF	开关状态(1/开启，0/关闭，$m_2=8$, $m_3=4$)				
		C_0(数量)	$C_0/2$	$C_0/4$	$C_0/8$	$C_0/16$
13	16125	1(8)	0	0	0	1
14	14973	1(7)	1	0	0	0
15	13975	1(7)	0	0	0	0
16	13101	1(6)	1	0	0	1
17	12331	1(6)	0	0	1	1

从表 5.4～表 5.7 可知，仅当负载和互感变化超过阈值时，才调整电容阵列。在实验中为了使系统安全工作，断电后再调整电容阵列，并且系统充电会中断约10s，然后自动充电。

为了验证双边 LC-CCM 阻抗匹配网络的性能，建立了如图 5.43 所示的实验平台。系统参数如表 5.8 所示。

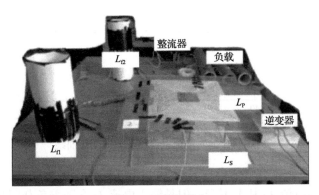

图 5.43 实验平台

表 5.8　系统参数

参数	数值
输入电压	153V
输出电压	210V
耦合线圈尺寸	380mm×380mm
垂直传输距离	170mm
发送线圈自感	115μH
接收线圈自感	108μH
负载电流	3A
谐振频率	342.8kHz
耦合系数	0.16
C_{P2}, C_{P3}, C_{S2}, C_{S3}	2.4nF
C_{S1}, C_{P1}	12nF
线圈品质因数	480
互感	17.25μH
最大偏移	100mm

2. 负载变化的影响

保持输入电压和电容矩阵不变，依次将负载阻抗增大为 52Ω、66Ω、71Ω，实验过程中输入电流 I_{f1} 和输出电流 I_{f2} 的变化曲线如图 5.44 所示。

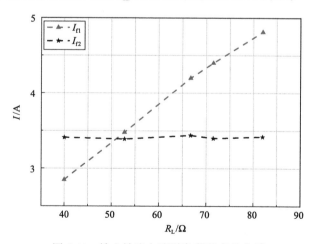

图 5.44　输入输出电流随负载的变化曲线

由图 5.44 可知，在输入电压 U_{AB} 和电容矩阵不变的情况下，增大负载阻抗 R_L，系统的输出电流 I_{f2} 基本不变，但是输入电流 I_{f1} 会随着负载阻抗 R_L 的增大而增大，这与式(5.91)分析的结果相同，实验证明双边 LC-CCM 补偿网络的输出是恒流源，负载阻抗变化对系统输出电流没有影响。

3. 次级侧电容的作用

根据式(5.95)和式(5.96)调整次级侧电容阵列，以改变 L_{S0} 的值，输入电压固定为 153V。在不同负载时输入输出电流变化曲线如图 5.45 所示，系统输入电流 I_{f1} 保持稳定，这表明 Z_{eq1} 不变。在互感和频率不变的情况下，Z_{eq2} 也保持恒定。

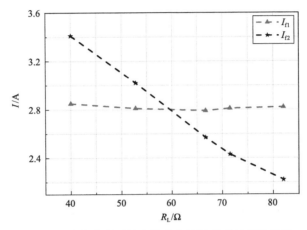

图 5.45　变电容之后输入输出电流随负载的变化曲线

4. 调节输入电压实现恒流输出

在调整电容阵列的过程中，输出电流 I_{f2} 减小。为了保持输出电流恒定，需要根据式(5.103)增大输入电压。输入电压的理论值和实验值的比较如图 5.46 所示。由于存在线圈 ESR、谐振状态和整流条件的限制，实验结果不能完全符合理想情况。

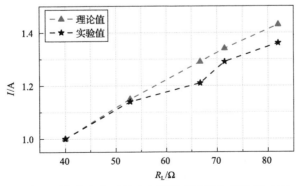

图 5.46　负载变化时输入电压的理论值和实验值对比

　　保持输出电流恒定，系统输入电流 I_{f1} 随负载的变化曲线如图 5.47 所示。与未调整电容阵列相比，调节次级侧电容和输入电压后系统的输入电流降幅较大，且保持在合理范围内。当 R_L 为 66Ω 时，未调整前传输效率为 87%，通过调节次级侧电容和系统输入电压后传输效率提高为 93%。

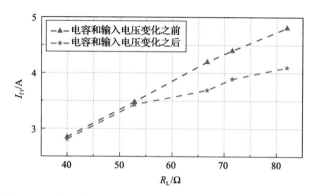

图 5.47　调节电容和输入电压前后输入电流随负载的变化曲线

5. 互感变化的影响

　　保持 Z_{eq2} 不变并改变两个耦合线圈之间的互感，输入输出电流随互感的变化曲线如图 5.48 所示。负载为 40Ω，输入电流和输出电流随互感的减小而减小，因此 Z_{eq1} 随互感的减小而增加。同时，当互感从 17.25μH 变化到 13μH 时，传输效率从 92%下降到 78%。

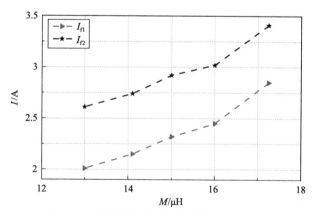

图 5.48　输入输出电流随互感的变化曲线

6. 初级侧电容的作用

　　改变初级侧电容阵列，输入电流和输出电流回到初始值(图 5.49)，这表明

Z_{eq1} 保持不变。

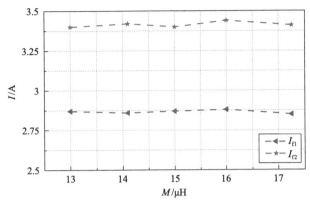

图 5.49　调节初级侧电容后电流变化曲线

　　可见，双边 LC-CCM 阻抗补偿网络可以同时消除负载和互感变化的影响。当负载 R_L 变化时，除了获得恒定的输出电流，还可通过调节电容 C_{S1}、C_{S2} 和 C_{S3} 来保持 Z_{eq2} 稳定。同时，在负载变化时还需调整系统输入电压，以满足电池恒流充电的要求。如果将 Z_{eq2} 设置为最优负载，则系统可实现最大效率传输。当互感变化时，除了通过调节电容 C_{P1}、C_{P2} 和 C_{P3} 获得恒定的输出电流，还可以保持 Z_{eq1} 不变。如果初级侧等效阻抗 Z_{eq1} 等于电压源的内部阻抗，则系统可以实现最大功率传输。

5.3　混 合 拓 扑

5.3.1　混合拓扑基本结构

　　为了降低 IPT 系统对负载和互感变化的敏感性，也可采用混合拓扑结构，在 IPT 系统中形成两个耦合传输网络，这两个耦合传输网络随着负载和互感的变化具有相反的输出变化趋势，因此系统总的输出电压或者电流在很宽的变化范围内几乎不变。表 5.9 中列举了 IPT 系统的四种典型混合拓扑结构[148]，即输入并联输出并联(input parallel output parallel, IPOP)、输入并联输出串联(input parallel output series, IPOS)、输入串联输出并联(input series output parallel, ISOP)和输入串联输出串联(input series output series, ISOS)。为不同的线圈配置不同的补偿结构，可以使系统实现恒流输出或者恒压输出。

5.3.2　四线圈结构的耦合分析

　　图 5.50 所示的四线圈结构是实现混合拓扑的一种典型结构。

表 5.9　IPT 系统的四种典型混合拓扑结构

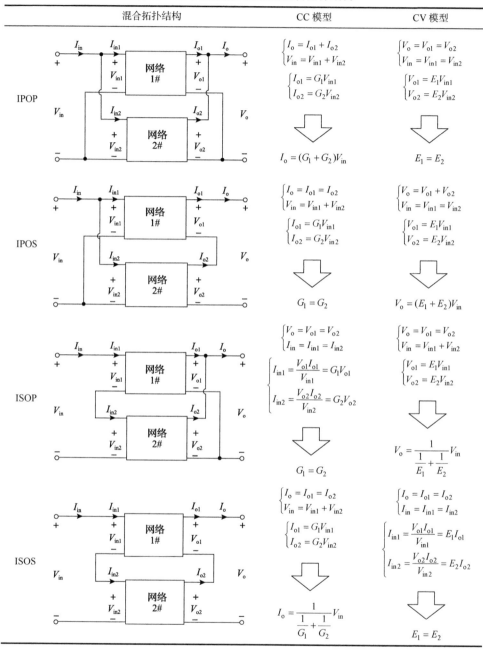

混合拓扑结构	CC 模型	CV 模型

基于四线圈结构，可建立如图 5.51 所示的电路结构。为了使整个系统工作在谐振状态，每个线圈都配置了补偿网络。四个线圈之间共形成 6 个互感，分别是 M_{12}、M_{34}、M_{13}、M_{24}、M_{23} 和 M_{14}，当四个线圈中都有电流通过时，每个线圈

中的感应电压都是由另外三个线圈中的电流引起的，所以四个线圈产生的感应电压为

$$
\begin{bmatrix} V_{Pr1} \\ V_{Pr2} \\ V_{Sr1} \\ V_{Sr2} \end{bmatrix} = j\omega \cdot \begin{bmatrix} 0 & M_{12} & M_{13} & M_{14} \\ M_{12} & 0 & M_{23} & M_{24} \\ M_{13} & M_{23} & 0 & M_{34} \\ M_{14} & M_{24} & M_{34} & 0 \end{bmatrix} \begin{bmatrix} I_{Pt1} \\ I_{Pt2} \\ I_{St1} \\ I_{St2} \end{bmatrix}
\tag{5.104}
$$

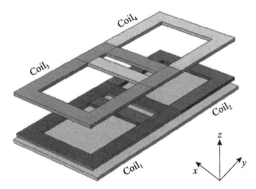

图 5.50 四线圈结构实物图

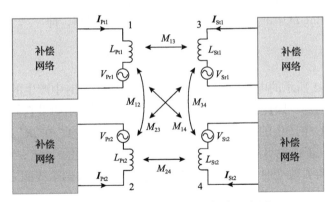

图 5.51 四线圈结构中线圈耦合示意图

显然，每个线圈中产生的感应电压都是由该线圈和另外三个线圈之间的耦合所引起的，由于同侧线圈之间的耦合不会将能量传输到负载，而交叉线圈之间的耦合会导致整个系统失谐，所以真正能够将能量从初级侧电路传输到次级侧电路的耦合只有正对线圈之间的耦合。下面对各个互感进行具体分析。

1. 自解耦线圈

图 5.52 为四线圈结构中初级侧自解耦线圈的俯视图。

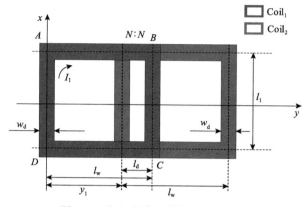

图 5.52　初级侧自解耦线圈的俯视图

Coil$_1$ 和 Coil$_2$ 并排放置，其匝数都是 N，长方形线圈的长度和宽度分别为 l_1 和 l_w，线圈的宽度为 w_d，两个线圈中间的重叠距离为 l_d，它们之间的互感为[71]

$$M_{12} = \frac{N\phi_m}{I_1} \tag{5.105}$$

式中，ϕ_m 为 Coil$_1$ 中的电流 I_1 在 Coil$_2$ 中产生的磁通，它可以看作 Coil$_1$ 中四条边 DA、AB、BC 和 CD 中的电流在 Coil$_2$ 中产生的磁通的和，即

$$\phi_m = \phi_{DA} + \phi_{AB} + \phi_{BC} + \phi_{CD} \tag{5.106}$$

按照图 5.52 所示的电流方向，I_{DA}、I_{AB} 和 I_{CD} 在 Coil$_2$ 中产生的磁场的方向都是垂直纸面向内的，因此 ϕ_{DA}、ϕ_{AB}、ϕ_{CD} 的符号相同，不妨设它们都是正值。而电流 I_{BC} 在 Coil$_2$ 中产生的磁场的方向在 BC 左边是向外的，在 BC 右边是向内的，因此 ϕ_{BC} 可能是正值也可能是负值，总磁通 ϕ_m 的正负值也不确定，当 Coil$_1$ 和 Coil$_2$ 之间的重叠距离 l_d 改变时，ϕ_m 也会发生变化，进而导致两个线圈之间的互感 M_{12} 发生变化。

线圈宽度 l_w=400mm，图 5.53 和图 5.54 描述了互感 M_{12} 随 y_1 的变化趋势。当 y_1 为 0 时，两个线圈完全重叠，重叠距离 l_d 为最大值，随着 y_1 逐渐增加，l_d 不断减小，M_{12} 的值也在不断减小。当 M_{12} 的值为零时，两个线圈之间的互感为 0，也就是 M_{12}=0，此时 Coil$_1$ 和 Coil$_2$ 之间没有耦合，它们之间实现了解耦，称其为自解耦线圈。同理可得，次级侧 Coil$_3$ 和 Coil$_4$ 之间也能形成一组自解耦线圈。

2. 交叉耦合和正对耦合的比较

由前面的分析可知，同一侧的两个线圈可以形成一组自解耦线圈，这两个线

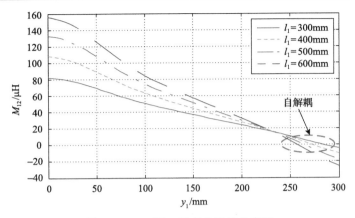

图 5.53　M_{12} 随 y_1 的变化趋势仿真图

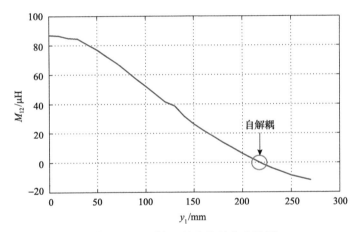

图 5.54　M_{12} 随 y_1 的变化趋势实验图

圈之间没有磁场耦合，也就是 $M_{12}=M_{34}=0$。因此，图 5.51 中的 6 个互感就会变成 4 个，只剩下正对线圈之间的两个互感和交叉线圈之间的两个互感。为了使系统具有良好的抗偏心能力，也就是当初级侧线圈和次级侧线圈发生偏心时，不仅系统仍然能够处于谐振状态，而且传输性能还能保持近似不变，需要分析各个线圈之间的互感随线圈偏心的变化趋势。图 5.55 描述了四线圈结构中初级侧线圈和次级侧线圈在 x 和 z 方向上发生偏心时正对互感和交叉互感的变化趋势。

　　从图 5.55 可以看出，不管初级侧线圈和次级侧线圈是在 x 方向还是在 z 方向上发生偏心，四个互感中，正对互感 M_{13} 和 M_{24} 会随着偏心的增加而减小，而交叉互感 M_{14} 和 M_{23} 变化基本不大；而且，交叉互感的值很小，远小于正对互感，因此可以不考虑 M_{14} 和 M_{23} 对系统的影响。

　　在忽略交叉线圈之间的耦合和同侧线圈之间的自解耦时，四线圈结构中就只

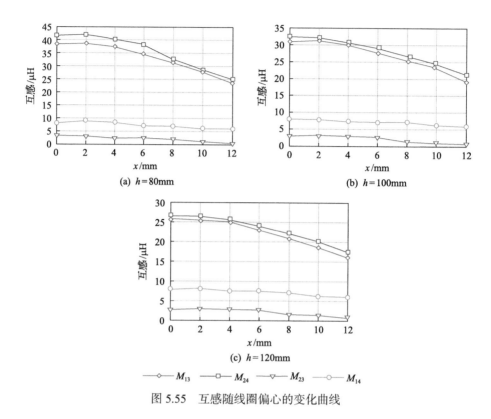

(a) $h=80\mathrm{mm}$　　　　　　　　(b) $h=100\mathrm{mm}$

(c) $h=120\mathrm{mm}$

$$\diamondsuit\!-\! M_{13}\quad \square\!-\! M_{24}\quad \triangledown\!-\! M_{23}\quad \bigcirc\!-\! M_{14}$$

图 5.55　互感随线圈偏心的变化曲线

剩下了正对线圈之间的两个正对互感 M_{13} 和 M_{24}，也就是说，四线圈结构中只有 Coil₁ 与 Coil₃、Coil₂ 与 Coil₄ 之间的耦合在能量传输过程中占据主导地位。因此，图 5.51 就可以简化为图 5.56，此时每个线圈中的感应电压可以表示为

$$\begin{bmatrix} V_{\mathrm{Pr1}} \\ V_{\mathrm{Pr2}} \\ V_{\mathrm{Sr1}} \\ V_{\mathrm{Sr2}} \end{bmatrix} = \mathrm{j}\omega \cdot \begin{bmatrix} 0 & 0 & M_{13} & 0 \\ 0 & 0 & 0 & M_{24} \\ M_{13} & 0 & 0 & 0 \\ 0 & M_{24} & 0 & 0 \end{bmatrix} \begin{bmatrix} I_{\mathrm{Pt1}} \\ I_{\mathrm{Pt2}} \\ I_{\mathrm{St1}} \\ I_{\mathrm{St2}} \end{bmatrix} \tag{5.107}$$

5.3.3　四线圈结构的补偿网络

四线圈结构中只有正对线圈之间的耦合在能量传输过程中占主导地位，并且四个线圈形成了两个耦合传输网络，为了让两个耦合传输网络都能传输能量，还需要为线圈设计合适的补偿网络使得两个耦合传输网络都处于谐振状态。

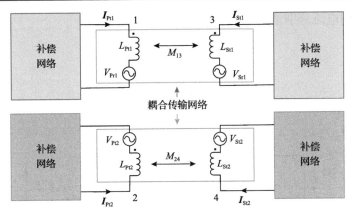

图 5.56 四线圈结构简化后的耦合谐振电路图

1. 双边 LCC 型补偿网络分析

对于图 5.57 的采用 LCC 型补偿网络的 IPT 系统，利用 KVL 方程可得

$$
\begin{cases}
\boldsymbol{V}_{\mathrm{Pi}} = \boldsymbol{I}_{\mathrm{Pi}} Z_{L_{\mathrm{P1}}} + (\boldsymbol{I}_{\mathrm{Pi}} - \boldsymbol{I}_{\mathrm{Pt1}}) Z_{C_{\mathrm{P1}}} \\
\boldsymbol{V}_{\mathrm{Pi}} = \boldsymbol{I}_{\mathrm{Pi}} Z_{L_{\mathrm{P1}}} + \boldsymbol{I}_{\mathrm{Pt1}} Z_{\mathrm{Pt1}} - \mathrm{j}\omega M_{13} \boldsymbol{I}_{\mathrm{St1}} \\
0 = \boldsymbol{I}_{\mathrm{Si}} Z_{L_{\mathrm{S1}}} + (\boldsymbol{I}_{\mathrm{Si}} - \boldsymbol{I}_{\mathrm{St1}}) Z_{C_{\mathrm{S1}}} + \boldsymbol{V}_{\mathrm{Si}} \\
0 = \boldsymbol{I}_{\mathrm{Si}} Z_{L_{\mathrm{S1}}} + \boldsymbol{I}_{\mathrm{St1}} Z_{\mathrm{St1}} - \mathrm{j}\omega M_{13} \boldsymbol{I}_{\mathrm{Pt1}} + \boldsymbol{V}_{\mathrm{Si}}
\end{cases}
\tag{5.108}
$$

式中，

$$
\begin{cases}
Z_{L_{\mathrm{P1}}} = \mathrm{j}\omega L_{\mathrm{P1}} + R_{L_{\mathrm{P1}}} \\
Z_{L_{\mathrm{S1}}} = \mathrm{j}\omega L_{\mathrm{S1}} + R_{L_{\mathrm{S1}}} \\
Z_{C_{\mathrm{P1}}} = \dfrac{1}{\mathrm{j}\omega C_{\mathrm{P1}}} + R_{C_{\mathrm{P1}}} \\
Z_{C_{\mathrm{S1}}} = \dfrac{1}{\mathrm{j}\omega C_{\mathrm{S1}}} + R_{C_{\mathrm{S1}}} \\
Z_{\mathrm{Pt1}} = \mathrm{j}\omega L_{\mathrm{Pt1}} + \dfrac{1}{\mathrm{j}\omega C_{\mathrm{Pt1}}} + R_{L_{\mathrm{Pt1}}} + R_{C_{\mathrm{Pt1}}} \\
Z_{\mathrm{St1}} = \mathrm{j}\omega L_{\mathrm{St1}} + \dfrac{1}{\mathrm{j}\omega C_{\mathrm{St1}}} + R_{L_{\mathrm{St1}}} + R_{C_{\mathrm{St1}}}
\end{cases}
\tag{5.109}
$$

$Z_{L_{\mathrm{P1}}}$、$Z_{L_{\mathrm{S1}}}$、$Z_{C_{\mathrm{P1}}}$、$Z_{C_{\mathrm{S1}}}$、$Z_{L_{\mathrm{Pt1}}}$、$Z_{C_{\mathrm{Pt1}}}$、$Z_{L_{\mathrm{St1}}}$ 和 $Z_{C_{\mathrm{St1}}}$ 分别代表 LCC 型补偿网络中电感和电容的阻抗。从式 (5.109) 中可以得出流入初级侧线圈 L_{Pt1} 和次级侧

线圈 L_{St1} 中的电流分别是

$$I_{Pt1} = \frac{I_{Pi}(Z_{L_{P1}} + Z_{C_{P1}}) - V_{Pi}}{Z_{C_{P1}}}$$

$$I_{St1} = \frac{I_{Si}(Z_{L_{S1}} + Z_{C_{S1}}) + V_{Si}}{Z_{C_{S1}}}$$

(5.110)

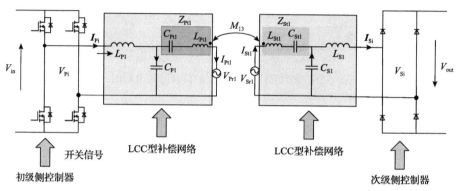

图 5.57　采用 LCC 型补偿网络的 IPT 系统

两个 LCC 型补偿网络的补偿电感 L_{P1} 和 L_{S1} 中流过的电流分别是

$$I_{Pi} = \frac{V_{Pi} + j\omega M_{13}I_{St1} - I_{Pt1}Z_{Pt1}}{Z_{L_{P1}}}$$

$$I_{Si} = \frac{-V_{Si} + j\omega M_{13}I_{Pt1} - I_{St1}Z_{St1}}{Z_{L_{S1}}}$$

(5.111)

谐振频率和输出电流等为

$$
\begin{cases}
\omega = \dfrac{1}{\sqrt{LC}} \\[2mm]
I_{out} = -\dfrac{V_{in}}{j\omega L} \quad \text{或 } V_{out} = j\omega L I_{in} \\[2mm]
Z_{in} = \dfrac{V_{in}}{I_{in}} = \dfrac{(\omega L)^2}{Z_{out}}
\end{cases}
$$

(5.112)

　　显然，将图 5.57 中的 L_{Pt1} 和 C_{Pt1} 组成的整体 Z_{Pt1} 看作一个电感，将 L_{St1} 和 C_{St1} 组成的整体 Z_{St1} 也看作一个电感，那么初级侧和次级侧的补偿网络就可以看作两个对称式 T 型 LCL 补偿网络，如图 5.58 所示，系统的谐振频率为

$$2\pi f_0 = \omega_0 = \cfrac{1}{\sqrt{\left(L_{Pt1} - \cfrac{1}{\omega_0^2 C_{Pt1}}\right) C_{P1}}} = \cfrac{1}{\sqrt{L_{P1}C_{P1}}}$$

$$= \cfrac{1}{\sqrt{\left(L_{St1} - \cfrac{1}{\omega_0^2 C_{St1}}\right) C_{S1}}} = \cfrac{1}{\sqrt{L_{S1}C_{S1}}}$$

(5.113)

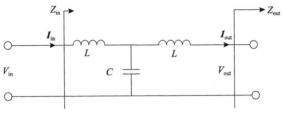

图 5.58　对称式 T 型 LCL 补偿网络

因此，当系统处于谐振状态时，式(5.110)中的初级侧线圈和次级侧线圈中的电流可以简化为

$$\begin{cases} I_{Pt1} = -\dfrac{V_{Pi}}{Z_{C_{P1}}} \\ I_{St1} = \dfrac{V_{Si}}{Z_{C_{S1}}} \end{cases}$$

(5.114)

将其代入式(5.111)并忽略电容和电感的交流阻抗，可以得到次级侧的输出电流为

$$I_{Si} = -\frac{jV_{Pi}}{\omega_0}\frac{M_{13}}{L_{P1}L_{S1}}$$

(5.115)

显然，当输入电压 V_{Pi} 不变、初级侧线圈和次级侧线圈之间的互感 M_{13} 不变时，双边 LCC 型补偿网络可以实现恒流输出，此时系统的输出功率为

$$P_{out} = -\mathrm{Re}(V_{Si}I_{Si}^*)$$

(5.116)

将式(5.115)代入式(5.116)，可得

$$P_{out} = \frac{V_{Pi}V_{Si}}{2\omega_0}\frac{M_{13}}{L_{P1}L_{S1}}$$

(5.117)

式中，V_{Pi} 和 V_{Si} 分别为 V_{Pi} 和 V_{Si} 的有效值。从中可以看出，如果 IPT 系统中采用的 LCC 型补偿网络已经确定，并且系统已经处于谐振状态，系统的输出功率除了与输入电压和输出电压的有效值有关，还与初级侧线圈和次级侧线圈之间的互感 M_{13} 有关，并且呈正相关关系。

2. 四线圈结构的功率传输模型

针对四线圈结构，提出如图 5.59 所示的四线圈耦合谐振电路。其中，Coil$_1$ 和 Coil$_3$ 采用的是双边 LCC 型补偿网络，通过互感 M_{13} 组成一对耦合谐振电路，Coil$_2$ 和 Coil$_4$ 采用的是基本的 S-S 型补偿网络，通过互感 M_{24} 组成一对耦合谐振电路。

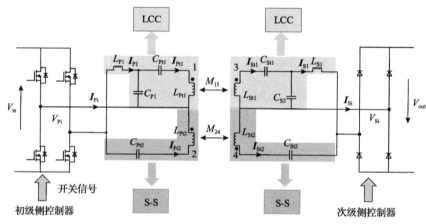

图 5.59　采用 LCC 型和 S-S 型补偿网络的四线圈耦合谐振电路

图 5.59 中，初级侧的 LCC 型和 S-S 型补偿网络采用的是并联结构，其输入电压都是逆变器的输出电压 V_{Pi}。在双边 LCC 型耦合谐振电路中，流入 LCC 型补偿网络 L_{P1} 中的电流 I_{P1} 与 V_{Pi} 的相位相同，由式 (5.13) 可知，流出 LCC 型补偿网络后的电流 I_{Pt1} 的相位滞后于 I_{P1} 的相位 90°，而线圈 Coil$_1$ 和 Coil$_3$ 的参考方向是异名端连接，因此 I_{St1} 的相位超前 I_{Pt1} 的相位 90°，I_{St1} 的方向和 I_{P1} 的方向相同，I_{St1} 再经过一个 LCC 型补偿网络后，相位又滞后了 90°，LCC 型补偿网络的输出电流 I_{S1} 的相位滞后于 V_{Pi} 的相位 90°。

在双边 S-S 型耦合谐振电路中，S-S 型补偿网络中的输入电流 I_{Pt2} 的相位和 V_{Pi} 的相位相同，因为 Coil$_2$ 和 Coil$_3$ 的参考方向是同名端连接，所以次级侧输出电流 I_{St2} 的相位滞后于 I_{Pt2} 的相位 90°，I_{St2} 的相位滞后于 V_{Pi} 的相位 90°。综合来看，LCC 型和 S-S 型补偿网络的输出电流是同相位的，并且其相位都滞后于 V_{Pi} 的相位 90°，而次级侧中，LCC 型和 S-S 型补偿网络也是并联结构，总的输出电流 I_{Si} 是两个补偿网络的输出电流之和，LCC 型补偿网络的输出电流为

$$I_{LCC} = -\frac{jV_{Pi}}{\omega_0} \cdot \frac{M_{13}}{L_{P1}L_{S1}} \tag{5.118}$$

对于采用 S-S 型补偿网络的耦合谐振电路，因为线圈的参考方向是同名端连接，在不考虑电感电容的交流阻抗时，由 KVL 方程可得

$$\begin{cases} V_{Pi} = \left(\dfrac{1}{jC_1} + j\omega L_1\right)I_1 + j\omega M I_2 \\ j\omega M I_1 + \left(\dfrac{1}{jC_2} + j\omega L_2\right)I_2 + V_{Si} = 0 \end{cases} \tag{5.119}$$

所以可得 S-S 型补偿网络的输出电流为

$$I_{SS} = -\frac{jV_{Pi}}{\omega_0 M_{24}} \tag{5.120}$$

由于次级侧的 LCC 型补偿网络和 S-S 型补偿网络采取的是并联结构，所以系统总的输出电流是两个网络中输出电流之和，即

$$\begin{aligned} I_{Si} &= I_{LCC} + I_{SS} \\ &= -\frac{jV_{Pi}}{\omega_0}\left(\frac{M_{13}}{L_{P1}L_{S1}} + \frac{1}{M_{24}}\right) \end{aligned} \tag{5.121}$$

显然，当输入电压不变时，系统总的输出电流 I_{si} 只与两个耦合谐振电路的互感有关，并且与互感 M_{13} 呈正相关，与互感 M_{24} 呈负相关。同理可得，采用 S-S 型补偿网络的耦合谐振电路的传输功率为

$$P_{SS} = \frac{V_{Pi}V_{Si}}{2\omega_0 M_{24}} \tag{5.122}$$

因此，图 5.59 所示系统总的传输功率为两个独立耦合传输网络各自所传输的功率之和，即

$$P_{total} = -\mathrm{Re}\left[V_{Si}(I_{Si} + I_{St2})^*\right] \tag{5.123}$$

将式(5.118)和式(5.122)代入式(5.123)，可得系统总的传输功率为

$$\begin{aligned} P_{total} &= P_{LCC} + P_{SS} \\ &= \frac{V_{Pi}V_{Si}}{2\omega_0}\left(\frac{M_{13}}{L_{P1}L_{S1}} + \frac{1}{M_{24}}\right) \end{aligned} \tag{5.124}$$

5.3.4 四线圈结构的传输特性

1. 抗偏心能力分析

如果四线圈结构中两个正对互感保持不变，那么系统的输出电流是两个耦合谐振电路各自的输出电流之和，并且只与输入电压有关，也就是说当系统的输入电压不变时，系统是恒流输出的。因为四线圈结构是对称结构，当线圈之间没有偏心时，两个正对互感 M_{13} 和 M_{24} 基本相差不大，可以认为是相等的，由图 5.55 可以看出，当初级侧线圈和次级侧线圈在 x 和 z 方向上发生偏心时，M_{13} 和 M_{24} 同时变化且基本保持相等，即 $M_{13}=M_{24}=M$，因此式 (5.121) 和式 (5.124) 可以分别写为

$$I_{\text{Si}}=\frac{\text{j}V_{\text{Pi}}}{\omega_0}\left(\frac{M}{L_{\text{P1}}L_{\text{S1}}}+\frac{1}{M}\right) \tag{5.125}$$

$$P_{\text{total}}=\frac{V_{\text{Pi}}V_{\text{Si}}}{2\omega_0}\left(\frac{M}{L_{\text{P1}}L_{\text{S1}}}+\frac{1}{M}\right) \tag{5.126}$$

当 M 逐渐变大时，式 (5.125) 和式 (5.126) 等号右侧括号中的第一项会变大，第二项会减小，反之，第一项会减小，而第二项会变大；当 $M=\sqrt{L_{\text{P1}}L_{\text{S1}}}$ 时，两个网络中的输出电流相等。

LCC 型和 S-S 型补偿网络各自的输出电流以及系统总的输出电流、两个网络各自的传输功率以及系统总的传输功率与互感的关系见图 5.60。从图中可以看出，当 M 在某个区间内变化时，输出电流 I_{Si} 和输出功率 P_{total} 基本保持不变，系统具有恒定输出的能力。图中，当初级侧线圈和次级侧线圈正对时，线圈之间的互感最大，随着偏心的增大，互感会逐渐减小，因此互感的变化趋势代表了初级侧线圈和次级侧线圈之间偏心的大小。

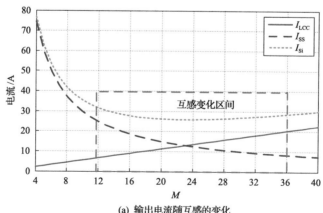

(a) 输出电流随互感的变化

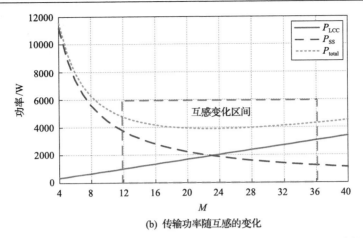

(b) 传输功率随互感的变化

图 5.60　当 $L_{P1}=L_{S1}=23\mu H$、$L_{Pt}=L_{St}=80\mu H$、$V_{Pi}=150V$ 时系统输出特性随互感的变化曲线

从图 5.60(a) 中可以看出，随着互感的减小，也就是线圈之间偏心距离的增大，LCC 型补偿网络中的输出电流 I_{LCC} 逐渐减小，而 S-S 型补偿网络中的输出电流 I_{SS} 却在逐渐增加，这两个网络各自的输出电流随着偏心距离的变化而变化，但是系统总的输出电流 I_{Si} 在互感变化的区间 (12, 36) 内几乎保持不变；图 5.60(b) 中系统总的传输功率也有同样的规律。

图 5.61 描述了不同互感下 LCC 型和 S-S 型补偿网络各自的输出电压以及系统输出电流的变化趋势，可以看出，当互感从 $18\mu H$ 变化到 $33\mu H$ 时，系统总的输出电流 I_{Si} 在 26~27A 范围内变化，基本保持不变。这说明，只要补偿网络的参数设置得当，四线圈结构能够在初级侧线圈和次级侧线圈发生偏心时实现恒流输出，进而保证系统具有稳定的传输功率，说明采用四线圈结构的系统具有良好的抗偏心能力。

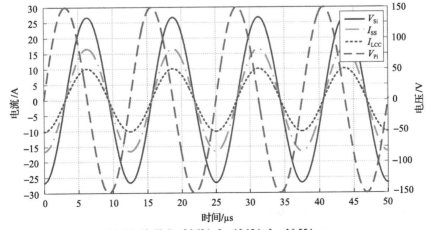

(a) $M=18\mu H$, $I_{Si}=26.68A$, $I_{S1}=10.13A$, $I_{St2}=16.55A$

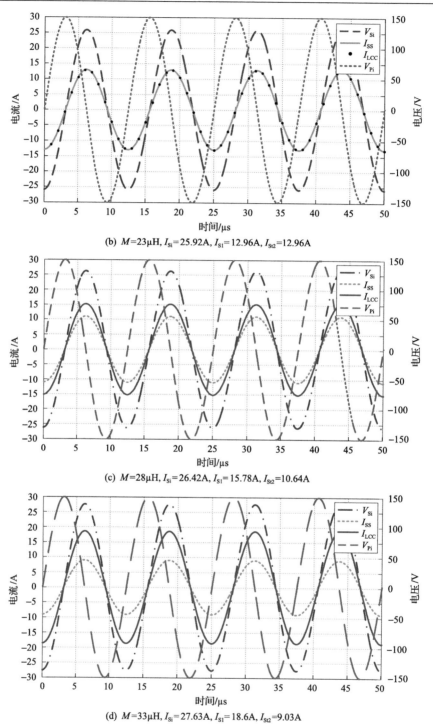

(b) $M=23\mu H$, $I_{Si}=25.92A$, $I_{S1}=12.96A$, $I_{St2}=12.96A$

(c) $M=28\mu H$, $I_{Si}=26.42A$, $I_{S1}=15.78A$, $I_{St2}=10.64A$

(d) $M=33\mu H$, $I_{Si}=27.63A$, $I_{S1}=18.6A$, $I_{St2}=9.03A$

图 5.61 当 $V_{Pi}=150V$、$L_{P1}=L_{S1}=80\mu H$ 时输出电压、电流随互感 M 的变化曲线

2. 补偿网络参数设计

IPT 系统的偏心一般不会很大，为了使系统在这个偏心范围内具有较强的抗偏心能力，需要选取合适的 LCC 型补偿网络参数。由式(5.115)可知，当系统处于谐振状态时，除了互感 M，输出电流 I_{Si} 还与 L_{P1} 和 L_{S1} 有关，而初级侧和次级侧的两个 LCC 型补偿网络通常采用对称设计，即 L_{P1} 和 L_{S1} 的电感值相等。

LCC 型补偿网络中补偿电感的变化对输出电流和传输功率的影响见图 5.62。从图中可以看出，补偿电感的值越大，在互感变化比较大的区间内，恒流输出效果越好。当 $M = \sqrt{L_{P1}L_{S1}}$ 时，两个网络的输出电流刚好相同，在这个点附近，两个电流的叠加几乎恒定，因此 L_{P1} 和 L_{S1} 的取值在最大互感值 M_{max} 附近时效果更好，这样可以使系统在互感变小时有更为稳定的输出。

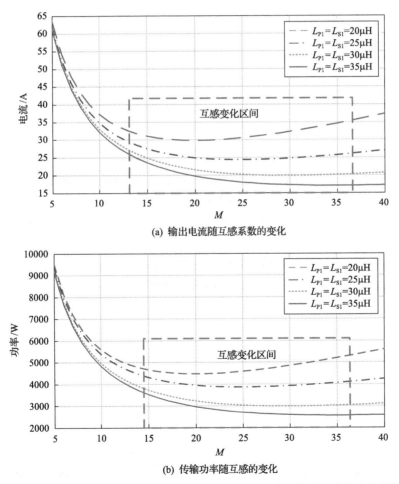

(a) 输出电流随互感系数的变化

(b) 传输功率随互感的变化

图 5.62　当 V_{Pi}=150V、L_{Pt}=L_{St}=80μH 时输出电流及传输功率随互感的变化曲线

5.3.5 实验验证

为了验证前面提出的四线圈结构的抗偏心能力，按照图 5.59 所示的电路原理图，搭建了实验系统，各个元器件的具体参数见表 5.10。

表 5.10 四线圈结构电路系统的参数

参数	数值	阻抗
L_{Pt1}	107.6μH	37.1mΩ
L_{St1}	104.4μH	38.6mΩ
L_{Pt2}	108.4μH	37.3mΩ
L_{St2}	108.2μH	45.2mΩ
L_{P1}	30.3μH	22mΩ
L_{S1}	30.5μH	21mΩ
C_{Pt1}	5.61nF	27mΩ
C_{St1}	5.65nF	31mΩ
C_{Pt2}	4.06nF	25mΩ
C_{St2}	4.04nF	32mΩ
C_{P1}	14.48nF	18mΩ
C_{S1}	14.44nF	27mΩ
f	240.3kHz	—

图 5.63 是初级侧线圈和次级侧线圈间距分别为 80mm、100mm 和 120mm 时，系统的输出电流和传输功率随横向偏移的变化曲线。从图中可以看出，S-S 型补偿网络中的输出电流 I_{SS} 随着横向偏移的增大而增加，LCC 型补偿网络中的输出电流 I_{LCC} 随着横向偏移的增大而减小，两个网络各自传输功率的变化趋势和电流的变化趋势一样，虽然随着横向偏移的变化两个网络各自的输出电流和传输功率在不断发生变化，但是系统总的输出电流 I_{Si} 和传输功率 P_{total} 近乎保持不变。从图 5.63(a)、(b)、(c)纵向对比来看，当横向偏移距离相等时，在不同的间距下，

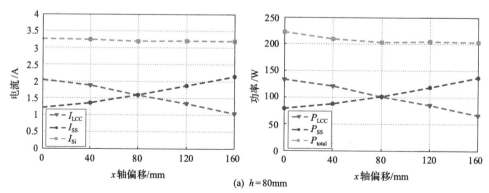

(a) $h = 80$mm

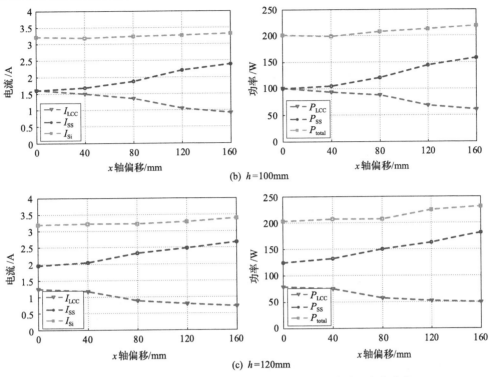

图 5.63 不同间距下输出电流和传输功率随横向偏移的变化曲线

输出电流 I_{Si} 和传输功率 P_{total} 也几乎保持不变,说明四线圈结构对于横向偏移和纵向偏移具有很好的抗偏心能力。图 5.63(a)中两个电流的相交点处,两个网络的输出电流刚好相等,说明此时互感 M_{13} 和 M_{24}、补偿电感 L_{P1} 和 L_{S1} 相等。

5.4 本章小结

IPT 系统中初级侧线圈和次级侧线圈之间的偏心对系统的传输性能具有很大的影响,为了提高系统的抗偏心能力以及使系统获得稳定的传输性能,本章提出了一种四线圈结构模型,初级侧和次级侧各有两个线圈,形成两个耦合谐振电路,其中一个耦合谐振电路采用了双边 LCC 型补偿网络,另一个耦合谐振电路采用了双边 S-S 型补偿网络,两个网络在初级侧和次级侧都是并联结构,系统总的输出电流是两个网络各自输出电流的和。当初级侧线圈和次级侧线圈之间发生偏心时,虽然每个网络中的输出电流会发生变化,但是总的输出电流和传输功率几乎保持不变,因此四线圈结构具有良好的抗偏心能力,其系统具有稳定的传输性能。

第6章 海洋环境下 IPT 系统磁耦合结构设计

6.1 适用于水下航行器的线圈结构

线圈优化设计可以提高无线电能传输系统的效率和经济性，减小系统体积、质量，因此非常重要。根据几何形状，耦合线圈可以分为平面单极型线圈和双极型线圈。为了提高水下航行器的流体动力性能，方便在水下航行器壳体上安装无线电能传输系统的接收端，本章给出三种适用于水下航行器的线圈结构，即弧面线圈结构、抗 360°旋转偏移的螺线管线圈结构、抗 360°旋转偏移和轴向偏移的螺线管线圈结构。设计的弧面线圈结构可以方便地安装在水下航行器壳体上，保证其流体动力性能；设计的抗 360°旋转偏移的螺线管线圈结构，可以实现旋转偏移情况下互感的稳定；设计的抗 360°旋转偏移和轴向偏移的螺线管线圈结构，能同时解决旋转偏移和轴向偏移导致的互感剧烈变化问题。

6.2 弧面线圈设计

图 6.1 所示的弧面线圈结构适用于具有旋转对称壳体的水下航行器，可以方便地嵌入壳体，不占用水下航行器的内部空间。在设计中，可以使用铁氧体来增大发射线圈和接收线圈之间的耦合，并且可以抑制电磁辐射。

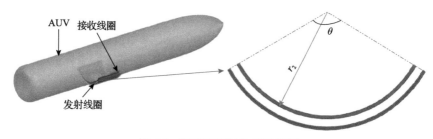

图 6.1 弧面线圈结构安装简图

由于无线电能传输系统的接收端需要嵌入水下航行器壳体，所以要求接收端尺寸与航行器尺寸匹配。其主要考虑的是接收端质量越小越好，同时尽量减小无线电能传输系统的电磁辐射，以确保航行器内部其他电子系统的工作不受影响。

6.2.1 质量计算

无线电能传输系统的发射端安装在水下静止基站中，没有严格的质量限制，因此仅需要优化接收端质量。当发射线圈电流和接收线圈电流间的相位差为 90°时，磁耦合无线电能传输系统输出功率可以表示为

$$P_{\text{out}} = \omega_0 M I_1 I_2 = \omega_0 k \sqrt{L_{10} L_{20}} N_1 I_1 N_2 I_2 \tag{6.1}$$

式中，ω_0 为谐振频率；M 为发射线圈和接收线圈之间的互感；I_1 为发射线圈电流有效值；I_2 为接收线圈电流有效值；k 为耦合系数；L_{10} 为单匝发射线圈自感；L_{20} 为单匝接收线圈自感；N_1 为发射线圈匝数；N_2 为接收线圈匝数。

在以下具体设计中，假定系统输出功率为 1000W，以无线电能传输系统质量最小化为准则来优化单极型弧面线圈和双极型弧面线圈结构，接收线圈曲率半径 r_2 为 150mm，发射线圈和接收线圈的间隙距离固定为 10mm。

图 6.2 给出了单极型弧面线圈和双极型弧面线圈结构，可以看出线圈、铁氧体和铝板均设计为弧面结构。铁氧体可以增大发射线圈和接收线圈之间的耦合，铝板可进一步降低杂散电磁场对水下航行器内部电子系统的影响。线圈外部宽度 W 均固定为 160mm，铁氧体外部宽度比线圈宽 20mm，屏蔽铝板外部宽度比铁氧体宽 20mm，线圈展角在 50°～120°范围内变化。k、L_{10} 和 L_{20} 可以通过有限元仿真获得。在仿真中，铁氧体型号为 3C95，饱和磁通密度为 0.5T，相对磁导率为 3000。

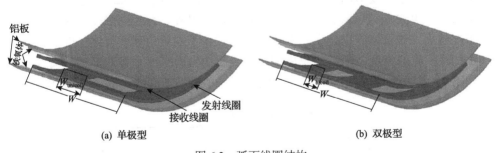

(a) 单极型　　　　　　　　　　　　　　　　(b) 双极型

图 6.2　弧面线圈结构

单极型弧面线圈和双极型弧面线圈的耦合系数随线圈宽度的变化趋势如图 6.3 所示。可以看出，耦合系数首先随着线圈宽度的增加而增大，然后达到一个稳定值，可以视为耦合系数趋于饱和。因此，可以通过增加线圈宽度来增大耦合系数，直到耦合系数趋于饱和。

图 6.3（a）显示在不同的展角下，耦合系数在线圈宽度为 40mm 时达到饱和；图 6.3（b）显示在不同的展角下，双极型弧面线圈耦合系数在线圈宽度为 20mm 时达到饱和。

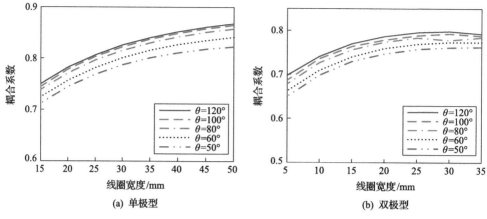

图 6.3　耦合系数随线圈宽度的变化趋势

因此，设计中单极型弧面线圈宽度固定为40mm，双极型弧面线圈宽度固定为20mm，并且设定发射线圈和接收线圈安匝数相等，即 $N_1I_1 = N_2I_2 = NI$。此时，安匝数可以表示为

$$NI = \sqrt{\frac{P_{\text{out}}}{\omega_0 k \sqrt{L_{10}L_{20}}}} \qquad (6.2)$$

将此处计算的安匝数设置为有限元仿真的电流激励源，通过仿真可获得铁氧体中的最大磁通密度 $B_{\max}$。关于最大磁通密度，假定 $B_{\max} \leqslant 0.2\text{T}$，这是因为 0.2T 处于铁氧体 B-H 曲线的线性段，并且接近膝点。另外，在相同温度和频率下，磁通密度越小，铁氧体磁损越少。表 6.1 给出了在不同展角和铁氧体厚度下，铁氧体中的最大磁通密度。另外，单极型弧面线圈的磁通密度小于双极型弧面线圈的磁通密度，这是因为在相同输出功率情况下，单极型弧面线圈的安匝数更小。

表 6.1　铁氧体中最大磁通密度　　　　　　　　　　　（单位：T）

$\theta/(°)$	单极型				双极型			
	$h=0.5\text{mm}$	$h=1\text{mm}$	$h=1.5\text{mm}$	$h=2\text{mm}$	$h=0.5\text{mm}$	$h=1\text{mm}$	$h=1.5\text{mm}$	$h=2\text{mm}$
50	0.32	0.21	0.14	0.08	0.60	0.33	0.22	0.21
60	0.30	0.20	0.12	0.08	0.52	0.33	0.25	0.20
70	0.35	0.17	0.12	0.08	0.58	0.30	0.25	0.18
80	0.30	0.17	0.13	0.12	0.64	0.30	0.20	0.18
90	0.33	0.20	0.13	0.12	0.61	0.4	0.19	0.16
100	0.39	0.16	0.11	0.09	0.51	0.34	0.17	0.16
110	0.29	0.19	0.11	0.08	0.48	0.24	0.17	0.15
120	0.29	0.22	0.11	0.08	0.43	0.31	0.16	0.14

注：h 为接收端铁氧体厚度。

单极型弧面线圈质量 $m_{\text{copper\_uni}}$ 可以表示为

$$m_{\text{copper\_uni}} = \left[2\left(2\pi R_2 \frac{\theta}{360°} - W_{\text{unicoil}} \right) + 2\left(W - W_{\text{unicoil}} \right) \right] \frac{NI}{J} \rho_{\text{copper}} \tag{6.3}$$

式中，W_{unicoil} 为单极型弧面线圈宽度；J 为电流密度；ρ_{copper} 为铜的密度。

本章设计中，电流密度 J 设定为 4A/mm²。同理，双极型弧面线圈质量 $m_{\text{copper\_bi}}$ 可以表示为

$$m_{\text{copper\_bi}} = \left[4\left(2\pi R_2 \frac{\theta}{360°} - W_{\text{bicoil}} \right) + 2\left(W - 2W_{\text{bicoil}} \right) \right] \frac{NI}{J} \rho_{\text{copper}} \tag{6.4}$$

式中，W_{bicoil} 为双极型弧面线圈宽度。

根据同样的计算方法，可以首先得到单极型弧面线圈和双极型弧面线圈的铁氧体质量和铝板质量，然后可以得到相应的接收端质量：

$$\begin{cases} m_{\text{total\_uni}} = m_{\text{copper\_uni}} + m_{\text{ferrite\_uni}} + m_{\text{aluminum\_uni}} \\ m_{\text{total\_bi}} = m_{\text{copper\_bi}} + m_{\text{ferrite\_bi}} + m_{\text{aluminum\_bi}} \end{cases} \tag{6.5}$$

式中，$m_{\text{ferrite\_uni}}$ 为单极型弧面线圈接收端铁氧体质量；$m_{\text{aluminum\_uni}}$ 为单极型弧面线圈接收端铝板质量；$m_{\text{total\_uni}}$ 为单极型弧面线圈接收端总质量；$m_{\text{ferrite\_bi}}$ 为双极型弧面线圈接收端铁氧体质量；$m_{\text{aluminum\_bi}}$ 为双极型弧面线圈接收端铝板质量；$m_{\text{total\_bi}}$ 为双极型弧面线圈接收端总质量。

表 6.2 给出了在不同展角和铁氧体厚度下单极型弧面线圈和双极型弧面线圈的接收端总质量。综合表 6.1 和表 6.2 可以看出，无论是单极型弧面线圈还是双极型弧面线圈，当展角为 60°时，既满足铁氧体中最大磁通密度的要求，又使得接收端总质量最小。此时，单极型弧面线圈接收端铁氧体厚度为 1mm，双极型弧面线圈接收端铁氧体厚度为 2mm。最优设计点在表 6.2 中以下划线标出，单极型弧面线圈接收端总质量为 363.4g，双极型弧面线圈接收端总质量为 521.1g。

表 6.2　接收端总质量　　　　　　　（单位：g）

θ/(°)	单极型				双极型			
	h=0.5mm	h=1mm	h=1.5mm	h=2mm	h=0.5mm	h=1mm	h=1.5mm	h=2mm
50	260.6	322.6	384.3	445.8	270.7	332.4	394.2	455.1
60	291.0	<u>363.4</u>	435.9	508.3	304.0	376.1	448.8	<u>521.1</u>
70	322.2	405.7	489.0	572.1	336.8	420.1	503.4	586.5
80	353.6	448.1	542.3	636.3	369.6	463.9	557.7	652.0
90	385.8	491.2	596.1	701.1	402.9	508.0	613.1	717.8
100	418.1	534.2	650.0	765.8	436.2	552.3	668.1	783.9
110	450.4	577.1	703.8	830.2	469.5	595.7	722.4	848.5
120	482.6	620.2	757.8	895.1	502.5	639.9	777.5	914.5

6.2.2 电磁辐射

在接收端质量最小且输出功率相同的情况下，单极型弧面线圈和双极型弧面线圈在水下航行器横截面的磁场分布如图 6.4 所示。

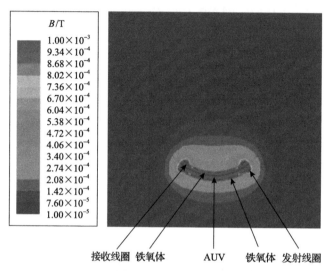

(a) 单极型，$\theta=60°$，铁氧体厚度为1mm

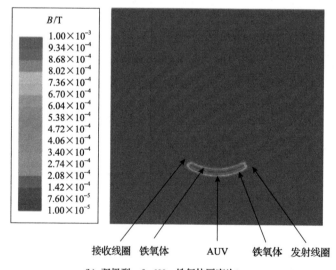

(b) 双极型，$\theta=60°$，铁氧体厚度为2mm

图 6.4　水下航行器横截面磁场分布

可以看出，相对于单极型弧面线圈，双极型弧面线圈对水下航行器内部的电磁辐射更小，意味着水下航行器内部的电子元件可以得到更好的保护。当单极型弧面线圈接收端铁氧体的厚度从 1mm 增加到和双极型弧面线圈接收端铁氧体相同厚度 2mm 时，双极型弧面线圈结构仍然具有更小的电磁辐射，如图 6.5 所示。

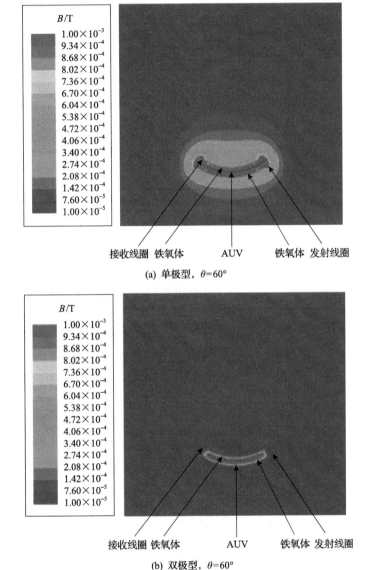

(a) 单极型，$\theta=60°$

(b) 双极型，$\theta=60°$

图 6.5　水下航行器横截面磁场分布（铁氧体厚度为 2mm）

　　弧面线圈结构的整体设计流程如图 6.6 所示。在上述设计实例中，双极型弧面线圈接收端总质量为 521.1g，而单极型弧面线圈接收端总质量仅为 363.4g，但双极型弧面线圈具有更小的电磁辐射。因此，在实际应用中，可以按需求合理选择相应的线圈结构。

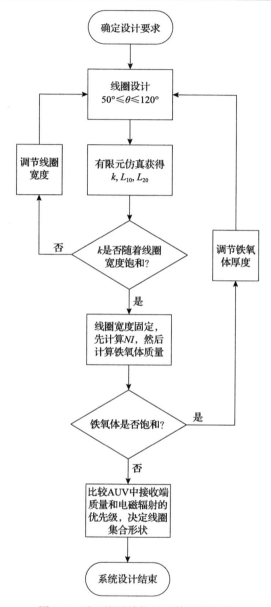

图 6.6　弧面线圈结构的整体设计流程

6.3　抗 360°旋转偏移的螺线管线圈设计

6.3.1　线圈设计

水下航行器无线电能传输系统结构如图 6.7 所示。图 6.7(a)为系统示意图，接收线圈嵌入到水下航行器外壳。当航行器电池电量不足时，进入回收笼，到达回收笼最左端时停止，利用机械装置将航行器和回收笼固定在一起，从而为航行器进行无线电能补给。线圈结构如图 6.7(b) 所示，发射线圈由两个方形螺线管线圈组成，接收线圈 1 由四个圆环形螺线管线圈组成，接收线圈 2 由四个圆环形螺线管线圈组成。这八个螺线管线圈以双层绕制方式绕在四块圆环形铁氧体上。考虑到结构和系统参数的对称性，每个接收线圈由交替的内层线圈和外层线圈组成。对于接收线圈 1，左半边线圈和右半边线圈绕向相反，对于接收线圈 2，上半边线圈和下半边线圈绕向相反，这样两个接收线圈产生的磁通方向是相互垂直的，可以保证当旋转偏移发生时，两个接收线圈是解耦的，并且总互感基本保持不变。

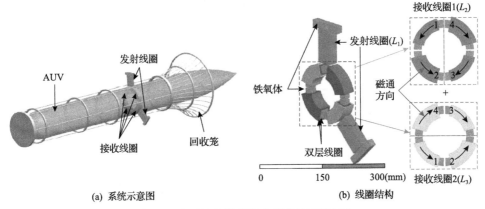

(a) 系统示意图　　　　　　　　　　　(b) 线圈结构

图 6.7　水下航行器无线电能传输系统结构

　　由于水下航行器旋转时，该线圈结构的自感和互感等参数以 90° 为周期变化，所以本节选取 0°～90° 旋转偏移范围进行有限元仿真。图 6.8 为线圈仿真模型，接收线圈沿顺时针方向旋转，两个接收线圈的相对位置保持不变。

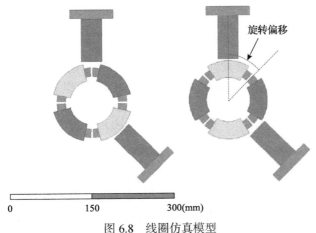

图 6.8　线圈仿真模型

图 6.9 给出了接收线圈 1 自感 L_2、接收线圈 2 自感 L_3、发射线圈和接收线圈 1 之间的互感 M_{12}、发射线圈和接收线圈 2 之间的互感 M_{13}，以及接收线圈之间的互感 M_{23} 随旋转偏移的变化关系。由于两接收线圈均由交替的内层线圈和外层线圈对称绕制，所以 L_2 和 L_3 保持稳定且基本相等。可以看出，M_{23} 非常小，可以被忽略，这是因为两接收线圈磁场是垂直的。当没有旋转偏移时，M_{12} 比较大，这是因为接收线圈 1 的绕组 1 和绕组 4 是反向绕制的，这样与发射线圈绕组 1 的耦合是加强的，另外离发射线圈绕组 2 较远的接收线圈 1 的绕组 2 和绕组 4 也是反向绕制的，也提供较小的耦合。此时，接收线圈 2 的绕组 3 和绕组 4 的绕向相同，与发射线圈绕组 1 的耦合相互抵消，由离发射线圈绕组 2 较远的接收线圈 2 的绕组 1 和绕组 3 提供耦合，因此 M_{13} 比较小。当旋转偏移从 0°增大到 67.5°时，M_{12} 逐渐减小而 M_{13} 逐渐增大。当旋转偏移为 67.5°时，M_{12} 达到最小值，基本为零，这是因为发射线圈和接收线圈 1 的耦合完全抵消，此时，M_{13} 达到最大值。当旋转偏移从 67.5°增大到 90°时，M_{12} 逐渐增大而 M_{13} 逐渐减小。

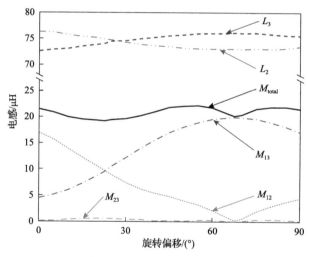

图 6.9　自感和互感随旋转偏移的变化曲线

可见当旋转偏移从 0°增大到 90°时，M_{12} 和 M_{13} 总是互相弥补，使得发射线圈和接收线圈之间的总互感 M_{total} 基本保持不变，M_{total} 可以表示为

$$M_{total} = |M_{12}| + |M_{13}| \tag{6.6}$$

6.3.2　电路分析

在旋转偏移情况下，为了使线圈中的电流不发生剧烈变化，采用 LCC-LCC 型补偿结构。LCC-LCC 型补偿结构具有恒流输出特性，这就使得接收端两个电流

输出可以并联起来一起提供输出功率。图 6.10 给出了基于 LCC-LCC 型补偿结构的无线电能传输系统拓扑结构。其中，U_{bus} 和 U_1 分别为输入直流电压和逆变后的交流电压，L_{f1} 为发射端补偿电感，L_{f2} 和 L_{f3} 为接收端补偿电感，L_1 为发射线圈自感，L_2 和 L_3 为接收线圈自感，C_{f1} 为发射端并联补偿电容，C_{f2} 和 C_{f3} 为接收端并联补偿电容，C_1 为发射端串联补偿电容，C_2 和 C_3 为接收端串联补偿电容，$I_{L_{f1}}$ 为输入电流有效值，$I_{L_{f2}}$ 和 $I_{L_{f3}}$ 为输出电流有效值，I_1 为发射线圈电流有效值，I_2 和 I_3 为接收线圈电流有效值，U_{bat} 为电池电压，U_2 和 U_3 分别为两接收线圈输出电压有效值，M_{12} 为发射线圈和接收线圈 1 之间的互感，M_{13} 为发射线圈和接收线圈 2 之间的互感，粗体为相关变量的相量表达形式。

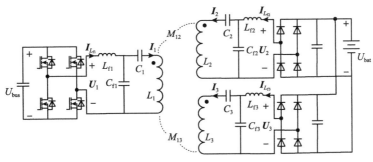

图 6.10　基于 LCC-LCC 型补偿结构的无线电能传输系统拓扑结构

对于发射端，L_{f1} 和 C_{f1} 谐振，L_1 和 C_1 的串联电抗与 C_{f1} 谐振，形成一个并联谐振电路。当接收端偏移或者移开导致耦合系数非常小时，发射端逆变器输出电流因并联谐振电路而几乎为零，从而可以保护发射端电路。对于接收端接收线圈 1，L_{f2} 和 C_{f2} 谐振，L_2 和 C_2 的串联电抗与 C_{f2} 谐振；对于接收线圈 2，L_{f3} 和 C_{f3} 谐振，L_3 和 C_3 的串联电抗与 C_{f3} 谐振。各谐振关系如下：

$$
\begin{cases}
j\omega_0 L_{f1} + \dfrac{1}{j\omega_0 C_{f1}} = 0, & j\omega_0 L_1 + \dfrac{1}{j\omega_0 C_1} + \dfrac{1}{j\omega_0 C_{f1}} = 0 \\[2mm]
j\omega_0 L_{f2} + \dfrac{1}{j\omega_0 C_{f2}} = 0, & j\omega_0 L_2 + \dfrac{1}{j\omega_0 C_2} + \dfrac{1}{j\omega_0 C_{f2}} = 0 \\[2mm]
j\omega_0 L_{f3} + \dfrac{1}{j\omega_0 C_{f3}} = 0, & j\omega_0 L_3 + \dfrac{1}{j\omega_0 C_3} + \dfrac{1}{j\omega_0 C_{f3}} = 0
\end{cases}
\tag{6.7}
$$

式中，ω_0 为谐振频率。

基于傅里叶分解，U_1、U_2 和 U_3 可以表示为

$$
U_1 = \frac{2\sqrt{2}}{\pi} U_{bus}, \quad U_2 = \frac{2\sqrt{2}}{\pi} U_{bat}, \quad U_3 = \frac{2\sqrt{2}}{\pi} U_{bat}
\tag{6.8}
$$

L_2 和 L_3 设计为解耦状态，即 L_2 和 L_3 之间的互感为零。L_1、L_2 和 L_3 规定为同名端电流流入。在谐振状态下，基于基尔霍夫电压定律可以得到等效电路方程为

$$\begin{bmatrix} U_1 \\ 0 \\ U_2 \\ 0 \\ U_3 \\ 0 \end{bmatrix} = \begin{bmatrix} 0 & j\omega_0 L_{f1} & 0 & 0 & 0 & 0 \\ j\omega_0 L_{f1} & 0 & 0 & j\omega_0 M_{12} & 0 & j\omega_0 M_{13} \\ 0 & 0 & 0 & j\omega_0 L_{f2} & 0 & 0 \\ 0 & j\omega_0 M_{12} & j\omega_0 L_{f2} & 0 & 0 & 0 \\ 0 & 0 & 0 & 0 & 0 & j\omega_0 L_{f3} \\ 0 & j\omega_0 M_{13} & 0 & 0 & j\omega_0 L_{f3} & 0 \end{bmatrix} \cdot \begin{bmatrix} I_{L_{f1}} \\ I_1 \\ I_{L_{f2}} \\ I_2 \\ I_{L_{f3}} \\ I_3 \end{bmatrix} \quad (6.9)$$

从而得到各个回路的电流有效值为

$$\begin{cases} I_{L_{f1}} = \dfrac{1}{j\omega_0 L_{f1}} \left(\dfrac{M_{12} U_2}{L_{f2}} + \dfrac{M_{13} U_3}{L_{f3}} \right), & I_{L_{f2}} = \dfrac{M_{12} U_1}{\omega_0 L_{f1} L_{f2}}, & I_{L_{f3}} = \dfrac{M_{13} U_1}{\omega_0 L_{f1} L_{f3}} \\ I_1 = \dfrac{U_1}{\omega_0 L_{f1}}, & I_2 = \dfrac{U_2}{\omega_0 L_{f2}}, & I_3 = \dfrac{U_3}{\omega_0 L_{f3}} \end{cases} \quad (6.10)$$

两个接收端参数一致，即 $L_2 = L_3$ 和 $L_{f2} = L_{f3}$。系统输出功率 P_{out} 可以表示为

$$P_{\text{out}} = U_2 I_{f2} + U_3 I_{f3} = \frac{8 U_{\text{bus}} U_{\text{bat}} M_{\text{total}}}{\pi^2 \omega_0 L_{f1} L_{f2}} \quad (6.11)$$

可见系统输出功率和 M_{total} 成正比。传输效率 η 可以表示为

$$\eta = \frac{P_{\text{out}}}{P_{\text{out}} + I_1^2 R_1 + I_2^2 R_2 + I_3^2 R_3 + I_{L_{f1}}^2 R_{L_{f1}} + I_{L_{f2}}^2 R_{L_{f2}} + I_{L_{f3}}^2 R_{L_{f3}}} \quad (6.12)$$

式中，R_1 为发射线圈等效电阻；R_2 为接收线圈 1 等效电阻；R_3 为接收线圈 2 等效电阻；$R_{L_{f1}}$ 为发射端补偿电感等效电阻；$R_{L_{f2}}$ 为接收端 1 补偿电感等效电阻；$R_{L_{f3}}$ 为接收端 2 补偿电感等效电阻。

6.3.3 实验验证

图 6.11 为实际线圈结构仿真模型，接收线圈沿顺时针方向旋转，两个接收线圈的相对位置保持不变。由于水下航行器旋转时，该线圈结构自感和互感等参数以 90° 为周期变化，所以仿真和实验中均选取 0°～90° 旋转偏移范围进行研究，实验系统参数如表 6.3 所示。

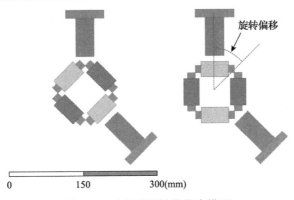

图 6.11　实际线圈结构仿真模型

表 6.3　抗旋转偏移无线电能传输实验系统参数

参数	数值
发射线圈自感 L_1	108.3μH
接收线圈 1 自感 L_2	74.3μH
接收线圈 2 自感 L_3	74.7μH
发射端补偿电感 L_{f1}	15.7μH
接收端 1 补偿电感 L_{f2}	11.6μH
接收端 2 补偿电感 L_{f3}	11.5μH
L_1 和 L_2 之间互感 M_{12}	15.1μH
L_1 和 L_3 之间互感 M_{13}	3.1μH
发射端并联补偿电容 C_{f1}	25.3nF
接收端 1 并联补偿电容 C_{f2}	34.2nF
接收端 2 并联补偿电容 C_{f3}	34.5nF
发射端串联补偿电容 C_1	4.2nF
接收端 1 串联补偿电容 C_2	6.5nF
接收端 2 串联补偿电容 C_3	6.1nF
谐振频率 f_0	252.6kHz

　　图 6.12 给出了仿真和测量的总互感随旋转偏移的变化关系，结果表明旋转偏移为 0°时总互感达到最大值，而旋转偏移为 22.5°时总互感达到最小值。仿真结果与测量结果之间的偏差是由实际绕制的线圈和仿真模型的参数不完全一致引起的。系统效率和输出功率随旋转偏移的变化关系如图 6.13 所示。可以看出，旋转偏移从 0°增大到 90°，该无线电能传输系统的效率和输出功率基本保持稳定。当旋转偏移为 0°时，系统传输性能最好，此时系统效率为 92.26%，输出功率为 664W；

当旋转偏移为 22.5°时，系统传输性能最差，此时系统效率为 92.10%，输出功率为 485W。

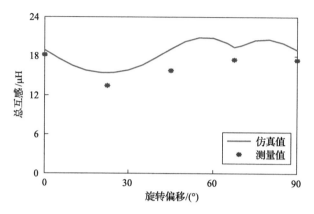

图 6.12　总互感随旋转偏移的变化曲线

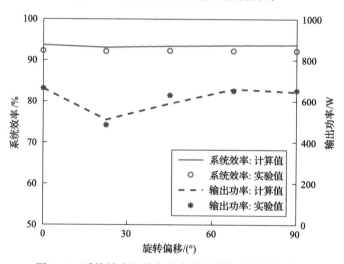

图 6.13　系统效率和输出功率随旋转偏移的变化曲线

6.4　抗 360°旋转偏移和轴向偏移的螺线管线圈设计

　　抗 360°旋转偏移的螺线管线圈结构在一定程度上可以解决水下航行器旋转偏移引起的功率传输不稳定问题，但是航行器轴向偏移仍然会使得发射端和接收端之间的互感剧烈变化，从而影响功率的稳定传输。为了同时解决旋转偏移和轴向偏移导致的互感剧烈变化问题，本节提出抗 360°旋转偏移和轴向偏移的螺线管线圈。

6.4.1　线圈设计

抗 360°旋转偏移和轴向偏移的螺线管线圈结构如图 6.14(a)所示，其中包含一个双层发射线圈和一个单层接收线圈。可以看出，该线圈结构是由图 6.14(b)所示传统同轴螺线管线圈结构改进而来，从而抗旋转偏移为其固有特性。该线圈结构的发射线圈由一个大型螺线管绕组和三个小型螺线管绕组组成，命名为线圈 11、线圈 12、线圈 13 和线圈 14。线圈 13 与其他线圈绕向相反，这样在发射线圈和接收线圈正对的情况下，其间的耦合会被线圈 13 削弱，而在发射线圈和接收线圈轴向偏移的情况下，其间的耦合会被线圈 12 和线圈 14 加强。因此，通过改变线圈 12 和线圈 13 的宽度，不论轴向偏移是 +z 还是 −z 方向，都可以实现发射线圈和接收线圈之间的耦合保持稳定。基于 ANSYS Maxwell 软件，对提出的螺线管线圈结构和传统同轴螺线管线圈结构进行有限元仿真分析，线圈 11 和接收线圈宽度 W 设计为 110mm，线圈 12 和线圈 14 宽度相等。

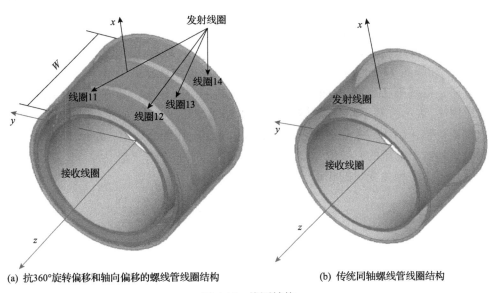

(a) 抗360°旋转偏移和轴向偏移的螺线管线圈结构　　　　(b) 传统同轴螺线管线圈结构

图 6.14　线圈结构

图 6.15 给出归一化互感随 z 方向偏移的变化关系。可以看出，z 方向偏移从 0mm 增大到 80mm，本节所提线圈结构的互感基本保持稳定。在此轴向偏移范围内，最小互感可以保持为正对情况下的 87%。对于传统同轴螺线管线圈结构，当 z 方向偏移增大时，发射线圈和接收线圈之间的互感急剧减小，z 方向偏移从 0mm 增大到 80mm，与正对情况相比互感会减小 50%。

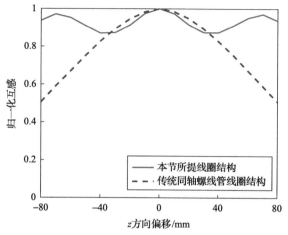

图 6.15 归一化互感随 z 方向偏移的变化曲线

6.4.2 电路分析

由 6.4.1 节可知,本节所提线圈结构的发射线圈由一个大型螺线管绕组和三个小型螺线管绕组组成,分别命名为线圈 11、线圈 12、线圈 13 和线圈 14。线圈 11、线圈 12 和线圈 14 的绕向相同,因此这三个线圈可以视作一个整体,其方向记为正方向,自感用 L_P 表示,而线圈 13 与其他线圈绕向相反,其方向记为负方向,自感用 L_n 表示。基于此线圈结构的互感电路模型如图 6.16 所示。其中,L_2 为接收线圈自感,U_1 和 U_2 分别代表输入电压和输出电压的有效值,I_1 和 I_2 分别为输入电流和输出电流的有效值,M_{P2} 为 L_P 和 L_2 之间的互感,M_{n2} 为 L_n 和 L_2 之间的互感,粗体为相关变量的相量表达形式。

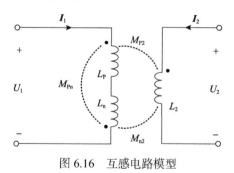

图 6.16 互感电路模型

由于 L_P 和 L_n 绕向相反,所以其串联总电感为

$$L_1 = L_P + L_n - 2M_{Pn} \tag{6.13}$$

忽略线圈等效电阻,基于基尔霍夫电压定律,可以得到等效电路方程如下:

$$\begin{bmatrix} j\omega L_1 & j\omega(M_{P2}-M_{n2}) \\ j\omega(M_{P2}-M_{n2}) & j\omega L_2 \end{bmatrix}\begin{bmatrix} I_1 \\ I_2 \end{bmatrix} = \begin{bmatrix} U_1 \\ U_2 \end{bmatrix} \tag{6.14}$$

发射线圈和接收线圈之间的总互感可以表示为

$$M_{total} = M_{P2} - M_{n2} \tag{6.15}$$

因此，可以得到如图 6.17 所示的基于 LCC-LCC 型补偿结构的无线电能传输系统电路图。

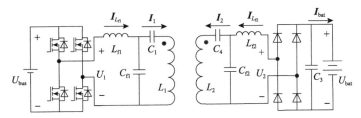

图 6.17　基于 LCC-LCC 型补偿结构的无线电能传输系统电路图

谐振状态下的输出电流 $I_{L_{f2}}$ 为

$$I_{L_{f2}} = \frac{M_{total}U_1}{\omega_0 L_{f1} L_{f2}} \tag{6.16}$$

系统输出功率 P_{out} 可以表示为

$$P_{out} = U_2 I_{L_{f2}} = \frac{8M_{total}U_{bus}U_{bat}}{\pi^2 \omega_0 L_{f1} L_{f2}} \tag{6.17}$$

可以看出，系统输出功率与 M_{total} 成正比。传输效率 η 可以表示为

$$\eta = \frac{P_{out}}{P_{out} + I_1^2 R_1 + I_2^2 R_2 + I_{L_{f1}}^2 R_{L_{f1}} + I_{L_{f2}}^2 R_{L_{f2}}} \tag{6.18}$$

式中，R_1 为发射线圈等效电阻；R_2 为接收线圈等效电阻；$R_{L_{f1}}$ 为发射端补偿电感等效电阻；$R_{L_{f2}}$ 为接收端补偿电感等效电阻。

6.4.3　实验验证

实验中工作频率为 248.0kHz，选取型号为 AWG 44 的利兹线来绕制线圈，单股线直径为 0.05mm，总股数为 1500 股，利兹线外直径为 3mm。发射线圈和接收线圈分别绕制在两个有机玻璃圆管上，模拟水下航行器回转体外壳以及水下基站。内圆管外直径为 130mm，外圆管外直径为 150mm，这样发射线圈和接收线圈的間隙為7mm,实验系统参数如表6.4所示。

表6.4 抗360°旋转偏移和轴向偏移无线电能传输实验系统参数

参数	数值
发射线圈自感 L_1	46.0μH
接收线圈自感 L_2	47.0μH
发射端补偿电感 L_{f1}	9.0μH
接收端补偿电感 L_{f2}	9.0μH
L_1 和 L_2 之间总互感 M_{total}	16.3μH
发射端并联补偿电容 C_{f1}	45.8nF
接收端并联补偿电容 C_{f2}	45.6nF
发射端串联补偿电容 C_1	11.1nF
接收端串联补偿电容 C_2	10.8nF
谐振频率 f_0	248kHz
间隙	7mm
线圈轴向长度	110mm

图6.18给出了仿真和测量的总互感随 z 方向偏移的变化关系。测量结果表明,z 方向偏移从0mm增大到88mm,总互感基本稳定;z 方向偏移为0mm时总互感达到最大值,而 z 方向偏移为88mm时总互感达到最小值。仿真结果和测量结果之间的偏差是由实际绕制线圈和仿真模型的参数不完全一致引起的。

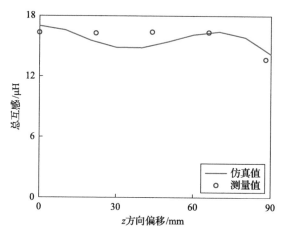

图6.18 总互感随 z 方向偏移的变化曲线

系统效率和输出功率随 z 方向偏移的变化关系如图6.19所示。可以看出,z

方向偏移从 0mm 增大到 88mm，该无线电能传输系统效率保持稳定。z 方向偏移从 0mm 增大到 76mm，输出功率保持稳定，当 z 方向偏移大于 76mm 时，输出功率开始有明显下降。整体来看，z 方向偏移在 0～76mm 范围内，最低系统效率为 91.64%，最高系统效率为 91.91%，最低输出功率为 871W，最高输出功率为 907W。

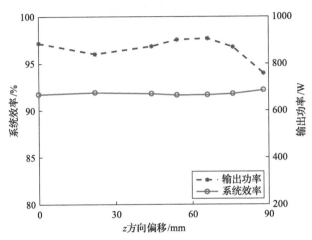

图 6.19　系统效率和输出功率随 z 方向偏移的变化曲线

6.5　本 章 小 结

本章给出三种适用于水下航行器的线圈结构，即弧面线圈结构、抗 360° 旋转偏移的螺线管线圈结构及抗 360° 旋转偏移和轴向偏移的螺线管线圈结构。

(1) 弧面线圈结构非常适用于旋转对称结构的水下航行器，可以方便地嵌入航行器壳体，保持其流体动力特性。由于无线电能传输系统接收端质量最小，针对单极型弧面线圈和双极型弧面线圈进行了线圈优化设计。设计结果表明，不管是单极型弧面线圈还是双极型弧面线圈，当展角为 60° 时，既满足铁氧体中最大磁通密度的要求，又使得接收端总质量最小。此时，单极型弧面线圈接收端质量小于双极型弧面线圈接收端质量。针对单极型弧面线圈和双极型弧面线圈，分别分析了水下航行器内部的电磁辐射情况。双极型弧面线圈对水下航行器内部的电磁辐射更小，意味着水下航行器内部的电子元件可以得到更好的保护。

(2) 基于线圈结构，设计了抗 360° 旋转偏移的螺线管线圈结构，可以实现旋转偏移情况下互感的稳定。该线圈结构包含一个发射线圈和两个接收线圈。两个接收线圈产生的磁通方向相互垂直，可以保证旋转偏移发生时发射线圈和两个接收线圈之间的互感相互补偿，因此两个接收线圈是解耦的，并且系统总互感基本保持不变。实验结果表明，旋转偏移从 0° 增大到 360°，该无线电能传输系统效率和输出功率基本保持稳定。

(3)为了同时解决旋转偏移和轴向偏移导致的互感剧烈变化问题，设计了抗360°旋转偏移和轴向偏移的螺线管线圈结构。该线圈结构利用一个反向绕制线圈，使得发射线圈和接收线圈正对情况下的耦合被反向绕制线圈削弱，而发射线圈和接收线圈轴向偏移情况下的耦合被正向绕制线圈加强，因此不论轴向偏移为+z还是-z方向，发射线圈和接收线圈之间的耦合均会保持稳定。

第 7 章　IPT 系统鲁棒控制

在电池恒流充电的过程中，电池两端的电压不断上升，即电池等效负载会增大，这将导致无线电能传输系统次级侧至初级侧的反射阻抗减小，从而可能引起系统传输效率下降。为了在充电过程中提高传输效率，需要进行阻抗匹配，使得系统的等效负载维持在最优负载附近。在次级侧电路整流桥输出端和电池负载之间加入 Boost 变换器，当负载阻值变动时，通过调节 Boost 变换器的占空比使系统等效负载始终维持在最优负载值。为了给出占空比参数的调节规律，对 Boost 变换器的 CCM 和 DCM 两种工作模式下的阻抗特性进行分析，最终给出最优占空比计算表达式。采用 Boost 变换器升压电路实现阻抗匹配，能减小次级侧的输入等效阻抗，增大反射阻抗，提高耦合线圈的传输效率，该方法适用于负载为大电压低电流、等效阻抗值较大的应用场合。

通过 Boost 变换器占空比的调节，可以维持等效负载不变，从而确保系统传输效率最优，但是也会使得负载的充电电流发生变化，这不满足蓄电池恒流充电的要求。为了在调节 Boost 变换器占空比的同时使充电电流保持不变，需设计闭环控制器调节 IPT 系统的直流输入电压。

本章建立 Boost 变换器在 CCM 和 DCM 下的统一数学模型，基于广义状态空间平均(generalized state space averaging, GSSA)方法，选取各电路变量的傅里叶系数作为状态变量，建立 IPT 系统的状态空间模型[149,150]。基于 GSSA 模型，分别进行比例积分微分(proportional plus integral plus derivative, PID)控制器和鲁棒控制器的设计。首先采用 ZN 频域整定法设计比例积分(proportional plus integral, PI)控制器和 PID 控制器，基于 Bode 图设计超前校正网络。然后根据线性分式变换分离摄动矩阵，建立系统的不确定性模型，设计系统的鲁棒控制器，并针对该闭环控制系统的数学模型分析系统的标称性能、鲁棒稳定性及时域性能。结果表明，采用 Boost 变换器和鲁棒控制，IPT 系统不仅具有较好的稳态特性和动态特性，而且具有较好的鲁棒性和一定的干扰抑制能力。

7.1　GSSA 建模基础

时间间隔$[t, t+T]$上的任一波形 $x(t)$ 都可以按式(7.1)进行傅里叶级数展开：

$$x(\tau) = \frac{1}{2}a_0 + \sum_{n=1}^{\infty}\left[a_n \cos(n\omega\tau) + b_n \sin(n\omega\tau)\right] \tag{7.1}$$

式中，$\tau \in [0,T]$；$\omega = 2\pi/T$，T 是信号 $x(t)$ 的周期。

当 $x(t)$ 不是周期函数时，可以认为 T 是一个无穷大的数值。此时，式(7.1)中，交流分量中傅里叶级数系数 a_n、b_n 分别为

$$\begin{cases} a_n = \dfrac{2}{T} \displaystyle\int_t^{t+T} x(\tau)\cos(n\omega\tau)\mathrm{d}\tau \\[3mm] b_n = \dfrac{2}{T} \displaystyle\int_t^{t+T} x(\tau)\sin(n\omega\tau)\mathrm{d}\tau \end{cases} \tag{7.2}$$

可以看到，系数 a_n、b_n 是与时间相关的，这意味着直流分量 $a_0/2$ 和各个交流分量的幅值 $(a_n^2+b_n^2)^{1/2}$ 均随时间 t 变化。换句话说，系数 a_n、b_n 可以反映原始信号 $x(t)$ 的包络，但缺失相位信息，仅根据信号的幅值信息不能完整重现该信号。因此，引出另一种以复指数形式表示的傅里叶级数定义，即

$$x(\tau) = \langle x \rangle_0 + \sum_{n=1}^{\infty} \langle x \rangle_n \mathrm{e}^{\mathrm{j}n\omega\tau} + \sum_{n=1}^{\infty} \langle x \rangle_{-n} \mathrm{e}^{-\mathrm{j}n\omega\tau} = \sum_{n=-\infty}^{\infty} \langle x \rangle_n \mathrm{e}^{\mathrm{j}n\omega\tau} \tag{7.3}$$

式中，$\langle x \rangle_n$ 为傅里叶系数，它本身是一个复数，可由式(7.4)求解：

$$\langle x \rangle_n = \frac{1}{T} \int_t^{t+T} x(\tau)\mathrm{e}^{-\mathrm{j}n\omega\tau}\mathrm{d}\tau \tag{7.4}$$

同样，$\langle x \rangle_n$ 是一个与时间 t 相关的量，为了更加直观地说明傅里叶系数 $\langle x \rangle_n$ 的物理意义，它与傅里叶级数系数 a_n、b_n 的关系为

$$\langle x \rangle_n = \frac{1}{2}(a_n - \mathrm{j}b_n) = \frac{1}{2}\sqrt{a_n^2 + b_n^2}\, \mathrm{e}^{-\mathrm{j}\arctan\frac{b_n}{a_n}} \tag{7.5}$$

可见，傅里叶系数 $\langle x \rangle_n$ 的模正好等于频率为 $n\omega$ 的 n 次谐波分量幅值的 $1/2$，而 $\langle x \rangle_n$ 的相角也正是频率为 $n\omega$ 的 n 次谐波分量的初相位。在式(7.3)中，傅里叶系数 $\langle x \rangle_n$ 含有对应 n 次谐波分量的幅值和初相位信息，$\mathrm{e}^{\mathrm{j}n\omega\tau}$ 中含有分量的频率信息。IPT 系统工作频率是选定的，因此系统数学建模可以选取傅里叶系数 $\langle x \rangle_n$ 作为状态变量求解。

傅里叶系数 $\langle x \rangle_n$ 的四条重要性质如下。

1) 共轭对称性

若将 n 次谐波分量的幅值和初相位信息放在一个复数中，则数学中出现了负频率。$\langle x \rangle_n$ 中只有对应 n 次谐波分量幅值的 $1/2$，另 $1/2$ 放在了 $\langle x \rangle_{-n}$ 中，且 $\langle x \rangle_n$ 和 $\langle x \rangle_{-n}$ 两者的相位相反。当然，$\langle x \rangle_n$ 也可以写成实虚部的形式：

$$\langle x \rangle_n = \langle x \rangle_{-n}^{*} = \mathrm{Re}\langle x \rangle_n + \mathrm{j}\mathrm{Im}\langle x \rangle_n, \quad n = 0, 1, 2, \cdots \tag{7.6}$$

将式(7.6)代入式(7.3)，则式(7.3)可表示成实虚部的形式：

$$
\begin{aligned}
x(\tau) &= \sum_{n=-\infty}^{\infty} \langle x \rangle_n \mathrm{e}^{\mathrm{j}n\omega\tau} \\
&= \langle x \rangle_0 + \sum_{n=1}^{\infty} \left(\langle x \rangle_n \mathrm{e}^{\mathrm{j}n\omega\tau} + \langle x \rangle_{-n} \mathrm{e}^{-\mathrm{j}n\omega\tau} \right) \\
&= \langle x \rangle_0 + 2\sum_{n=1}^{\infty} \left[\mathrm{Re}\langle x \rangle_n \cos(n\omega\tau) - \mathrm{Im}\langle x \rangle_n \sin(n\omega\tau) \right]
\end{aligned}
\tag{7.7}
$$

式中，$\langle x \rangle_0$ 代表直流分量。

将 $n=0$ 代入式(7.4)，可得

$$
\langle x \rangle_0 = \frac{1}{T} \int_{t}^{t+T} x(\tau)\mathrm{d}\tau
\tag{7.8}
$$

可见 $\langle x \rangle_0$ 表示信号 $x(t)$ 在一个周期内的平均值。

2)线性特性

两个信号作和后的叠加信号的傅里叶系数等于两个信号各自的傅里叶系数之和，即

$$
\langle x+u \rangle_n = \langle x \rangle_n + \langle u \rangle_n
\tag{7.9}
$$

3)微分特性

信号 $x(t)$ 的傅里叶系数 $\langle x \rangle_n$ 的导数可以表示为

$$
\frac{\mathrm{d}\langle x \rangle_n}{\mathrm{d}t} = \left\langle \frac{\mathrm{d}x}{\mathrm{d}t} \right\rangle - \mathrm{j}n\omega\langle x \rangle_n
\tag{7.10}
$$

4)卷积特性

两个信号的乘信号的傅里叶系数可以由两个信号各自的傅里叶系数按式(7.11)进行求解：

$$
\langle xu \rangle_n = \sum \langle x \rangle_{n-i}\langle u \rangle_i, \quad i = 0, \pm 1, \pm 2, \cdots
\tag{7.11}
$$

7.2 Boost 变换器统一建模

Boost 变换器电路及动态工作过程如图 7.1 所示。

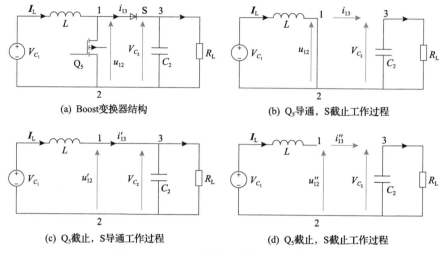

(a) Boost变换器结构　　　　　　　　　　(b) Q₅导通，S截止工作过程

(c) Q₅截止，S导通工作过程　　　　　　　(d) Q₅截止，S截止工作过程

图 7.1　Boost 变换器电路及动态工作过程

　　为了方便分析，假设 Boost 变换器电路中所有的开关元件及电感电容元件均是理想元件。

　　根据图 7.1，Boost 变换器的大致工作过程描述如下。在一个开关周期内，[0, t_1]的时间段内，开关管 Q_5 导通，与此同时二极管 S 截止，其中 $t_1=d_1 T$，此时 Boost 变换器的工作过程如图 7.1(b) 所示，输入电源 V_{C_1} 对电感 L 充电。在[t_1, t_2]时间段内，开关管 Q_5 截止，同时二极管 S 导通，其中 $t_2-t_1=d_2 T$，此时 Boost 变换器电路的工作过程如图 7.1(c) 所示，输入电源 V_{C_1} 和储能电感 L 一起向电容和负载供电。在[t_2, T]时间段内，开关管 Q_5 和二极管 S 同时截止，其中 $T-t_2=d_3 T$，此时 Boost 变换器进入 DCM，工作过程如图 7.1(d) 所示，电容将上一阶段储存的能量通过负载释放。d_1、d_2 和 d_3 的关系如下：

$$d_1 + d_2 + d_3 = 1 \tag{7.12}$$

　　根据 DC-DC 开关变换器 CCM 和 DCM 的统一建模思想，首先定义三个周期脉冲函数 $g_1(t)$、$g_2(t)$、$g_3(t)$，其表达式分别为

$$\begin{cases} g_1(t) = \varepsilon(t) - \varepsilon(t-t_1) \\ g_2(t) = \varepsilon(t-t_1) - \varepsilon(t-t_2) \\ g_3(t) = \varepsilon(t-t_2) - \varepsilon(t-T) \end{cases} \tag{7.13}$$

式中，$\varepsilon(t)$ 是单位阶跃函数。图 7.2 是三个周期脉冲函数的波形。

　　显然，$g_1(t)$、$g_2(t)$、$g_3(t)$ 分别表示 Boost 变换器上述三个阶段的工作时间。结合式(7.8)，可得 $g_1(t)$、$g_2(t)$、$g_3(t)$ 的零次谐波分量为

$$\langle g_1(t) \rangle_0 = d_1, \quad \langle g_2(t) \rangle_0 = d_2, \quad \langle g_3(t) \rangle_0 = d_3 \tag{7.14}$$

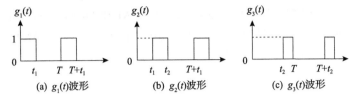

图 7.2　三个周期脉冲函数的波形

根据图 7.1 中 (c) 和 (d) 所示开关管 Q_5 截止时的工作状态，容易求得代表开关管 Q_5 的等效时变电压源 u_s 和代表二极管 S 的等效时变电流源 i_s 的大小，即

$$
\begin{cases}
u_s = u'_{12}g_2 + u''_{12}g_3 = V_{C_2}g_2 + V_{C_1}g_3 \\
i_s = i'_{13}g_2 + i''_{13}g_3 = I_L g_2
\end{cases}
\tag{7.15}
$$

用时变电压源 u_s 和时变电流源 i_s 分别替换变换器电路中的有源开关管 Q_5 和二极管 S，于是得到 Boost 变换器在 CCM 和 DCM 下的统一等效电路，如图 7.3 所示。

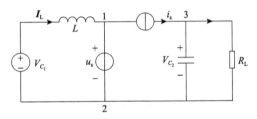

图 7.3　Boost 变换器统一等效电路

根据图 7.3 所示的 Boost 变换器统一等效电路,列写基尔霍夫电压方程和电流方程，可得

$$
\begin{cases}
L\dfrac{dI_L}{dt} = V_{C_1} - u_s = (1 - g_3)V_{C_1} - g_2 V_{C_2} \\
C_2\dfrac{dV_{C_2}}{dt} = g_2 I_L - \dfrac{V_{C_2}}{R_L}
\end{cases}
\tag{7.16}
$$

根据 GSSA 建模思想，经过滤波后的直流变量，由于纹波较小，采用零次谐波分量即可较好地近似。对式 (7.16) 两边的直流变量同时取零次谐波分量，可得 Boost 变换器在 CCM 和 DCM 下的统一模型为

$$
\begin{aligned}
\frac{d\langle I_L\rangle_0}{dt} &= \frac{1}{L}(1-d_3)\langle V_{C_1}\rangle_0 - \frac{1}{L}d_2\langle V_{C_2}\rangle_0 \\
\frac{d\langle V_{C_2}\rangle_0}{dt} &= \frac{1}{C_2}d_2\langle I_L\rangle_0 - \frac{1}{C_2 R_L}\langle V_{C_2}\rangle_0
\end{aligned}
\tag{7.17}
$$

式(4.69)和式(4.82)给出了 Boost 变换器 CCM 和 DCM 下的边界条件及当变换器工作在 DCM 时 d_2 的计算方法。当 Boost 变换器工作在 DCM 时，计算 d_2 要用到 DCM 变换器的一个重要参数 k，且有

$$k = \frac{2L}{R_L T_b} \tag{7.18}$$

当 $k > d_1(1-d_1)^2$ 时，Boost 变换器工作在 CCM；当 $k < d_1(1-d_1)^2$ 时，Boost 变换器工作在 DCM，则 d_2 的计算公式为

$$d_2 = \frac{k}{d_1}\frac{1+\sqrt{1+4d_1^2/k}}{2} \tag{7.19}$$

将 Boost 变换器 CCM 和 DCM 下的边界条件和相应占空比的计算公式整理成表 7.1。

表 7.1　Boost 变换器 d_2 和 d_3 的计算方法

工作模式	工作条件	d_2	d_3
CCM	$k > d_1(1-d_1)^2$	$1-d_1$	0
DCM	$k < d_1(1-d_1)^2$	$\frac{k}{d_1}\frac{1+\sqrt{1+4d_1^2/k}}{2}$	$1-d_1-d_2$

7.3　IPT 系统数学建模

典型 IPT 系统传输电路模型如图 7.4 所示。系统电源部分采用全桥高频逆变输出，补偿网络采用 S-S 型补偿结构。IPT 系统可分为原边和副边两部分，通过高频磁场耦合完成能量的传输。其中，原边部分包括直流输入 V_d，高频逆变环节 $Q_1 \sim Q_4$ 及串联谐振环节 L_P、C_P。高频逆变环节将直流输入转换为高频方波电压输出，而串联谐振环节主要用于将高频方波输入转换为高频正弦谐振电流，并在初级侧耦合线圈 L_P 周围产生高频磁场。处于邻近空间中的线圈 L_S 在高频磁场中产生感应电动势，并通过副边的串联谐振环节 L_S、C_S 产生谐振以提高功率传输能力。高频整流滤波环节主要用于将高频交流电转换成直流。Boost 变换器用来匹配最优负载阻抗。v_{C_P}、v_{C_S} 分别是初、次级侧补偿电容 C_P、C_S 的两端电压，i_P 和 i_S 分别是流经初、次级侧耦合线圈电感 L_P、L_S 的电流，R_P 和 R_S 分别是初、次级侧线圈的交流电阻，M 是线圈互感，V_{C_1} 是电容 C_1 两端电压，V_{C_2} 是电容 C_2 两端电压，I_L 是流经 Boost 变换器电感 L 的电流，I_{out} 是系统的输出电流，R_L 是蓄电池负载，d_1 是开关管 Q_5 的占空比。

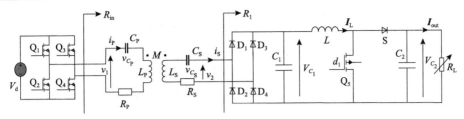

图 7.4　典型 IPT 系统传输电路模型

　　IPT 系统中原边部分的逆变环节和副边部分的整流环节均为开关非线性环节，为简化模型，需对这两部分进行线性化处理。为了得到逆变环节和整流环节各自输入、输出电压之间的关系，分别定义开关非线性函数 $S_1(t)$ 和 $S_2(t)$，则系统高频逆变方波电压 v_1 可表示为

$$v_1 = V_d S_1(t) \tag{7.20}$$

电容 C_1 两端电压近似为直流信号，仅考虑其直流分量，则整流桥前端输入电压 v_2 可表示为

$$v_2 = V_{C_1} S_2(t) \tag{7.21}$$

谐振状态下初级侧 v_1 电压基波分量为

$$\langle \dot{v}_1 \rangle_1 = i_P R_{in} \tag{7.22}$$

式中，R_{in} 是 IPT 系统的输入阻抗。

　　同样，在系统谐振状态下，v_2 电压基波分量为

$$\langle \dot{v}_2 \rangle_1 = i_S R_1 \tag{7.23}$$

式中，R_1 是系统次级侧的输入阻抗。

　　当 IPT 系统工作在谐振状态时，R_{in} 和 R_1 均呈纯阻性。又因为初级侧和次级侧电流 i_P 和 i_S 初相位相差 $90°$，根据式 (7.22) 和式 (7.23)，可知 v_1 和 v_2 初相位相差 $90°$。再结合式 (7.20) 和式 (7.21)，可得当 IPT 系统工作在谐振状态时，逆变环节的开关函数 $S_1(t)$ 和整流环节的开关函数 $S_2(t)$ 初相位相差 $90°$。

　　另外，整流输出电流 i_q 可表示为

$$i_q = i_S S_2(t) \tag{7.24}$$

　　基于以上分析，当 IPT 系统工作在谐振状态时，因为逆变环节的开关函数 $S_1(t)$ 应比整流环节的开关函数 $S_2(t)$ 初相位超前 $90°$，所以 $S_1(t)$ 和 $S_2(t)$ 的大致波形如图 7.5 所示。

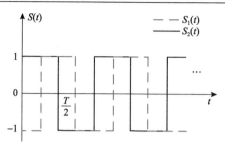

图 7.5　开关函数波形

由图 7.5 可定义开关函数 $S_1(t)$ 和 $S_2(t)$ 分别为

$$S_1(t) = \begin{cases} 1, & \left(m+\dfrac{1}{4}\right)T < t < \left(m+\dfrac{3}{4}\right)T, \ m \in \mathbf{N} \\ -1, & \left(m+\dfrac{3}{4}\right)T < t < \left(m+\dfrac{5}{4}\right)T, \ m \in \mathbf{N} \end{cases} \tag{7.25}$$

$$S_2(t) = S_1\left(t+\dfrac{T}{4}\right) = \begin{cases} 1, & mT < t < \dfrac{(2m+1)T}{2}, m \in \mathbf{N} \\ -1, & \dfrac{(2m+1)T}{2} < t < (m+1)T, m \in \mathbf{N} \end{cases}$$

式中，$S_1(t)$ 函数逻辑值为 1、–1，分别代表向谐振网络正向、反向注入能量；$S_2(t)$ 函数逻辑值为 1、–1，分别代表对整流网络输出的正向、反向电流。

为了简化模型，首先假定开关管是理想开关元件，可以实现瞬时导通和关断。选取 IPT 系统中的电容电压、电感电流作为状态变量。根据图 7.4，应用基尔霍夫电压定律和基尔霍夫电流定律列写电路微分方程，有

$$L_{\mathrm{P}}\frac{\mathrm{d}i_{\mathrm{P}}}{\mathrm{d}t} - M\frac{\mathrm{d}i_{\mathrm{S}}}{\mathrm{d}t} + v_{C_{\mathrm{P}}} + i_{\mathrm{P}}R_{\mathrm{P}} = V_{\mathrm{d}}S_1(t) \tag{7.26}$$

$$M\frac{\mathrm{d}i_{\mathrm{P}}}{\mathrm{d}t} - L_{\mathrm{S}}\frac{\mathrm{d}i_{\mathrm{S}}}{\mathrm{d}t} - v_{C_{\mathrm{S}}} - i_{\mathrm{S}}R_{\mathrm{S}} = V_{C_1}S_2(t) \tag{7.27}$$

$$C_{\mathrm{P}}\frac{\mathrm{d}v_{C_{\mathrm{P}}}}{\mathrm{d}t} = i_{\mathrm{P}} \tag{7.28}$$

$$C_{\mathrm{S}}\frac{\mathrm{d}v_{C_{\mathrm{S}}}}{\mathrm{d}t} = i_{\mathrm{S}} \tag{7.29}$$

$$C_1\frac{\mathrm{d}V_{C_1}}{\mathrm{d}t} = i_{\mathrm{S}}S_2(t) - I_{\mathrm{L}} \tag{7.30}$$

$$L\frac{\mathrm{d}I_{\mathrm{L}}}{\mathrm{d}t} = (1-d_3)V_{C_1} - d_2V_{C_2} \tag{7.31}$$

$$C_2\frac{\mathrm{d}V_{C_2}}{\mathrm{d}t} = d_2I_{\mathrm{L}} - \frac{V_{C_2}}{R_{\mathrm{L}}} \tag{7.32}$$

依次求解式(7.26)~式(7.32)，系统的状态微分方程为

$$\begin{cases}
\dfrac{\mathrm{d}i_{\mathrm{P}}}{\mathrm{d}t} = \dfrac{-L_{\mathrm{S}}v_{C_{\mathrm{P}}} - Mv_{C_{\mathrm{S}}} - L_{\mathrm{S}}R_{\mathrm{P}}i_{\mathrm{P}} - MR_{\mathrm{S}}i_{\mathrm{S}} + L_{\mathrm{S}}V_{\mathrm{d}}S_1(t) - MV_{C_1}S_2(t)}{L_{\mathrm{P}}L_{\mathrm{S}} - M^2} \\[3mm]
\dfrac{\mathrm{d}i_{\mathrm{S}}}{\mathrm{d}t} = \dfrac{-Mv_{C_{\mathrm{P}}} - L_{\mathrm{P}}v_{C_{\mathrm{S}}} - MR_{\mathrm{P}}i_{\mathrm{P}} - L_{\mathrm{P}}R_{\mathrm{S}}i_{\mathrm{S}} + MV_{\mathrm{d}}S_1(t) - L_{\mathrm{P}}V_{C_1}S_2(t)}{L_{\mathrm{P}}L_{\mathrm{S}} - M^2} \\[3mm]
\dfrac{\mathrm{d}v_{C_{\mathrm{P}}}}{\mathrm{d}t} = \dfrac{1}{C_{\mathrm{P}}}i_{\mathrm{P}} \\[3mm]
\dfrac{\mathrm{d}v_{C_{\mathrm{S}}}}{\mathrm{d}t} = \dfrac{1}{C_{\mathrm{S}}}i_{\mathrm{S}} \\[3mm]
\dfrac{\mathrm{d}V_{C_1}}{\mathrm{d}t} = \dfrac{1}{C_1}[S_2(t)i_{\mathrm{S}}] - \dfrac{1}{C_1}I_{\mathrm{L}} \\[3mm]
\dfrac{\mathrm{d}I_{\mathrm{L}}}{\mathrm{d}t} = \dfrac{1}{L}(1-d_3)V_{C_1} - \dfrac{1}{L}d_2V_{C_2} \\[3mm]
\dfrac{\mathrm{d}V_{C_2}}{\mathrm{d}t} = \dfrac{1}{C_2}d_2I_{\mathrm{L}} - \dfrac{1}{C_2R_{\mathrm{L}}}V_{C_2}
\end{cases} \tag{7.33}$$

$$\begin{cases}
i_{\mathrm{P}}(t) = \langle i_{\mathrm{P}}\rangle_1\mathrm{e}^{\mathrm{j}\omega_0 t} + \langle i_{\mathrm{P}}\rangle_{-1}\mathrm{e}^{-\mathrm{j}\omega_0 t} = 2\operatorname{Re}\langle i_{\mathrm{P}}\rangle_1\cos(\omega_0 t) - 2\operatorname{Im}\langle i_{\mathrm{P}}\rangle_1\sin(\omega_0 t) \\[2mm]
i_{\mathrm{S}}(t) = \langle i_{\mathrm{S}}\rangle_1\mathrm{e}^{\mathrm{j}\omega_0 t} + \langle i_{\mathrm{S}}\rangle_{-1}\mathrm{e}^{-\mathrm{j}\omega_0 t} = 2\operatorname{Re}\langle i_{\mathrm{S}}\rangle_1\cos(\omega_0 t) - 2\operatorname{Im}\langle i_{\mathrm{S}}\rangle_1\sin(\omega_0 t) \\[2mm]
v_{C_{\mathrm{P}}}(t) = \langle v_{C_{\mathrm{P}}}\rangle_1\mathrm{e}^{\mathrm{j}\omega_0 t} + \langle v_{C_{\mathrm{P}}}\rangle_{-1}\mathrm{e}^{-\mathrm{j}\omega_0 t} = 2\operatorname{Re}\langle v_{C_{\mathrm{P}}}\rangle_1\cos(\omega_0 t) - 2\operatorname{Im}\langle v_{C_{\mathrm{P}}}\rangle_1\sin(\omega_0 t) \\[2mm]
v_{C_{\mathrm{S}}}(t) = \langle v_{C_{\mathrm{S}}}\rangle_1\mathrm{e}^{\mathrm{j}\omega_0 t} + \langle v_{C_{\mathrm{S}}}\rangle_{-1}\mathrm{e}^{-\mathrm{j}\omega_0 t} = 2\operatorname{Re}\langle v_{C_{\mathrm{S}}}\rangle_1\cos(\omega_0 t) - 2\operatorname{Im}\langle v_{C_{\mathrm{S}}}\rangle_1\sin(\omega_0 t) \\[2mm]
V_{C_1}(t) = \langle V_{C_1}\rangle_0 \\[2mm]
I_{\mathrm{L}}(t) = \langle I_{\mathrm{L}}\rangle_0 \\[2mm]
V_{C_2}(t) = \langle V_{C_2}\rangle_0
\end{cases} \tag{7.34}$$

根据 GSSA 建模思想，将式(7.33)中的电容电压变量和电感电流变量按傅里叶级数展开，由傅里叶系数的计算表达式(7.4)可知，直流变量的奇次谐波分量和交流变量的偶次谐波分量都近似为零。当系统工作在固有谐振频率点 ω_0 附近时，交流变量具有准正弦波振荡特性，采用一次谐波分量即可较好地近似。而对于经过滤波后的直流变量，由于纹波较小，采用零次谐波分量即可较好地近似。因此，

由式(7.6)或式(7.7)所示的交流变量经傅里叶级数展开后其奇次谐波分量的共轭对称特性以及傅里叶系数的实虚部表示形式，可进一步将各电路变量表示成与各傅里叶系数实虚部相关的形式，即式(7.34)。

若要求解式(7.34)得到各变量的时域表达式，则只需求解各变量的傅里叶系数在频域上的实虚部变量 $\mathrm{Re}\langle x\rangle_n$ 和 $\mathrm{Im}\langle x\rangle_n$，即可得到共轭对称的谐波分量 $\langle x\rangle_n$，进而可以根据式(7.34)还原对应的时域交流变量。因此，应选取 GSSA 模型的状态变量 $x(t)$ 为

$$
\begin{aligned}
x(t) = [&\mathrm{Re}\langle i_\mathrm{P}\rangle_1, \mathrm{Im}\langle i_\mathrm{P}\rangle_1, \mathrm{Re}\langle i_\mathrm{S}\rangle_1, \mathrm{Im}\langle i_\mathrm{S}\rangle_1, \mathrm{Re}\langle v_{C_\mathrm{P}}\rangle_1, \mathrm{Im}\langle v_{C_\mathrm{P}}\rangle_1, \\
&\mathrm{Re}\langle v_{C_\mathrm{S}}\rangle_1, \mathrm{Im}\langle v_{C_\mathrm{S}}\rangle_1, \langle V_{C_1}\rangle_0, \langle I_\mathrm{L}\rangle_0, \langle V_{C_2}\rangle_0]
\end{aligned}
\tag{7.35}
$$

由式(7.34)可知，通过状态变量可以求解出各电路变量的时域波形，需出现傅里叶系数 $\langle x\rangle_n$ ($n=0$ 或者 1)的形式。因此，由式(7.10)所示傅里叶系数的微分特性，将式(7.33)的等式两边直流变量同时取零次谐波分量近似，交流变量同时取一次谐波分量近似，式(7.33)可转换为以各阶谐波分量为系统变量的频域微分方程，即

$$
\begin{cases}
\dfrac{\mathrm{d}\langle i_\mathrm{P}\rangle_1}{\mathrm{d}t} = -\mathrm{j}\omega\langle i_\mathrm{P}\rangle_1 + \dfrac{1}{\varPhi}(-L_\mathrm{S}R_\mathrm{P}\langle i_\mathrm{P}\rangle_1 - MR_\mathrm{S}\langle i_\mathrm{S}\rangle_1 - L_\mathrm{S}\langle v_{C_\mathrm{P}}\rangle_1 \\
\qquad\qquad - M\langle v_{C_\mathrm{S}}\rangle_1 + L_\mathrm{S}\langle V_\mathrm{d}\rangle_0\langle S_1(t)\rangle_1 - M\langle V_{C_1}\rangle_0\langle S_2(t)\rangle_1) \\[2mm]
\dfrac{\mathrm{d}\langle i_\mathrm{S}\rangle_1}{\mathrm{d}t} = -\mathrm{j}\omega\langle i_\mathrm{S}\rangle_1 + \dfrac{1}{\varPhi}(-MR_\mathrm{P}\langle i_\mathrm{P}\rangle_1 - L_\mathrm{P}R_\mathrm{S}\langle i_\mathrm{S}\rangle_1 - M\langle v_{C_\mathrm{P}}\rangle_1 \\
\qquad\qquad - L_\mathrm{P}\langle v_{C_\mathrm{S}}\rangle_1 + M\langle V_\mathrm{d}\rangle_0\langle S_1(t)\rangle_1 - L_\mathrm{P}\langle V_{C_1}\rangle_0\langle S_2(t)\rangle_1) \\[2mm]
\dfrac{\mathrm{d}\langle v_{C_\mathrm{P}}\rangle_1}{\mathrm{d}t} = -\mathrm{j}\omega\langle v_{C_\mathrm{P}}\rangle_1 + \dfrac{1}{C_\mathrm{P}}\langle i_\mathrm{P}\rangle_1 \\[2mm]
\dfrac{\mathrm{d}\langle v_{C_\mathrm{S}}\rangle_1}{\mathrm{d}t} = -\mathrm{j}\omega\langle v_{C_\mathrm{S}}\rangle_1 + \dfrac{1}{C_\mathrm{S}}\langle i_\mathrm{S}\rangle_1 \\[2mm]
\dfrac{\mathrm{d}\langle V_{C_1}\rangle_0}{\mathrm{d}t} = \dfrac{1}{C_1}\langle S_2(t)i_\mathrm{S}\rangle_0 - \dfrac{1}{C_1}\langle I_\mathrm{L}\rangle_0 \\[2mm]
\dfrac{\mathrm{d}\langle I_\mathrm{L}\rangle_0}{\mathrm{d}t} = \dfrac{1}{L}(1-d_3)\langle V_{C_1}\rangle_0 - \dfrac{1}{L}d_2\langle V_{C_2}\rangle_0 \\[2mm]
\dfrac{\mathrm{d}\langle V_{C_2}\rangle_0}{\mathrm{d}t} = \dfrac{1}{C_2}d_2\langle I_\mathrm{L}\rangle_0 - \dfrac{1}{C_2R_\mathrm{L}}\langle V_{C_2}\rangle_0
\end{cases}
\tag{7.36}
$$

式中，$\varPhi = L_\mathrm{P}L_\mathrm{S} - M^2$。

根据式(7.25)所示开关函数 $S_1(t)$ 和 $S_2(t)$ 的时域表达式，结合式(7.4)所示的傅里叶系数计算公式，可得

$$\langle S_1(t)\rangle_k = \frac{1}{T}\int_T S_1(t)\mathrm{e}^{-\mathrm{j}k\omega t}\,\mathrm{d}t$$

$$= \frac{1}{T}\left\{\int_{(m+1/4)T}^{(m+3/4)T}[\cos(k\omega t)-\mathrm{j}\sin(k\omega t)]\mathrm{d}t - \int_{(m+3/4)T}^{(m+5/4)T}[\cos(k\omega t)-\mathrm{j}\sin(k\omega t)]\mathrm{d}t\right\}$$

$$= \begin{cases} -\dfrac{2}{k\pi}, & k\text{为奇数} \\[2mm] 0, & k\text{为偶数} \end{cases}$$

$$\langle S_2(t)\rangle_k = \frac{1}{T}\int_T S_2(t)\mathrm{e}^{-\mathrm{j}k\omega t}\,\mathrm{d}t$$

$$= \frac{1}{T}\left\{\int_{mT}^{(2m+1)T/2}[\cos(k\omega t)-\mathrm{j}\sin(k\omega t)]\mathrm{d}t - \int_{(2m+1)T/2}^{(m+1)T}[\cos(k\omega t)-\mathrm{j}\sin(k\omega t)]\mathrm{d}t\right\}$$

$$= \begin{cases} -\mathrm{j}\dfrac{2}{k\pi}, & k\text{为奇数} \\[2mm] 0, & k\text{为偶数} \end{cases} \tag{7.37}$$

根据式 (7.11) 所示傅里叶系数的卷积特性, 结合式 (7.37) 可将式 (7.36) 中的非线性项进行近似线性化处理, 实现系统变量和开关非线性函数的解耦, 有

$$\langle S_2(t)i_S\rangle_0 = \sum_{i=0,\pm1,\pm2}\langle S_2(t)\rangle_{-i}\langle i_S\rangle_i \tag{7.38}$$
$$= \langle S_2(t)\rangle_1\langle i_S\rangle_{-1} + \langle S_2(t)\rangle_{-1}\langle i_S\rangle_1$$

将式 (7.37) 和式 (7.38) 代入式 (7.36), 再将式 (7.36) 中各变量的傅里叶系数按式 (7.6) 进行实虚部展开, 根据公式

$$\frac{\mathrm{d}\,\mathrm{Re}\langle x\rangle_1}{\mathrm{d}t} = \mathrm{Re}\frac{\mathrm{d}\langle x\rangle_1}{\mathrm{d}t}, \quad \frac{\mathrm{d}\,\mathrm{Im}\langle x\rangle_1}{\mathrm{d}t} = \mathrm{Im}\frac{\mathrm{d}\langle x\rangle_1}{\mathrm{d}t} \tag{7.39}$$

可得

$$\begin{cases} \dfrac{\mathrm{d}\,\mathrm{Re}\langle v_{C_P}\rangle_1}{\mathrm{d}t} = \omega\,\mathrm{Im}\langle v_{C_P}\rangle_1 + \dfrac{1}{C_P}\mathrm{Re}\langle i_P\rangle_1 \\[3mm] \dfrac{\mathrm{d}\,\mathrm{Im}\langle v_{C_P}\rangle_1}{\mathrm{d}t} = -\omega\,\mathrm{Re}\langle v_{C_P}\rangle_1 + \dfrac{1}{C_P}\mathrm{Im}\langle i_P\rangle_1 \\[3mm] \dfrac{\mathrm{d}\,\mathrm{Re}\langle v_{C_S}\rangle_1}{\mathrm{d}t} = \omega\,\mathrm{Im}\langle v_{C_S}\rangle_1 + \dfrac{1}{C_S}\mathrm{Re}\langle i_S\rangle_1 \\[3mm] \dfrac{\mathrm{d}\,\mathrm{Im}\langle v_{C_S}\rangle_1}{\mathrm{d}t} = -\omega\,\mathrm{Re}\langle v_{C_S}\rangle_1 + \dfrac{1}{C_S}\mathrm{Im}\langle i_S\rangle_1 \end{cases}$$

$$\begin{cases} \dfrac{\mathrm{d}\langle V_{C_1}\rangle_0}{\mathrm{d}t} = -\dfrac{4}{\pi C_1}\mathrm{Im}\langle i_S\rangle_1 - \dfrac{1}{C_1}\langle I_L\rangle_0 \\[3mm] \dfrac{\mathrm{d}\langle I_L\rangle_0}{\mathrm{d}t} = \dfrac{1}{L}(1-d_3)\langle V_{C_1}\rangle_0 - \dfrac{1}{L}d_2\langle V_{C_2}\rangle_0 \\[3mm] \dfrac{\mathrm{d}\langle V_{C_2}\rangle_0}{\mathrm{d}t} = \dfrac{1}{C_2}d_2\langle I_L\rangle_0 - \dfrac{1}{C_2 R_L}\langle V_{C_2}\rangle_0 \end{cases} \tag{7.40}$$

选取直流电压输入 V_d 作为系统的输入变量，电池负载两端的电流作为输出变量。基于系统频域微分方程与选取的状态变量、输入变量、输出变量，建立系统状态空间模型为

$$\begin{cases} \dot{\boldsymbol{x}} = \boldsymbol{A}\boldsymbol{x} + \boldsymbol{B}u \\ y = \boldsymbol{C}\boldsymbol{x} + \boldsymbol{D}u \end{cases} \tag{7.41}$$

式中，$\boldsymbol{A}$、$\boldsymbol{B}$ 分别为系统的状态矩阵与输入矩阵；$\boldsymbol{C}$、$\boldsymbol{D}$ 分别为系统的输出矩阵和前馈矩阵。

由频域微分方程(7.40)可求解出式(7.41)中的 $\boldsymbol{A}$、$\boldsymbol{B}$、$\boldsymbol{C}$、$\boldsymbol{D}$ 矩阵分别为

$$\boldsymbol{A} = \begin{bmatrix} -\dfrac{L_S R_P}{\varPhi} & \omega & -\dfrac{MR_S}{\varPhi} & 0 & -\dfrac{L_S}{\varPhi} & 0 & -\dfrac{M}{\varPhi} & 0 & 0 & 0 & 0 \\[3mm] -\omega & -\dfrac{L_S R_P}{\varPhi} & 0 & -\dfrac{MR_S}{\varPhi} & 0 & -\dfrac{L_S}{\varPhi} & 0 & -\dfrac{M}{\varPhi} & \dfrac{2M}{\pi\varPhi} & 0 & 0 \\[3mm] -\dfrac{MR_P}{\varPhi} & 0 & -\dfrac{L_P R_S}{\varPhi} & \omega & -\dfrac{M}{\varPhi} & 0 & -\dfrac{L_P}{\varPhi} & 0 & 0 & 0 & 0 \\[3mm] 0 & -\dfrac{MR_P}{\varPhi} & -\omega & -\dfrac{L_P R_S}{\varPhi} & 0 & -\dfrac{M}{\varPhi} & 0 & -\dfrac{L_P}{\varPhi} & \dfrac{2L_P}{\pi\varPhi} & 0 & 0 \\[3mm] \dfrac{1}{C_P} & 0 & 0 & 0 & 0 & \omega & 0 & 0 & 0 & 0 & 0 \\[3mm] 0 & \dfrac{1}{C_P} & 0 & 0 & -\omega & 0 & 0 & 0 & 0 & 0 & 0 \\[3mm] 0 & 0 & \dfrac{1}{C_S} & 0 & 0 & 0 & 0 & \omega & 0 & 0 & 0 \\[3mm] 0 & 0 & 0 & \dfrac{1}{C_S} & 0 & 0 & -\omega & 0 & 0 & 0 & 0 \\[3mm] 0 & 0 & 0 & -\dfrac{4}{\pi C_1} & 0 & 0 & 0 & 0 & 0 & -\dfrac{1}{C_1} & 0 \\[3mm] 0 & 0 & 0 & 0 & 0 & 0 & 0 & 0 & \dfrac{1-d_3}{L} & 0 & -\dfrac{d_2}{L} \\[3mm] 0 & 0 & 0 & 0 & 0 & 0 & 0 & 0 & 0 & \dfrac{d_2}{C_2} & -\dfrac{1}{C_2 R_L} \end{bmatrix}$$

$$B = \left[-\frac{2L_S}{\pi \Phi} \quad 0 \quad -\frac{2M}{\pi \Phi} \quad 0 \quad 0 \quad 0 \quad 0 \quad 0 \quad 0 \quad 0 \right]^{\mathrm{T}} \tag{7.42}$$

$$C = \begin{bmatrix} 0 & 0 & 0 & 0 & 0 & 0 & 0 & 0 & 0 & 0 & 1/R_L \end{bmatrix}$$

$$D = [0]$$

7.4　模　型　仿　真

为验证基于 GSSA 建立的系统模型是否与实际电路模型匹配,进行模型仿真验证,仿真参数如表 7.2 所示,初、次级侧电路均处在谐振状态。模型验证的基本思路是:首先在 Simulink 中按图 7.4 搭建完整 IPT 系统的电路模型,按表 7.2 设置各电路变量的参数,通过仿真可以得到电路中电容电压及电感电流的时域波形,然后按表 7.2 计算式(7.41)中的具体参数,从而得到此时系统的解析模型,通过 GSSA 模型求解各电路变量的时域波形,对两者进行比较。

表 7.2　系统仿真参数

参数	数值
初级侧线圈自感 L_P	60μH
次级侧线圈自感 L_S	60μH
初级侧补偿电容 C_P	10.56nF
次级侧补偿电容 C_S	10.56nF
初级侧线圈交流电阻 R_P	1.1Ω
次级侧线圈交流电阻 R_S	1.1Ω
系统工作频率 f	200kHz
耦合线圈互感 M	10μH
滤波电容 C_1	1000μF
Boost 变换器储能电感 L	100μH,10μH
Boost 变换器电容 C_2	200μF
Boost 变换器占空比 d_1	0.5
输入直流电压 V_d	100V
Boost 变换器开关频率 f_{mos}	50kHz
负载电阻 R_L	30Ω,300Ω

当设置 L=100μH、负载电阻 R_L=30Ω 时，IPT 系统工作在 CCM。图 7.6～图 7.12 是 CCM 下由电路模型仿真和 GSSA 解析模型求解得到的各电路变量的时域波形，实线是 Simulink 电路模型仿真的结果，虚线是 GSSA 模型的计算结果。

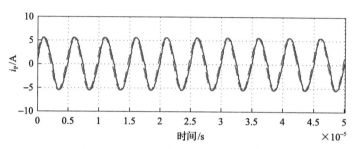

图 7.6　CCM 下初级侧电感电流波形

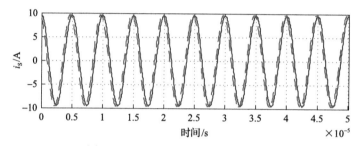

图 7.7　CCM 下次级侧电感电流波形

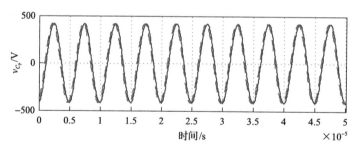

图 7.8　CCM 下初级侧补偿电容电压波形

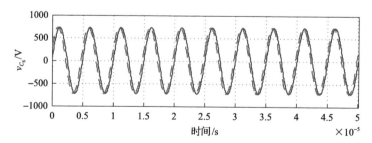

图 7.9　CCM 下次级侧补偿电容电压波形

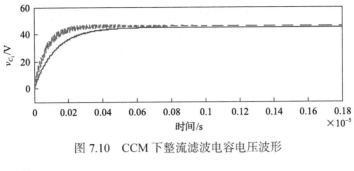

图 7.10　CCM 下整流滤波电容电压波形

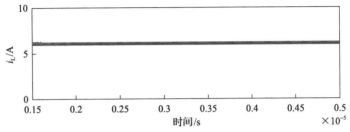

图 7.11　CCM 下 Boost 变换器储能电感电流波形

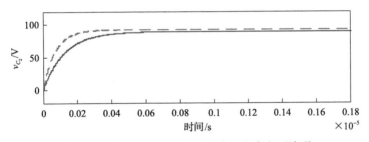

图 7.12　CCM 下 Boost 变换器稳压电容电压波形

由图可见，当 Boost 变换器工作在 CCM 时，由 Simulink 电路模型仿真得到的各电路变量的时域波形与通过 GSSA 模型求解得到的时域波形基本吻合，包括幅值和相位。

当设置电感 L=10μH、负载电阻 R_L=300Ω 时，IPT 系统工作在 DCM。图 7.13～图 7.19 是 DCM 下由电路模型仿真和 GSSA 解析模型求解得到的各电路变量的时域波形，实线是 Simulink 电路模型仿真的结果，虚线是 GSSA 模型的计算结果。

可见，当 Boost 变换器工作在 DCM 时，同样由 Simulink 电路模型仿真得到的各电路变量的时域波形与通过 GSSA 模型求解得到的时域波形基本一致，包括幅值和相位。需要说明的是，图 7.18 中 DCM 下的 Boost 变换器储能电感电流波形，曲线结果没有重合，是因为 Boost 变换器储能电感电流在前面的建模过程中被当成直流分量进行了处理。

以上的仿真结果说明，无论 Boost 变换器工作在 CCM 还是 DCM，式(7.41)和式(7.42)所示 GSSA 模型均能对 IPT 系统进行完整准确的描述，是行之有效的建模方法；同时，也验证了 Boost 变换器在 CCM 和 DCM 下进行统一建模的正确性。

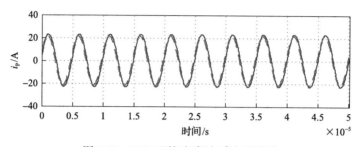

图 7.13　DCM 下初级侧电感电流波形

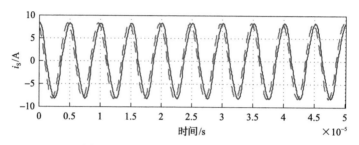

图 7.14　DCM 下次级侧电感电流波形

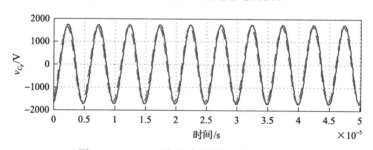

图 7.15　DCM 下初级侧补偿电容电压波形

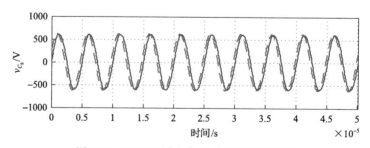

图 7.16　DCM 下次级侧补偿电容电压波形

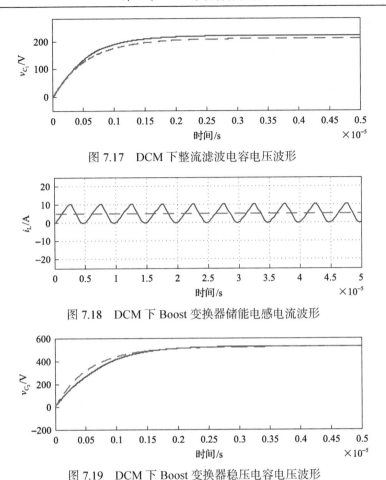

图 7.17　DCM 下整流滤波电容电压波形

图 7.18　DCM 下 Boost 变换器储能电感电流波形

图 7.19　DCM 下 Boost 变换器稳压电容电压波形

7.5　IPT 系统恒流充电控制器设计

在调节 Boost 变换器占空比的同时，负载端的充电电流会发生变化，这不符合电池恒流充电的要求，本节基于 7.2 节～7.4 节建立的系统模型设计稳流控制器。另外，负载的摄动以及系统工作频率的漂移，使得系统模型中存在不确定因素。因此，所设计的控制器不仅要具有良好的稳态特性和动态特性，而且对于参数摄动应具有一定的鲁棒性和干扰抑制能力。本节首先采用 PID 控制器，设计并分析系统性能；然后根据线性分式变换将系统模型中的确定部分与不确定部分进行分离；接着根据摄动模型，针对性地采用鲁棒控制器设计方法，分析系统的标称性能，并利用 μ 分析方法在频域上分析讨论系统的稳定性和鲁棒性能；最后采用电路仿真，从参考输入追踪性能、负载摄动和干扰抑制三个方面分析、验证控制器的控制效果。

7.5.1　IPT 系统控制问题描述

在 IPT 系统对电池充电的过程中，电池等效负载变动会导致系统传输效率下降。当电池等效负载变动时，通过调节 Boost 变换器的占空比可以使得 Boost 变换器前端的输入阻抗始终保持不变，从而稳定系统传输效率。然而在调节占空比的同时会引起电池充电电流的变化，从而不满足电池的充电要求。为了稳定充电电流，需要设计控制器调节初级侧电源输入电压。图 7.20 是 IPT 系统的控制示意图。

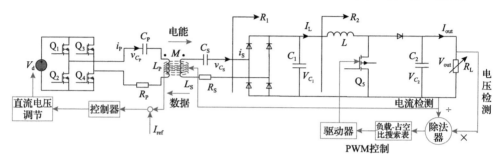

图 7.20　IPT 系统的控制示意图

为了使负载充电电流 I_{out} 始终追踪参考充电电流 I_{ref}，绘制如图 7.21 所示的系统控制示意框图。控制器 $G_c(s)$ 根据输出电流 I_{out} 和参考充电电流 I_{ref} 之间的误差信号 $e(t)$ 调节 IPT 系统的输入直流电压 V_d，从而稳定输出电流。

图 7.21　系统控制示意框图

PID 控制器具有设计简便、控制效果好、工程应用广等优点，因此首先设计 PID 控制器，然后针对图 7.21 所示的 IPT 系统进行恒流控制器设计与分析。该 IPT 系统的电路参数设置如表 7.2 所示，负载阻抗 R_L 为 30Ω。

7.5.2　系统 PID 控制器设计

PID 控制器参数整定的方法主要可以分为理论计算和工程整定。理论计算即依据系统数学模型，经过理论计算来确定控制器参数；工程整定是按照工程经验公式对控制器参数进行整定。这两种方法所得到的控制器参数，都需要在实际运行中进行最后的调整和完善。

在工程整定方法中，Z-N(Ziegler-Nichols)方法是最常用的 PID 参数整定方法，分为基于时域的整定方法和基于频域的整定方法。其中，基于时域的整定方法又可分为基于阶跃响应曲线的开环 Z-N 方法和基于临界振荡的闭环 Z-N 方法。开环 Z-N 方法要求系统阶跃响应曲线呈 S 形，闭环 Z-N 方法是一种利用控制系统临界振荡特性的方法。由如图 7.22 所示的 IPT 系统阶跃响应曲线可知，基于时域的整定方法并不适用。基于频域的整定方法需要知道 IPT 系统的幅值裕度和相角裕度，原 IPT 系统的开环 Bode 图如图 7.23 所示，幅值裕度为 22.3dB，相角交界频率为 7900rad/s，因此基于频域的整定方法适用于 IPT 系统的 PID 控制器设计。

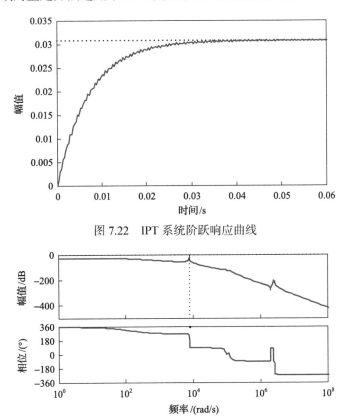

图 7.22　IPT 系统阶跃响应曲线

图 7.23　原 IPT 系统的开环 Bode 图

1. 基于频域的整定方法的 PID 控制器设计

表 7.3 为基于频域的整定方法参数表。基于频域的整定方法的 PID 参数整定首先需要求取原系统的稳定裕度参数。由图 7.23 可知，原 IPT 系统的幅值裕度为 22.3dB，则 $K_c=13.0317$。系统相角交界频率 ω_x 为 7900rad/s，则 $T_c=2\pi/\omega_x=0.0007953$s。之后即可按照表 7.3 计算不同控制器的参数。因为原 IPT 系统是 0 型系统，所以要求校正后系统阶跃无差，应该包含一个纯积分环节。

表 7.3　基于频域的整定方法参数表

控制器类型	整定参数
P	$K_p=0.5K_c$
PI	$K_p=0.4K_c, T_i=0.8T_c$
PID	$K_p=0.6K_c, T_i=0.5T_c, T_d=0.12T_c$

根据表 7.3 设计 PI 控制器，$K_p=5.21268$，$T_i=0.00063624$，则有

$$G_{PI}(s) = K_p\left(1+\frac{1}{T_i s}\right) = 5.21268 + \frac{8192.946}{s} \tag{7.43}$$

根据表 7.3 设计 PID 控制器，$K_p=7.81902$，$T_i=0.00039765$，$T_d=0.000095436$，则有

$$G_{PID}(s) = K_p\left(1+\frac{1}{T_i s}+T_d s\right) = 7.81902 + \frac{19663.071}{s} + 0.0007462s \tag{7.44}$$

2. 基于 Bode 图的相位超前校正

将矩阵(7.42)的状态空间模型转换成传递函数阵，计算原 IPT 系统开环增益 $K_0=0.03075$。设计校正后系统的性能指标满足：稳态速度误差 $e_{ssv} \leqslant 0.0065$，幅值裕度 $h^* \geqslant 45\text{dB}$，相角裕度 $\gamma^* \geqslant 60°$。

(1)根据稳态速度误差要求：

$$e_{ssv} = \frac{1}{K^*} = \frac{1}{K_c \cdot K_0} = \frac{1}{K_c \cdot 0.03075} \leqslant 0.0065$$

可得控制器开环增益 K_c 为

$$K_c \geqslant 5003.1 \tag{7.45}$$

(2)为校正方便起见，将 K_c 和纯积分环节放在原 IPT 系统中进行考虑，设计相位超前网络，此时 IPT 系统 Bode 图如图 7.24 所示。幅值裕度 h 为 57dB，相位裕度 γ 为 49.6°。因为 $\gamma < \gamma^*$，考虑使用超前校正。在增加超前校正装置后，幅值穿越频率会向右方移动，从而减小相位裕度，因此在计算最大相位超前量 φ_m 时，应额外增加 5°~12°。

那么，需要对系统增加的最大相位超前量 φ_m 为

$$\varphi_m = \gamma^* - \gamma + 10° = 20.4° \tag{7.46}$$

(3)校正器衰减因子 α 为

$$\alpha = \frac{1 + \sin\varphi_{\mathrm{m}}}{1 - \sin\varphi_{\mathrm{m}}} = 2.0702 \tag{7.47}$$

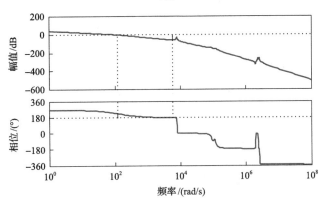

图 7.24　加入 K_{c} 和纯积分环节后 IPT 系统 Bode 图

（4）确定最大超前频率 ω_{m}。取原系统幅值为 $L(\omega_{\mathrm{m}}) = -10\lg\alpha$ 的频率 ω_{m} 作为校正后系统的截止频率 ω_{c}，则 $\omega_{\mathrm{m}}=150.8299\mathrm{rad/s}$。

（5）确定校正网络的参数 T，有

$$T = \frac{1}{\omega_{\mathrm{m}}\sqrt{\alpha}} = 0.004608\mathrm{s} \tag{7.48}$$

（6）由超前网络参数 α 和 T 得到校正器：

$$G_{\mathrm{cq}}(s) = \frac{\alpha Ts + 1}{Ts + 1} = \frac{0.009539s + 1}{0.004608s + 1} \tag{7.49}$$

（7）绘制校正后系统的 Bode 图，如图 7.25 所示。由图可知，校正后系统的幅值裕度为 48.3dB，相角裕度为 63°，符合设计指标要求。

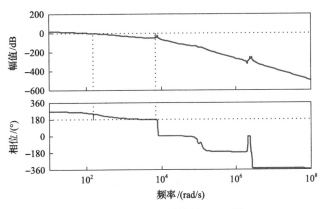

图 7.25　校正后系统的 Bode 图

将 K_c 和纯积分环节恢复到控制器中，则完整的控制器为

$$G_c(s) = \frac{K_c}{s} \cdot G_{cq}(s) = \frac{47.9812s + 5030}{0.004608s^2 + s} \tag{7.50}$$

3. PID 控制器的性能分析

图 7.26 是设计的三种控制器的控制效果比较。实线表示 Z-N 方法设计的 PI 控制器闭环系统的单位阶跃响应，点划线代表 Z-N 方法设计的 PID 控制器闭环系统的单位阶跃响应，虚线是基于 Bode 图超前网络校正设计的控制器闭环系统的单位阶跃响应。在三种控制器中，Z-N 方法设计的 PID 控制器的超调量最大且调节时间较长，基于 Bode 图超前网络校正设计的控制器的校正效果最好，超调量最小且调节时间最短。下面将基于 PI 控制器和超前网络控制器进行鲁棒性分析。

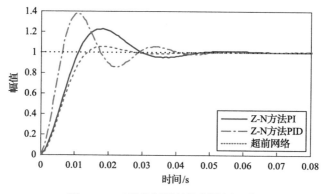

图 7.26　三种控制器的控制效果比较

图 7.27 是基于 PI 控制器和超前网络控制器闭环系统的单位阶跃响应。实线表示基于 PI 控制器闭环系统的单位阶跃响应，虚线表示超前网络控制器闭环系统

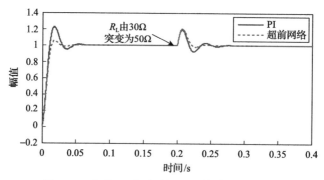

图 7.27　负载 R_L 变动时闭环系统单位阶跃响应

的单位阶跃响应，在 0.2s 时刻，IPT 系统 R_L 由 30Ω 突变为 50Ω，如果调节时间以终值的 ±2% 误差带定义，负载变动时两者偏离稳定值的幅度基本相同，PI 控制器从开始抖动到再次稳定经历了 0.2467s，而超前网络控制器经历了 0.22s。因此，基于 Bode 图超前网络校正设计的控制器对负载参数变动的适应能力较强，即鲁棒性较强。

7.5.3　系统鲁棒控制器设计

在系统充电过程中，电池等效负载 R_L 会发生变动，与此同时，系统的工作频率 ω 总是伴随负载的变化发生摄动，影响系统的稳定性和动态性能。IPT 系统的 GSSA 模型状态矩阵 A 中包含摄动参数 ω 和 R_L，因此系统模型具有一定的参数不确定性，即系统对象模型 G 存在一定的误差 ΔG，这一误差可能给控制器设计，尤其是传统控制器设计带来灾害性的后果。H_∞ 鲁棒控制的目的就是解决这一误差带来的影响问题。H_∞ 鲁棒控制通过标称模型 G 来设计控制器，并且保证标称模型 G 对实际对象 $G+\Delta G$ 具有较好的控制效果，其设计依据是使某一目标函数的 H_∞ 范数最小。由 H_∞ 范数的定义可知，它反映了输出信号和输入信号能量之比，即系统能量增益的上界。由 H_∞ 范数的计算表达式可知，矩阵的 H_∞ 范数是其在右半开平面上最大奇异值的上界。因此，要想抑制干扰对输出或者控制量的影响，可设计 H_∞ 鲁棒控制器使得相应闭环传递函数的 H_∞ 范数极小。

1. 系统不确定性模型建立

图 7.28 是 IPT 系统 GSSA 模型示意图，虚线框中是摄动参数。下面先对 IPT

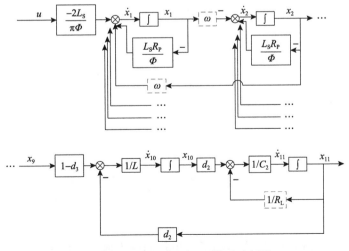

图 7.28　IPT 系统 GSSA 模型示意图

系统进行参数摄动下的不确定性建模，不确定性参数为工作频率 ω 和负载 R_L。

这两个摄动参数可以分别表示为

$$
\begin{aligned}
\omega &= \omega_0(1 + p_\omega \delta_\omega) \\
R_L &= R_{L_0}(1 + p_r \delta_r)
\end{aligned}
\tag{7.51}
$$

式中，ω_0、R_{L_0} 分别表示参数 ω 和 R_L 的标称值；$p_\omega \delta_\omega$ 和 $p_r \delta_r$ 分别表示参数 ω 和 R_L 可能存在的相对扰动范围，其中，δ_ω 和 δ_r 是归一化不确定参数，即满足$\|\delta_\omega\|_\infty \leqslant 1$、$\|\delta_r\|_\infty \leqslant 1$，$p_\omega$ 和 p_r 分别是不确定参数 δ_ω 和 δ_r 的系数，其大小反映了参数变化的相对程度。例如，本章设置 $p_\omega = 0.01$、$p_r = 0.4$，表示频率 ω 的不确定性为 1%，负载 R_L 的不确定性达到 40%。

根据线性分式变换，可将图 7.28 虚线框中摄动参数的确定部分与不确定部分分离，将 ω 和负载的倒数 $1/R_L$ 分别表示为带 δ_ω 和 δ_r 的线性分式变换形式，如图 7.29 所示。其中，M_ω 和 M_r 是分离出的定常矩阵，均有两个输入与输出；$x_i(i=1,2,\cdots,8)$ 和 $x_r(r=11)$ 是系统的状态变量，也是不确定参数含摄动完整模块的输入；$v_{i\omega}$ 和 v_r 是不确定参数含摄动完整模块的输出；$u_{i\omega}$ 和 u_r 分别是不确定参数 δ_ω 和 δ_r 的输出；$y_{i\omega}$ 和 y_r 分别是不确定参数 δ_ω 和 δ_r 的输入。

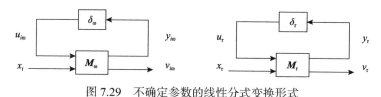

图 7.29　不确定参数的线性分式变换形式

依据线性分式变换公式，对于参数 ω，有

$$
F_u(M_\omega, \delta_\omega) = \omega = \omega_0 + p_\omega \delta_\omega \omega_0 \quad \Rightarrow M_\omega = \begin{bmatrix} 0 & \omega_0 \\ p_\omega & \omega_0 \end{bmatrix}
\tag{7.52}
$$

同样地，对于参数负载的倒数 $1/R_L$，有

$$
F_u(M_r, \delta_r) = \frac{1}{R_L} = \frac{1}{R_{L_0}} - p_r \delta_r (1 + p_r \delta_r)^{-1} \frac{1}{R_{L_0}} \quad \Rightarrow M_r = \begin{bmatrix} -p_r & \dfrac{1}{R_{L_0}} \\ -p_r & \dfrac{1}{R_{L_0}} \end{bmatrix}
\tag{7.53}
$$

因此，可以得到两个定常传递函数矩阵的输入输出关系如下：

$$\begin{bmatrix} y_{i\omega} \\ v_{i\omega} \end{bmatrix} = \boldsymbol{M}_{\omega} \begin{bmatrix} u_{i\omega} \\ x_i \end{bmatrix} = \begin{bmatrix} 0 & \omega_0 \\ p_\omega & \omega_0 \end{bmatrix} \begin{bmatrix} u_{i\omega} \\ x_i \end{bmatrix} = \begin{bmatrix} \omega_0 x_i \\ p_\omega u_{i\omega} + \omega_0 x_i \end{bmatrix} \xrightarrow[\text{式}(7.51)]{u_{i\omega}=\delta_\omega y_{i\omega}} \begin{bmatrix} \omega_0 x_i \\ \omega x_i \end{bmatrix} \tag{7.54}$$

$$\begin{bmatrix} y_{\mathrm{r}} \\ v_{\mathrm{r}} \end{bmatrix} = \boldsymbol{M}_{\mathrm{r}} \begin{bmatrix} u_{\mathrm{r}} \\ x_{\mathrm{r}} \end{bmatrix} = \begin{bmatrix} -p_{\mathrm{r}} & \dfrac{1}{R_{\mathrm{L}_0}} \\ -p_{\mathrm{r}} & \dfrac{1}{R_{\mathrm{L}_0}} \end{bmatrix} \begin{bmatrix} u_{\mathrm{r}} \\ x_{\mathrm{r}} \end{bmatrix} = \begin{bmatrix} -p_{\mathrm{r}} u_{\mathrm{r}} + \dfrac{1}{R_{\mathrm{L}_0}} x_{\mathrm{r}} \\ -p_{\mathrm{r}} u_{\mathrm{r}} + \dfrac{1}{R_{\mathrm{L}_0}} x_{\mathrm{r}} \end{bmatrix} \xrightarrow[\text{式}(7.51)]{u_{\mathrm{r}}=\delta_{\mathrm{r}} y_{\mathrm{r}}} \begin{bmatrix} \dfrac{1}{R_{\mathrm{L}}} x_{\mathrm{r}} \\ \dfrac{1}{R_{\mathrm{L}}} x_{\mathrm{r}} \end{bmatrix}$$

$$\tag{7.55}$$

由式(7.54)和式(7.55)可知，不确定参数含摄动完整模块的输入输出关系满足 $v_{i\omega}=\omega x_i$、$v_{\mathrm{r}}=x_{\mathrm{r}}/R_{\mathrm{L}}$，同时也验证了图 7.29 所示的线性分式框图和图 7.28 原系统中相应的不确定参数是等价的。

为了进一步将系统模型表示为关于未知扰动 δ_ω 和 δ_{r} 的线性分式变换形式，可以用图 7.29 中的线性分式框图替换图 7.28 中虚线框标记的不确定参数 ω 和负载的倒数 $1/R_{\mathrm{L}}$，得到带有参数不确定性系统的示意框图，如图 7.30 所示。

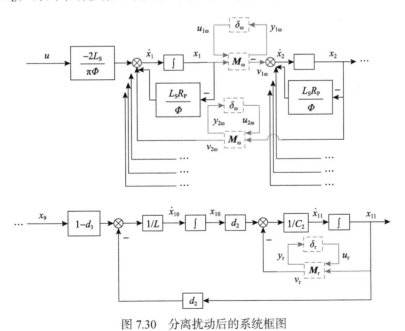

图 7.30　分离扰动后的系统框图

根据分离扰动 δ_ω 和 δ_{r} 后得到的系统框图，结合式(7.54)和式(7.55)，可得出分离扰动后系统的标称状态空间方程为

$$
\begin{cases}
\dot{x}_1 = -\dfrac{L_S R_P}{\Phi} x_1 + p_\omega u_{2\omega} + \omega_0 x_2 - \dfrac{M R_S}{\Phi} x_3 - \dfrac{L_S}{\Phi} x_5 - \dfrac{M}{\Phi} x_7 - \dfrac{2 L_S}{\pi \Phi} u \\[2mm]
\dot{x}_2 = -(p_\omega u_{1\omega} + \omega_0 x_1) - \dfrac{L_S R_P}{\Phi} x_2 - \dfrac{M R_S}{\Phi} x_4 - \dfrac{L_S}{\Phi} x_6 - \dfrac{M}{\Phi} x_8 + \dfrac{2 M}{\pi \Phi} x_9 \\[2mm]
\quad \vdots \\[2mm]
\dot{x}_{11} = \dfrac{d_2}{C_2} x_{10} + \dfrac{p_r}{C_2} u_r - \dfrac{1}{C_2 R_{L_0}} x_{11} \\[2mm]
y_{i\omega} = \omega_0 x_i, \quad i = 1, 2, \cdots, 8 \\[2mm]
y_r = -p_r u_r + \dfrac{1}{R_{L_0}} x_{11} \\[2mm]
y = v_r = -p_r u_r + \dfrac{1}{R_{L_0}} x_{11}
\end{cases}
\tag{7.56}
$$

需要说明的是，系统的被控输出量是负载端的充电电流，由式(7.55)和图 7.30 可知，输出电流 y 应等于 v_r。

由式(7.56)可见，通过分离模型 G 中的不确定部分，可使该状态方程中不含有任何不确定参数，即为已知的、不依赖任何不确定参数的系统标称模型，将这个考虑了参数不确定性的标称模型记作 G_{nom}。图 7.31(a)显示标称模型 G_{nom} 有 10 个输入、10 个输出和 11 个状态变量。同时，对象的完整模型可以表示为一个含摄动反馈的线性动力学系统，如图 7.31(b)所示。

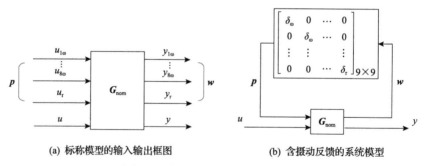

(a) 标称模型的输入输出框图　　　　(b) 含摄动反馈的系统模型

图 7.31　标称和摄动反馈系统模型

由图 7.30 可知，由系统模型中分离出的不确定矩阵 $\mathit{\Delta}$ 的形式应为

$$
\mathit{\Delta} = \operatorname{diag}\{\delta_\omega, \delta_\omega, \cdots, \delta_\omega, \delta_r\}
\tag{7.57}
$$

式中，$\mathit{\Delta} \in \mathbf{C}^{9 \times 9}$，且满足范数有界性 $\|\mathit{\Delta}\|_\infty \leqslant 1$。可见不确定矩阵 $\mathit{\Delta}$ 具有固定的结构，是一个块对角阵。因此，这种不确定性称为结构不确定性。若将不确定矩阵 $\mathit{\Delta}$ 的输入、输出分别记为 w 和 p，则有

$$\begin{cases} \boldsymbol{w} = \left[y_{1\omega}, \cdots, y_{8\omega}, y_{\mathrm{r}} \right]^{\mathrm{T}} \\ \boldsymbol{p} = \left[u_{1\omega}, \cdots, u_{8\omega}, u_{\mathrm{r}} \right]^{\mathrm{T}} \end{cases} \tag{7.58}$$

基于以上分析，可将含摄动反馈标称模型的线性动力学方程表示如下：

$$\begin{cases} \dot{\boldsymbol{x}} = \boldsymbol{A}_0 \boldsymbol{x} + \boldsymbol{B}_1 \boldsymbol{p} + \boldsymbol{B}_2 \boldsymbol{u} \\ \boldsymbol{w} = \boldsymbol{C}_1 \boldsymbol{x} + \boldsymbol{D}_{11} \boldsymbol{p} + \boldsymbol{D}_{12} \boldsymbol{u} \\ \boldsymbol{y} = \boldsymbol{C}_2 \boldsymbol{x} + \boldsymbol{D}_{21} \boldsymbol{p} + \boldsymbol{D}_{22} \boldsymbol{u} \end{cases} \tag{7.59}$$

那么，标称模型 $\boldsymbol{G}_{\mathrm{nom}}$ 为

$$\boldsymbol{G}_{\mathrm{nom}} = \begin{bmatrix} \boldsymbol{A}_0 & \boldsymbol{B}_1 & \boldsymbol{B}_2 \\ \boldsymbol{C}_1 & \boldsymbol{D}_{11} & \boldsymbol{D}_{12} \\ \boldsymbol{C}_2 & \boldsymbol{D}_{21} & \boldsymbol{D}_{22} \end{bmatrix} \tag{7.60}$$

根据式(7.56)，各系数矩阵表示如下：

$$\boldsymbol{A}_0 = \begin{pmatrix}
-\dfrac{L_S R_P}{\Phi} & \omega_0 & -\dfrac{MR_S}{\Phi} & 0 & -\dfrac{L_S}{\Phi} & 0 & -\dfrac{M}{\Phi} & 0 & 0 & 0 & 0 \\[2mm]
-\omega_0 & -\dfrac{L_S R_P}{\Phi} & 0 & -\dfrac{MR_S}{\Phi} & 0 & -\dfrac{L_S}{\Phi} & 0 & -\dfrac{M}{\Phi} & \dfrac{2M}{\pi\Phi} & 0 & 0 \\[2mm]
-\dfrac{MR_P}{\Phi} & 0 & -\dfrac{L_P R_S}{\Phi} & \omega_0 & -\dfrac{M}{\Phi} & 0 & -\dfrac{L_P}{\Phi} & 0 & 0 & 0 & 0 \\[2mm]
0 & -\dfrac{MR_P}{\Phi} & -\omega_0 & -\dfrac{L_P R_S}{\Phi} & 0 & -\dfrac{M}{\Phi} & 0 & -\dfrac{L_P}{\Phi} & \dfrac{2L_P}{\pi\Phi} & 0 & 0 \\[2mm]
\dfrac{1}{C_P} & 0 & 0 & 0 & 0 & \omega_0 & 0 & 0 & 0 & 0 & 0 \\[2mm]
0 & \dfrac{1}{C_P} & 0 & 0 & -\omega_0 & 0 & 0 & 0 & 0 & 0 & 0 \\[2mm]
0 & 0 & \dfrac{1}{C_S} & 0 & 0 & 0 & 0 & \omega_0 & 0 & 0 & 0 \\[2mm]
0 & 0 & 0 & \dfrac{1}{C_S} & 0 & 0 & -\omega_0 & 0 & 0 & 0 & 0 \\[2mm]
0 & 0 & 0 & -\dfrac{4}{\pi C_1} & 0 & 0 & 0 & 0 & 0 & -\dfrac{1}{C_1} & 0 \\[2mm]
0 & 0 & 0 & 0 & 0 & 0 & 0 & 0 & \dfrac{1-d_3}{L} & 0 & -\dfrac{d_2}{L} \\[2mm]
0 & 0 & 0 & 0 & 0 & 0 & 0 & 0 & 0 & \dfrac{d_2}{C_2} & -\dfrac{1}{C_2 R_{L_0}}
\end{pmatrix} \tag{7.61}$$

$$
\begin{cases}
\boldsymbol{B}_1 = \begin{bmatrix} \boldsymbol{B}_{11} & \boldsymbol{0}_{8\times 1} \\ \boldsymbol{0}_{3\times 8} & \boldsymbol{B}_{22} \end{bmatrix} \\[4mm]
\boldsymbol{B}_{11} = \mathrm{diag}\{\Delta\boldsymbol{\varGamma},\Delta\boldsymbol{\varGamma},\Delta\boldsymbol{\varGamma},\Delta\boldsymbol{\varGamma}\}, \quad \Delta\boldsymbol{\varGamma} = \begin{bmatrix} 0 & p_\omega \\ -p_\omega & 0 \end{bmatrix} \\[4mm]
\boldsymbol{B}_{22} = \begin{bmatrix} 0 & 0 & \dfrac{p_{\mathrm{r}}}{C_2} \end{bmatrix}^{\mathrm{T}}
\end{cases}
\tag{7.62}
$$

$$
\boldsymbol{B}_2 = \begin{bmatrix} -\dfrac{2L_{\mathrm{S}}}{\pi\varPhi} & 0 & -\dfrac{2M}{\pi\varPhi} & 0 & 0 & 0 & 0 & 0 & 0 & 0 \end{bmatrix}^{\mathrm{T}}
\tag{7.63}
$$

$$
\begin{cases}
\boldsymbol{C}_1 = \begin{bmatrix} \boldsymbol{C}_{11} & \boldsymbol{0}_{8\times 3} \\ \boldsymbol{0}_{1\times 8} & \boldsymbol{C}_{22} \end{bmatrix} \\[4mm]
\boldsymbol{C}_{11} = \mathrm{diag}\{\omega_0,\omega_0,\omega_0,\omega_0,\omega_0,\omega_0,\omega_0,\omega_0\} \\[4mm]
\boldsymbol{C}_{22} = \begin{bmatrix} 0 & 0 & \dfrac{1}{R_{\mathrm{L}_0}} \end{bmatrix}
\end{cases}
\tag{7.64}
$$

$$
\boldsymbol{D}_{11} = \begin{bmatrix} \boldsymbol{0}_{8\times 8} & \boldsymbol{0}_{8\times 1} \\ \boldsymbol{0}_{1\times 8} & -p_{\mathrm{r}} \end{bmatrix}, \quad \boldsymbol{D}_{12} = \begin{bmatrix} \boldsymbol{0}_{9\times 1} \end{bmatrix}
\tag{7.65}
$$

$$
\boldsymbol{C}_2 = \begin{bmatrix} \boldsymbol{0}_{1\times 10} & \dfrac{1}{R_{\mathrm{L}_0}} \end{bmatrix}, \quad \boldsymbol{D}_{21} = \begin{bmatrix} \boldsymbol{0}_{1\times 8} & -p_{\mathrm{r}} \end{bmatrix}, \quad \boldsymbol{D}_{22} = \begin{bmatrix} 0 \end{bmatrix}
\tag{7.66}
$$

可以看出，相比于原系统的各个矩阵，含摄动反馈系统模型的 $\boldsymbol{A}_0$、$\boldsymbol{B}_2$、$\boldsymbol{C}_2$、$\boldsymbol{D}_{22}$ 矩阵和原系统的 $\boldsymbol{A}$、$\boldsymbol{B}$、$\boldsymbol{C}$、$\boldsymbol{D}$ 矩阵的值是一致的。

2. 闭环系统的设计要求

IPT 系统的设计目标是设计一个线性的输出反馈控制器 $u(s)=K(s)y$，该控制器可以使得闭环系统满足以下三个特性。

(1)标称稳定性和标称性能。设计的控制器应使闭环系统内稳定，标称模型 $\boldsymbol{G}_{\mathrm{nom}}$ 应能实现所需的闭环系统性能。这里闭环系统的性能指标就是混合 S/KS 灵敏度函数，描述如下：

$$
\left\| \begin{bmatrix} W_{\mathrm{p}}S(\boldsymbol{G}_{\mathrm{nom}}) \\ W_{\mathrm{u}}KS(\boldsymbol{G}_{\mathrm{nom}}) \end{bmatrix} \right\|_{\infty} < 1
\tag{7.67}
$$

式中，$S(\boldsymbol{G}_{\mathrm{nom}}) = (\boldsymbol{I}+\boldsymbol{G}_{\mathrm{nom}}K)^{-1}$ 是标称系统的输出灵敏度函数，$\boldsymbol{I}$ 为单位矩阵；W_{p}、

W_u 是选择的加权函数，W_p 用于表示某些外部输入干扰 d 的频谱特性，可以反映干扰的不确定性，W_u 用于反映受控对象的加性不确定性，即中低频参数不确定性。若设计的控制器 K 使得系统满足上述不等式，则说明闭环系统成功地将干扰的影响降低到可接受的水平，并实现了所需的性能。另外，灵敏度函数 S 不仅是外部输入干扰 d 至系统输出 y 的传递函数，也是参考输入 r 到跟踪误差 e 的传递函数。

(2) 鲁棒稳定性，即对所有可能的受控对象 $G = F_u(G_{nom}, \Delta)$，闭环系统均内稳定。对于所研究的 IPT 系统，则意味着当负载 R_L 满足 $|R_L| \leqslant (1+p_r)R_{L_0}$，且工作频率 ω 满足 $|\omega| \leqslant (1+p_\omega)\omega_0$ 时，设计的控制器始终能保证闭环系统稳定。

(3) 鲁棒性能，是指对所有可能的受控对象 $G = F_u(G_{nom}, \Delta)$，设计的控制器始终能保证闭环系统满足的性能指标如下：

$$\left\| \begin{matrix} W_p \left(I + GK \right)^{-1} \\ W_u K \left(I + GK \right)^{-1} \end{matrix} \right\|_\infty < 1 \tag{7.68}$$

另外，一般还要求控制器的复杂性是可接受的，如阶数足够低等，式 (7.68) 即闭环系统的设计要求。

图 7.32 是闭环系统结构框图，包含了反馈结构、反映模型不确定性的不确定矩阵 Δ 和反映系统性能要求的性能加权函数 W_p 与 W_u。

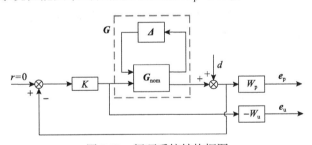

图 7.32　闭环系统结构框图

虚线框内的部分为传递函数矩阵 G，包含了 IPT 系统的标称模型 G_{nom} 和反映模型不确定性的不确定矩阵 Δ。通常 Δ 是传递函数矩阵且假设是稳定的，Δ 未知但满足范数条件 $\|\Delta\|_\infty \leqslant 1$。变量 d 是系统外部输入干扰。外部输入干扰 d 到被调输出 e_p 和 e_u 的传递函数矩阵为

$$\begin{bmatrix} e_p \\ e_u \end{bmatrix} = \begin{bmatrix} W_p(I + GK)^{-1} \\ W_u K(I + GK)^{-1} \end{bmatrix} d \tag{7.69}$$

因此，对比式 (7.68) 和式 (7.69) 可以发现，鲁棒性能指标其实是要求对于所有

可能的不确定矩阵 $\boldsymbol{\Delta}$，从干扰 d 到 e_p 和 e_u 的传递函数矩阵的 H_∞ 范数均应足够小，其中加权函数 W_p 和 W_u 用于反映不同频率范围内的性能要求的相对重要性。由 H_∞ 范数的物理意义可知，若想抑制干扰 d 对被调输出 e_p 的影响，则应要求相应的传递函数矩阵的 H_∞ 范数极小。另外，一般来讲，在反馈控制系统中，只是强调干扰抑制性能必然引起控制增益过高的现象。因此，从工程实际出发，在考虑干扰抑制性能的同时，必须考虑抑制过大的控制输入 u，可以通过对干扰 d 到被调输出 e_u 的闭环传递函数的频率特性进行整形达到这一目的。基于以上两方面的考虑，可以得到式(7.68)所示的性能指标，该指标反映了系统对干扰的抑制能力。可以看到，H_∞ 范数控制的性能指标是用适当的闭环传递函数的 H_∞ 范数所描述的，或者要求闭环传递函数的 H_∞ 范数最小(H_∞ 范数最优问题)，或者要求小于给定值(H_∞ 范数次优问题)。

混合灵敏度 $\|W_pS\|_\infty$ 是对闭环系统抗干扰能力的度量，灵敏度函数 S 和加权函数 W_p 应满足的条件为

$$\|S(s)\|_\infty < \|W_p^{-1}(s)\|_\infty \tag{7.70}$$

加权函数 W_p 代表低频干扰的频谱特性，应是一个与系统干扰等带宽的低通滤波函数。若低频干扰的频率宽度设为 ω_L，则要求闭环系统对低频干扰至少衰减为原来的 $1/k_1$。在满足系统动态品质要求而不增加控制器阶次的前提下，W_p 低频段频率特性可以取为

$$W_p(j\omega) = \frac{k_1}{\dfrac{j\omega}{\omega_{L1}}+1} \tag{7.71}$$

式中，ω_{L1} 是待确定的转折频率。

按系统快速性要求确定截止频率 ω_c，绘制 $W_p(j\omega)$ 的幅频特性曲线，该曲线通过截止频率 ω_c 处，检验是否满足 $\omega_{L1} \geqslant \omega_L$，若满足，则可选定加权函数 W_p 低频段频率特性如式(7.71)所示；若不满足，则可取

$$W_p(j\omega) = \frac{k_1}{\left(\dfrac{j\omega}{\omega_{L2}}+1\right)^2} \tag{7.72}$$

通过点 ω_c 处，使之满足 $\omega_{L2} \geqslant \omega_L$。

中低频参数表现为加性摄动 $G+\boldsymbol{\Delta}_a$，若 $\boldsymbol{\Delta}_a$ 满足

$$\left\|\boldsymbol{\varDelta}_a\right\|_\infty < \left\|W_u(s)\right\|_\infty \tag{7.73}$$

即 $W_u(\mathrm{j}\omega)$ 表示加性摄动的范数界，则 W_u 需满足

$$\left\|KS(s)\right\|_\infty < \left\|W_u^{-1}(s)\right\|_\infty \tag{7.74}$$

一般为了不增加控制器阶次，在混合灵敏度设计中，W_p 确定后，W_u 可以作为一个加权常数进行调整，此时表示摄动为一常数界。由式 (7.74) 可知，在一定范围内，W_u 取值越大，则 $\left\|KS(s)\right\|_\infty$ 越小。针对 IPT 系统，若兼顾 W_p 的高频特性，则加权函数取值为

$$\begin{cases} W_p(s) = \dfrac{100\left(\dfrac{s}{25}+1\right)}{\dfrac{s}{0.1}+1} = \dfrac{0.4(s+25)}{s+0.1} \\ W_u(s) = 0.01 \end{cases} \tag{7.75}$$

合适的加权函数对控制器设计和闭环系统性能至关重要。由前面的分析可知，为了达到所需的干扰抑制性能，应满足式 (7.70)，即要求在所有频率范围内输出灵敏度函数 $(\boldsymbol{I}+\boldsymbol{GK})^{-1}$ 的奇异值小于 $1/W_p$。又因为 W_p 为标量函数，根据 H_∞ 范数的定义，表明要满足式 (7.70)，当且仅当式 (7.76) 成立：

$$\sigma\left[(\boldsymbol{I}+\boldsymbol{GK})^{-1}(\mathrm{j}\omega)\right] < \left|1/W_p(\mathrm{j}\omega)\right| \tag{7.76}$$

$1/W_p$ 在 $[10^{-4},\ 10^6]$rad/s 频率区间内的奇异值曲线如图 7.33 所示。由图可见，在低频段，闭环系统(标称或者摄动)输出端的干扰应以 100 : 1 的比例衰减，换句话说，单位干扰对稳态输出的影响大约是 0.01，甚至更低。对跟踪误差的影响亦是如此，因为干扰到跟踪误差的传递函数与输出灵敏度函数一致。随着频率的增

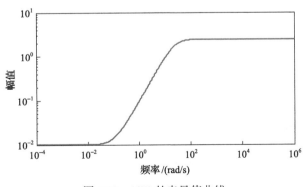

图 7.33　$1/W_p$ 的奇异值曲线

加，干扰衰减能力变弱。另外，大约在 10rad/s 时，干扰不再衰减，这表明在时域响应中，干扰的影响直到一段时间后才会得到缓解，然后衰减为原来的 $1/k_1$ 甚至更小。

3. 鲁棒控制器设计

H_∞鲁棒控制通过系统标称模型 $\boldsymbol{G}_{\text{nom}}$ 来设计控制器，并且保证控制器对实际对象($\boldsymbol{G}_{\text{nom}}+\Delta\boldsymbol{G}$)均具有较好的控制效果。图 7.32 所示的控制系统结构可以转换成标准反馈形式的控制系统框图，如图 7.34 所示，其中 $e=[e_p; e_u]$，ref 表示参考输入。广义对象 P 是考虑了性能加权函数后系统的开环结构，有两个输入(一个干扰输入 d 和一个控制输入 u)和三个输出(两个被调输出 e_p、e_u 和一个量测输出 y)，13 个状态变量(标称模型 $\boldsymbol{G}_{\text{nom}}$ 的 11 个状态变量和加权函数 W_{p} 提供的 2 个状态变量)，H_∞鲁棒控制器设计的首要目标是得到广义对象 P 的系统矩阵。$\boldsymbol{F}_{\text{L}}(P,K)$ 是标称闭环系统从干扰 d 到被调输出 e 的传递函数矩阵，H_∞鲁棒控制的设计目标即是在所有可以使闭环系统内稳定的控制器中，找到一个能同时使闭环系统传递函数矩阵 $\boldsymbol{F}_{\text{L}}(P,K)$ 的 H_∞范数最小的最优解。

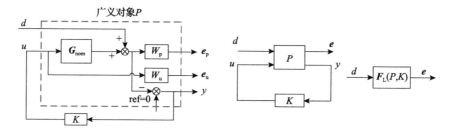

图 7.34　标准反馈形式的控制系统框图

由系统结构框图或者式(7.69)可知

$$\boldsymbol{F}_{\text{L}}(P,K)=\begin{bmatrix} W_{\text{p}}(\boldsymbol{I}+\boldsymbol{G}K)^{-1} \\ W_{\text{u}}K(\boldsymbol{I}+\boldsymbol{G}K)^{-1} \end{bmatrix} \tag{7.77}$$

控制器设计目标可以描述为

$$\min_{K}\left\|\boldsymbol{F}_{\text{L}}(P,K)\right\|_{\infty}=\gamma_0 \tag{7.78}$$

但一般 H_∞最优控制问题难以求解，通常用 H_∞次优控制问题的解去逼近最优问题的解，H_∞次优控制问题描述为

$$\left\|\boldsymbol{F}_{\text{L}}(P,K)\right\|_{\infty}<\gamma \tag{7.79}$$

式中，$\gamma \geqslant \gamma_0$。

如果对于广义对象 P，H_∞ 次优控制问题有解，则可通过逐渐减小 γ 去逼近 γ_0，从而得到最优鲁棒控制器的逼近解。

满足式 (7.79) 的 H_∞ 输出反馈控制器由式 (7.80) 给出：

$$\boldsymbol{K}(s) = \begin{bmatrix} \boldsymbol{A}_\infty & -Z_\infty L_\infty \\ F_\infty & 0 \end{bmatrix} \tag{7.80}$$

式中，各参数的值表示如下：

$$\begin{cases} \boldsymbol{A}_\infty = \boldsymbol{A}_0 + \gamma^{-2}\boldsymbol{B}_1\boldsymbol{B}_1^{\mathrm{T}}X_\infty + \boldsymbol{B}_2 F_\infty + Z_\infty L_\infty C_2 \\ F_\infty = -\boldsymbol{B}_2^{\mathrm{T}} X_\infty \\ L_\infty = -Y_\infty \boldsymbol{C}_2^{\mathrm{T}} \\ Z_\infty = (\boldsymbol{I} - \gamma^{-2} Y_\infty X_\infty)^{-1} \end{cases} \tag{7.81}$$

式 (7.81) 中的参数 X_∞、Y_∞ 可通过求解由式 (7.82) 给出的两个 Riccati 方程得到：

$$\begin{cases} \boldsymbol{A}_0^{\mathrm{T}} X_\infty + X_\infty \boldsymbol{A}_0 + X_\infty (\gamma^{-2}\boldsymbol{B}_1\boldsymbol{B}_1^{\mathrm{T}} - \boldsymbol{B}_2\boldsymbol{B}_2^{\mathrm{T}})X_\infty + \boldsymbol{C}_1^{\mathrm{T}}\boldsymbol{C}_1 = 0 \\ \boldsymbol{A}_0 Y_\infty + Y_\infty \boldsymbol{A}_0^{\mathrm{T}} + Y_\infty (\gamma^{-2}\boldsymbol{C}_1^{\mathrm{T}}\boldsymbol{C}_1 - \boldsymbol{C}_2^{\mathrm{T}}\boldsymbol{C}_2)Y_\infty + \boldsymbol{B}_1\boldsymbol{B}_1^{\mathrm{T}} = 0 \end{cases} \tag{7.82}$$

γ 的迭代区间选取为 $[0.01,10]$，迭代终止的最小偏差取为 0.001。迭代过程从 $\gamma = 10$ 开始，由式 (7.82) 求解得到一组参数 X_∞、Y_∞，注意对每步迭代的 γ 值都要检验式 (7.83) 的条件是否满足，以保证 H_∞ 控制器的存在。根据 γ 平分算法，得到新的 γ 值，再对上面的过程进行循环迭代，直到 γ 的上一次值与最后一次值的偏差小于最小偏差 0.001。将最终的 X_∞、Y_∞ 代入式 (7.81) 和式 (7.80)，则可以求解出控制器 K。

$$X_\infty \geqslant 0, \quad Y_\infty \geqslant 0, \quad \bar{\sigma}(X_\infty, Y_\infty) < \gamma^2 \tag{7.83}$$

第 15 次迭代和第 14 次迭代时的 γ 值达到了预设的最小偏差，此时，γ 达到最优值 $\gamma_{\mathrm{opt}} = 0.4111$。通过以上迭代求解过程，得到一个与广义对象 P 同阶的鲁棒控制器 $K(s)$，分别求出该控制器与反馈控制系统的闭环极点，闭环极点均位于虚轴左侧，因此该闭环系统稳定。将该控制器 $K(s)$ 转换成标准状态空间模型：

$$\begin{cases} \dot{\boldsymbol{x}}_{\mathrm{c}} = \boldsymbol{A}_{\mathrm{c}}\boldsymbol{x}_{\mathrm{c}} + \boldsymbol{B}_{\mathrm{c}}u_{\mathrm{c}} \\ y_{\mathrm{c}} = \boldsymbol{C}_{\mathrm{c}}\boldsymbol{x}_{\mathrm{c}} + \boldsymbol{D}_{\mathrm{c}}u_{\mathrm{c}} \end{cases} \tag{7.84}$$

$$
A_c =
\begin{bmatrix}
-103338 & 1257543 & 11168 & -8458 & -17140 & 1121 \\
-1256000 & -18857 & 0 & -3143 & 0 & -17143 \\
-17223 & 257 & -16472 & 1254590 & -2857 & 187 \\
0 & -3143 & -1256000 & -18857 & 0 & -2857 \\
94700000 & 0 & 0 & 0 & 0 & -1256000 \\
0 & 94700000 & 0 & 0 & 1256000 & 0 \\
0 & 0 & 94700000 & 0 & 0 & 0 \\
0 & 0 & 0 & 94700000 & 0 & 0 \\
0 & 0 & 0 & -6369 & 0 & 0 \\
0 & 0 & 0 & 0 & 0 & 0 \\
0 & 0 & 0 & 0 & 0 & 0 \\
0 & 0 & 0 & 0 & 0 & 0 \\
\end{bmatrix}
$$

$$
\begin{bmatrix}
-2969 & -3 & 2802498 & 367935 & 5635377 & 2656487284 \\
0 & -2857 & 1820 & 0 & 0 & 0 \\
-17162 & -1 & 467074 & 61321 & 939212 & 442739770 \\
0 & -17143 & 10919 & 0 & 0 & 0 \\
0 & 0 & 0 & 0 & 0 & 0 \\
0 & 0 & 0 & 0 & 0 & 0 \\
0 & -1256000 & 0 & 0 & 0 & 0 \\
1256000 & 0 & 0 & 0 & 0 & 0 \\
0 & 0 & 0 & -5000 & 0 & 0 \\
0 & 0 & 10000 & 0 & -5000 & 0 \\
0 & 0 & 0 & 2500 & -167 & 0 \\
0 & 0 & 0 & 0 & 0 & -0.1 \\
\end{bmatrix}
\tag{7.85}
$$

$$
B_c = \begin{bmatrix} 0 & 0 & 0 & 0 & 0 & 0 & 0 & 0 & 0 & 0 & 0 & -0.00538 \end{bmatrix}^{\mathrm{T}}
\tag{7.86}
$$

$$
C_c = \begin{bmatrix} 4541 & -83 & -769 & 455 & -0.16 & -60 & 6 & 0.16 & -150652 & -19779 & -302936 & -142802591 \end{bmatrix}
\tag{7.87}
$$

$$
D_c = [0]
\tag{7.88}
$$

为了验证鲁棒控制器的控制性能，接下来分别基于系统的 GSSA 模型和系统的电路模型进行仿真分析。

7.5.4　鲁棒控制器性能仿真与分析

1. 标称性能分析

首先分析闭环控制系统的标称性能。基于 γ 方法求解出的 H_∞ 控制器满足

$$\left\|\begin{matrix} W_{\mathrm{p}}\left(\boldsymbol{I}+\boldsymbol{G}_{\mathrm{nom}}K\right)^{-1} \\ W_{\mathrm{u}}K\left(\boldsymbol{I}+\boldsymbol{G}_{\mathrm{nom}}K\right)^{-1} \end{matrix}\right\|_{\infty} < 1 \tag{7.89}$$

即表明闭环系统满足标称性能要求。在考虑标称性能时，不确定矩阵 $\varDelta$ 没有考虑在内。此时，标称闭环系统的奇异值曲线(即闭环系统传递函数$\left\|\boldsymbol{F}_{\mathrm{L}}(P,K)\right\|_{\infty}$的频率响应曲线)如图 7.35 所示。

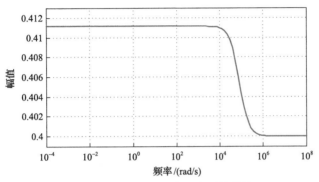

图 7.35　标称闭环系统的奇异值曲线

从图 7.35 中可以看出，频率在$[10^{-4},10^{8}]$rad/s 区间时，闭环传递函数范数$\left\|\boldsymbol{F}_{\mathrm{L}}(P,K)\right\|_{\infty}$的值均小于 1，表明闭环系统成功地将外部扰动对系统的影响抑制在了允许的范围内，系统内稳定并满足了预设的标称性能。

这一点也可以通过计算闭环系统的灵敏度函数，并将其与性能加权函数的倒数进行比较来验证，即验证是否满足式(7.76)。比较结果见图 7.36，可以看到灵敏度函数的奇异值曲线始终位于$\left|W_{\mathrm{p}}^{-1}\right|$曲线下方。

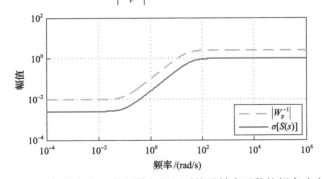

图 7.36　性能加权函数倒数与闭环系统灵敏度函数的频率响应

2. 鲁棒稳定性分析

接下来是闭环控制系统鲁棒稳定性的分析检验。首先将含有摄动反馈的控制

系统转换成标准 M-Δ 形式，如图 7.37 所示。

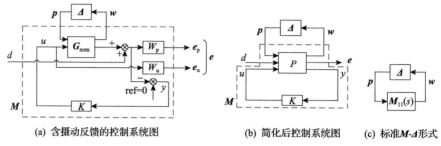

(a) 含摄动反馈的控制系统图　　　　(b) 简化后控制系统图　　(c) 标准M-Δ形式

图 7.37　闭环系统的标准 M-Δ 形式

$M(s)$ 称为广义标称控制系统，其包括标称模型 G_{nom}，性能加权函数 W_{p}、W_{u} 和控制器 K。由图 7.37 可以看到，系统 M 有 $n_{\text{p}}+n_{\text{d}}$ 个输入($n_{\text{p}}=9$，$n_{\text{d}}=1$)、$n_{\text{w}}+n_{\text{e}}$ 个输出($n_{\text{w}}=9$，$n_{\text{e}}=2$)，那么 $M(s)$ 的输入输出关系可以表示为

$$\begin{bmatrix} w \\ e \end{bmatrix} = \begin{bmatrix} M_{11}(s) & M_{12}(s) \\ M_{21}(s) & M_{22}(s) \end{bmatrix} \begin{bmatrix} p \\ d \end{bmatrix} \tag{7.90}$$

子矩阵 $M_{11}(s)$ 有 n_{p} 个输入、n_{w} 个输出，不确定矩阵 Δ 对应于子矩阵 $M_{11}(s)$ 的不确定性。鲁棒稳定性要求对于有界范围内的所有摄动输入，闭环系统具有一个有界且收敛的摄动输出。已知 $\|\Delta\|_{\infty} \leqslant 1$，根据小增益定理，系统需满足

$$\|M_{11}(s)\|_{\infty} < 1 \tag{7.91}$$

由于 H_{∞} 范数是以非结构化不确定性为设计框架的，所以用式(7.91)判断系统鲁棒性具有不必要的保守性。在已知不确定矩阵 Δ 是块对角阵的情况下，即所考虑的不确定性是结构化不确定性时，采用 μ 分析方法有效，可以无保守地验证系统的鲁棒稳定性和鲁棒性能。在 μ 理论中，结构奇异值是一个很关键的概念。下面只简单给出它的定义，复数矩阵 $M_{11}(s)$ 关于不确定矩阵 Δ 的结构奇异值 $\mu_{\Delta}(M_{11})$ 定义为使 I-$M_{11}\Delta$ 奇异的最小容许摄动 $\Delta\left(\|\Delta\|_{\infty} \leqslant 1\right)$ 的最大奇异值的倒数，即

$$\mu_{\Delta}(M_{11}) = \begin{cases} \left(\min_{\Delta}\{\sigma_{\max}(\Delta): \det(I - M_{11}\Delta) = 0\}\right)^{-1} \\ 0, \quad \forall \Delta, \det(I - M_{11}\Delta) \neq 0 \end{cases} \tag{7.92}$$

对于图 7.37(c)所示的标准 M-Δ 形式，其输入输出关系满足

$$\begin{cases} w = M_{11}p \\ p = \Delta w \end{cases} \Rightarrow (I - M_{11}\Delta)w = 0 \tag{7.93}$$

当 $I-M_{11}\Delta$ 非奇异时，方程有唯一解 $p=w=0$；而当 $I-M_{11}\Delta$ 奇异时，该方程有无穷组解，这意味着对应解的范数可能任意大，显然此时系统是不稳定的。因此，结构奇异值 $\mu_\Delta(M_{11})$ 可以理解为使系统不稳定的最小摄动 Δ 的最大奇异值的倒数，也就是说，$1/\mu_\Delta(M_{11})$ 可以用来衡量系统稳定性受到破坏的最小容许摄动 Δ 的大小，即闭环系统要维持鲁棒稳定性，不确定矩阵 Δ 需满足

$$\|\Delta\|_\infty < \mu_\Delta^{-1}(M_{11}) \tag{7.94}$$

根据 μ 理论，系统鲁棒稳定的充要条件是

$$\sup_{\omega\in\mathbf{R}} \mu_\Delta(M_{11}) < 1 \tag{7.95}$$

子矩阵 M_{11} 关于不确定矩阵 Δ 结构奇异值 $\mu_\Delta(M_{11})$ 上下界的频率响应如图 7.38 所示。

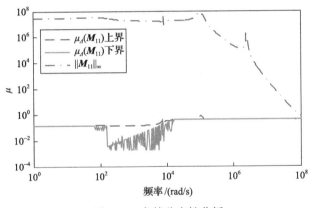

图 7.38　鲁棒稳定性分析

显然，$\mu_\Delta(M_{11})$ 上界在整个频率范围内均小于 1，闭环系统满足鲁棒稳定性条件。$\mu_\Delta(M_{11})$ 最大值为 0.75039。式 (7.94) 表明，维持系统鲁棒稳定性允许的结构化不确定性的摄动范围满足 $\|\Delta\|_\infty \leqslant 1.33$。点划线显示子矩阵 M_{11} 范数的频率响应，其表征了关于非结构化扰动的鲁棒稳定性。可以看出，式 (7.91) 的条件并不满足，因此如果不确定性是非结构化的，则系统不能保持鲁棒稳定性。对比表明，如果已知关于不确定性的进一步信息，如块对角不确定矩阵，μ 分析方法可以给出更有效的较不保守的判断结果。

3. 鲁棒性能分析

通过式 (7.89) 中传递函数矩阵的频率响应分析闭环系统的鲁棒性能。当且仅当对于所考虑的频率范围，频率响应幅值小于 1 时，系统满足标称性能，系统的

鲁棒性能考虑用 μ 分析方法进行验证。由式(7.90)可知，闭环控制系统的传递函数矩阵 $\boldsymbol{M}$ 有 10 个输入 $(u_{1\omega},u_{2\omega},\cdots,u_{\mathrm{r}},d)$ 和 11 个输出 $(y_{1\omega},y_{2\omega},\cdots,y_{\mathrm{r}},e_{\mathrm{p}},e_{\mathrm{u}})$。前 9 个输入输出信号对应于子矩阵 $\boldsymbol{M}_{11}$ 的输入输出信号，第 10 个输入和第 10、11 个输出对应于子矩阵 $\boldsymbol{M}_{22}$ 的输入输出信号。显然，$\boldsymbol{M}_{22}$ 是系统从干扰 d 到被调输出 e 通道的闭环传递函数矩阵。

讨论鲁棒系统性能的前提是系统鲁棒稳定。因此，对于鲁棒性能的 μ 分析，不确定矩阵结构 $\varDelta_{\mathrm{whole}}$ 应由前面 9×9 的结构不确定矩阵 $\varDelta$ 和一个新的 1×2 的非结构性能块 $\varDelta_{\mathrm{P}}$ 组成：

$$\varDelta_{\mathrm{whole}} = \left\{ \begin{bmatrix} \varDelta & 0 \\ 0 & \varDelta_{\mathrm{P}} \end{bmatrix} : \varDelta \in \mathbf{R}^{9\times9}, \varDelta_{\mathrm{P}} \in \mathbf{C}^{1\times2} \right\} \tag{7.96}$$

式中，$\mathbf{R}$ 为实数集合；$\mathbf{C}$ 为复数集合。

此时，鲁棒性能分析系统结构形式如图 7.39 所示。系统的性能具有鲁棒性，首先要求系统满足鲁棒稳定性；其次要求对所有可能的受控对象 $\boldsymbol{G}=\boldsymbol{F}_{\mathrm{u}}(\boldsymbol{G}_{\mathrm{nom}},\varDelta)$，干扰 d 至被调输出 e 的传递函数的增益均小于 1。由图 7.39(a)可见，性能块 $\varDelta_{\mathrm{P}}$ 是对应于矩阵 $\boldsymbol{F}_{\mathrm{u}}(\boldsymbol{M},\varDelta)$ 的不确定性，因此有

$$\begin{cases} \text{鲁棒稳定} \Leftrightarrow \mu_{\varDelta}(\boldsymbol{M}_{11}) < 1 \\ \text{鲁棒稳定} \Leftrightarrow \sup_{\omega \in \mathbf{R}} \mu_{\varDelta_{\mathrm{P}}}[\boldsymbol{F}_{\mathrm{u}}(\boldsymbol{M},\varDelta)] < 1 \end{cases} \tag{7.97}$$

由图 7.39(b)可知，系统实现鲁棒性能，当且仅当式(7.98)成立：

$$\sup_{\omega \in \mathbf{R}} \mu_{\varDelta_{\mathrm{whole}}}(\boldsymbol{M}) < 1 \tag{7.98}$$

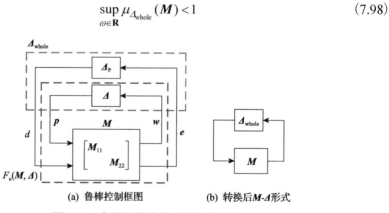

(a) 鲁棒控制框图　　　　　　(b) 转换后 $\boldsymbol{M}$-$\varDelta$ 形式

图 7.39　鲁棒性能分析系统结构形式

实质上，式(7.97)和式(7.98)的条件是等价的。图 7.40 中绘出了标称性能和鲁棒性能的频率响应曲线。点划线是系统的标称性能曲线，虚线和实线分别是 $\boldsymbol{M}$

关于 $\varDelta_{whole}$ 结构奇异值的上、下界的频率响应曲线。

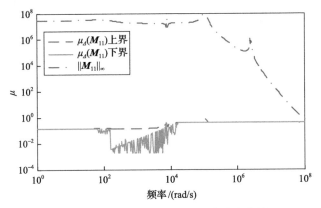

图 7.40　标称和鲁棒性能的频率响应曲线

从图 7.40 中可以看出，标称性能曲线的值均小于 1，表明系统满足标称性能。M 关于 $\varDelta_{whole}$ 结构奇异值的上界在整个频率范围内均小于 1，表明闭环系统不仅满足鲁棒稳定性，同时满足鲁棒性能条件。其峰值为 0.77052，这说明维持系统鲁棒性能指标允许的各类不确定性的摄动范围满足 $\|\varDelta_{whole}\|_\infty \leqslant 1.298$。

4. 时域性能分析

系统的标称性能、鲁棒稳定性和鲁棒性能均是在频域内进行分析的。为了更直观地说明控制器的控制效果，下面从时域角度分析系统的性能，主要包括稳态特性和动态特性。通过给定参考输入及扰动输入，得到系统的瞬态响应分别如图 7.41 和图 7.42 所示，系统的参考输入或者扰动输入在 0.5s 和 1s 时发生跳变。可以看出，在系统参考输入发生跳变时，系统大约经过 0.1s 的调节时间无超调地进入 2%误差带，且无静态误差地追踪参考输入信号。同样地，在扰动输入发生跳变

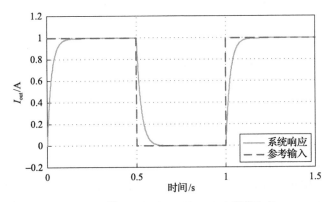

图 7.41　输入 ref=1,0,1 且 d=0 时系统响应

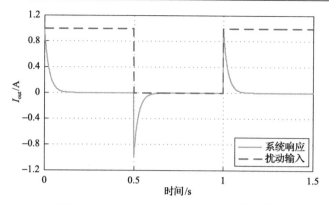

图 7.42 输入 ref=0 且 d=1,0,1 时系统响应

的情况下，系统经过大约 0.1s 的时间将干扰对系统输出的影响降低到 0。图 7.43 是参考输入为单位阶跃信号时，扰动输入在 0.5s 和 1s 跳变时的系统响应。由图可见，0.1s 后系统响应追踪上参考输入，在 0.5s 和 1s 时，受扰动输入跳变的影响，大约仅经过 44ms 系统再次进入稳态。同时可以看出，系统响应进入稳态的调节时间和输入信号的幅值相关。

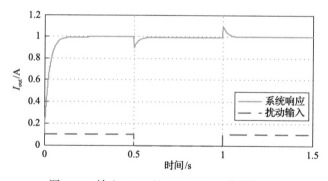

图 7.43 输入 ref=1 且 d=0.1,0,0.1 时系统响应

上述的时域分析结果表明，闭环控制系统具有良好的稳态特性和动态特性。

7.5.5 电路模型中鲁棒控制器性能仿真与分析

按照图 7.20 在 Simulink 中搭建 IPT 系统的主电路仿真模型。参数设置如表 7.2 所示，选取 Boost 变换器储能电感 L 为 100μH，负载电阻 R_L 为 30Ω。结合如图 7.44 所示的闭环鲁棒控制系统的仿真模型，构成完整的闭环控制系统的电路仿真模型，进而可以在时域上研究和分析系统的鲁棒稳定性和鲁棒性能。需要说明的是，为了简单示意闭环控制系统的连接结构，主电路仿真模型中没有给出实际系统中存在的许多测量模块。H_∞鲁棒控制器以负载输出电流的给定参考值和实

际电流测量值之间的偏差作为输入信号，输出的控制信号则是主电路中的输入
直流电压 V_d。通过设定输出电流参考值变化来测试控制系统的动态跟踪性能，
设定负载突变来测试电路中存在不确定参数时闭环控制系统的鲁棒性能，以及设
定外部扰动噪声来测试闭环控制系统的干扰抑制能力。

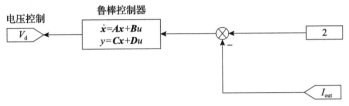

图 7.44　闭环鲁棒控制系统的仿真模型

1. 跟踪性能分析

对于电池负载，充电过程一般分为四个阶段：低压预充、恒流充电、恒压充
电和涓流充电。前两个阶段要求系统能根据充电电流的预设值，动态调节负载的
输出电流，即要求系统对于参考输入具有一定的动态追踪能力。设置仿真时间为
1.5s，在 0~0.5s 和 1~1.5s 时，给定的参考电流输入为 2A；在 0.5~1s 时，给定的
参考电流输入为 4A，负载电阻为 30Ω。仿真得到系统中各电路变量波形如图 7.45
所示。

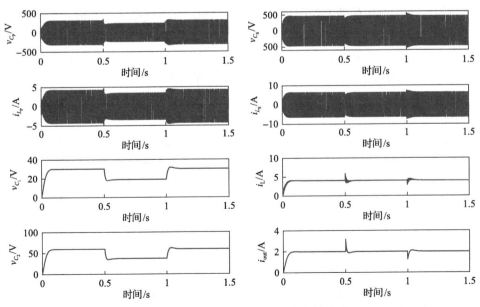

图 7.45　参考输入追踪时各电路变量波形

由图 7.45 可见，仿真开始大约经过 68ms 的调节时间，各电路变量无超调地进入稳态，同时负载电流追踪上预设的参考值 2A。在 0.5s 时，参考输入由 2A 跳变至 4A，在鲁棒控制器作用下，各变量快速上升，负载电流大约经过 68ms 的调节时间无超调地追踪上新的稳态值。在 1s 时，参考输入由 4A 跳变至 2A，各电路变量快速下降，同样经过大约 68ms 的调节时间，负载电流又变为 2A 的稳态输出。

为了更直观地显示鲁棒控制器的控制作用，将参考输入追踪过程中控制器的输入变量(电流偏差 e)和输出变量(直流电压控制量 V_d)绘制在图 7.46 中。

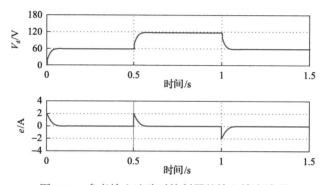

图 7.46   参考输入追踪时控制器的输入输出波形

从图 7.46 可以看出，参考电流输入跳变时，控制器输出的直流电压控制量 V_d 也会经过大约 44ms 的调节时间进入新的稳态值。在不同电流参考输入的情况下，控制量的值是不同的。而电流偏差 e 会在参考输入跳变时有一个向上跳变并快速下降(或向下跳变并快速上升)的 68ms 的调节过程，接着重新恢复到 0。以上均表明，在参考输入追踪过程中鲁棒控制器具有良好的性能。

2. 负载摄动下的系统性能

在电池充电过程中，电池负载会发生变动，因此要求所设计的控制器对参数摄动具有一定的鲁棒性。设置仿真时间为 1.5s，参考电流输入为 2A，在 0~0.5s 和 1~1.5s 时，负载为 30Ω，在 0.5~1s 时，负载为 18Ω，仿真得到系统中各电路变量波形如图 7.47 所示。

由图 7.47 可见，当 0.5s 和 1s 时负载发生跳变，系统的输出电流在鲁棒控制器的快速作用下经过 56ms 的调节过程重新恢复到稳态值。在不同负载条件下，初级侧的谐振电压 V_{C_p} 和电流变化明显，而次级侧的谐振电压和电流受负载变化影响较小。为了更直观地显示负载跳变过程中鲁棒控制器的控制作用，将控制器的输入变量(电流偏差 e)和输出变量(直流电压控制量 V_d)绘制在图 7.48 中。

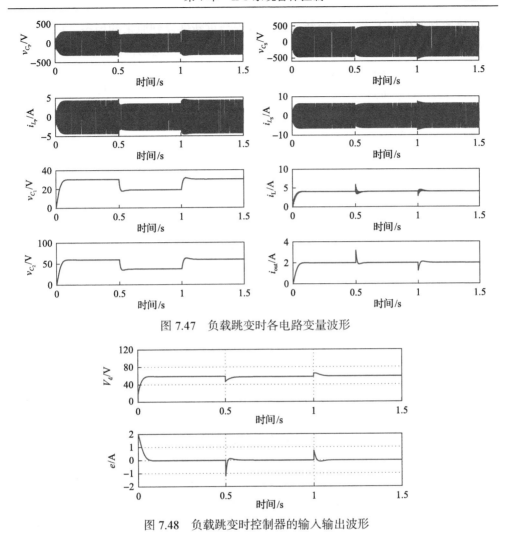

图 7.47　负载跳变时各电路变量波形

图 7.48　负载跳变时控制器的输入输出波形

由图 7.48 可见，当负载跳变时，电压控制量经过短暂的调节过程重新恢复到原来的稳态值，电流偏差 e 也重新恢复到 0。可以看到，不同负载条件下，电压控制量的值是不变的。以上表明，所设计的鲁棒控制器对负载摄动具有一定的鲁棒性。

3. 外部干扰下的系统性能

为了验证系统的干扰抑制能力，在系统输出测量端叠加一个如图 7.49 所示的高斯白噪声干扰信号。设置仿真时间为 2s，参考电流输入为 2A，负载为 30Ω。此时，系统的输出电流波形如图 7.50 所示。

由图 7.50 可见，系统在噪声干扰的影响下，输出电流虽出现了一些波动，但在鲁棒控制器作用下，经过短暂的调节过程会重新恢复到原来的稳态。调节时间和噪声幅值正相关。以上表明，系统对于外界干扰有一定的抑制能力。

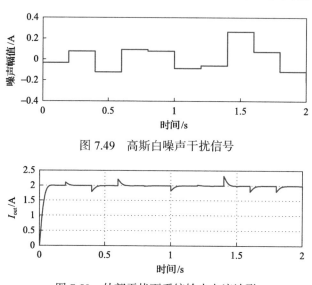

图 7.49　高斯白噪声干扰信号

图 7.50　外部干扰下系统输出电流波形

7.6　本　章　小　结

本章基于系统 GSSA 模型，根据线性分式变换，将 R_L、ω 中的不确定参数 δ_r、δ_ω 从系统 GSSA 模型中分离出来，建立了含摄动反馈的系统模型。基于该摄动模型，利用鲁棒控制工具箱求解出了 H_∞ 输出反馈控制器。为了验证该控制器的控制效果，首先从标称性能、鲁棒稳定性和鲁棒性能三个方面进行了频域上的分析与验证。然后从时域上更直观地给出了闭环控制系统的稳态特性和动态特性。最后采用 Simulink 将控制器与电路模型相结合，分别从参考输入动态跟踪性能、负载摄动下的系统性能和系统干扰抑制能力三个方面给出了仿真与分析结果。

仿真分析结果显示，闭环控制系统同时具有良好的稳态特性和动态特性。当参考输入跳变时，系统可以无超调地经过短暂的调节过程追踪上新的参考输入；同样，当负载摄动时，系统输出经过短暂的调节过程再次进入稳态，说明系统对负载摄动具有一定的鲁棒性。

参 考 文 献

[1] Covic G A, Boys J T. Modern trends in inductive power transfer for transportation applications[J]. IEEE Journal of Emerging and Selected Topics in Power Electronics, 2013, 1(1): 28-41.

[2] Kurs A, Karalis A, Moffatt R, et al. Wireless power transfer via strongly coupled magnetic resonances[J]. Science, 2007, 317(5834): 83-86.

[3] Beh H Z Z, Covic G A, Boys J T. Wireless fleet charging system for electric bicycles[J]. IEEE Journal of Emerging and Selected Topics in Power Electronics, 2015, 3(1): 75-86.

[4] Abdolkhani A, Hu A P. A contactless slipring system based on axially traveling magnetic field[J]. IEEE Journal of Emerging and Selected Topics in Power Electronics, 2015, 3(1): 280-287.

[5] Thrimawithana D J, Madawala U K. A generalized steady state model for bidirectional IPT systems[J]. IEEE Transactions on Power Electronics, 2013, 28(10): 4681-4689.

[6] Kurs A, Moffatt R, Soljačić M. Simultaneous midrange power transfer to multiple devices[J]. Applied Physics Letters, 2010, 96(4): 44-102.

[7] Mi C C, Buja G, Choi S Y, et al. Modern advances in wireless power transfer systems for roadway powered electric vehicles[J]. IEEE Transactions on Industrial Electronics, 2016, 63(10): 6533-6545.

[8] Lu F, Zhang H, Zhu C, et al. A tightly coupled inductive power transfer system for low voltage and high current charging of automatic guided vehicles (AGVs)[J]. IEEE Transactions on Industrial Electronics, 2019, 66(9): 6867-6875.

[9] Miller J M, Onar O C, Chinthavali M. Primary-side power flow control of wireless power transfer for electric vehicle charging[J]. IEEE Journal of Emerging and Selected Topics in Power Electronics, 2015, 3(1): 147-162.

[10] Zheng C, Ma H, Lai J, et al. Design considerations to reduce gap variation and misalignment effects for the inductive power transfer system[J]. IEEE Transactions on Power Electronics, 2015, 30(11): 6108-6119.

[11] Dai J, Ludois D C. A survey of wireless power transfer and a critical comparison of inductive and capacitive coupling for small gap applications[J]. IEEE Transactions on Power Electronics, 2015, 30(11): 6017-6029.

[12] Kim S, Ho J S, Chen L Y, et al. Wireless power transfer to a cardiac implant[J]. Applied Physics Letters, 2012, 101(7): 79-85.

[13] Colak K, Asa E, Bojarski M, et al. A novel phase-shift control of semibridgeless active rectifier for wireless power transfer[J]. IEEE Transactions on Power Electronics, 2015, 30(11): 6288-6297.

[14] Waters B H, Mahoney B J, Ranganathan V, et al. Power delivery and leakage field control using an adaptive phased array wireless power system[J]. IEEE Transactions on Power Electronics, 2015, 30(11): 6298-6309.

[15] Pinuela M, Yates D C, Lucyszyn S, et al. Maximizing DC-to-load efficiency for inductive power transfer[J]. IEEE Transactions on Power Electronics, 2013, 28(5): 2437-2447.

[16] Bosshard R, Kolar J W. Multi-objective optimization of 50kW/85kHz IPT system for public transport[J]. IEEE Journal of Emerging and Selected Topics in Power Electronics, 2016, 4(4): 1370-1382.

[17] Cove S R, Ordonez M. Wireless-power-transfer planar spiral winding design applying track width ratio[J]. IEEE Transactions on Industry Applications, 2015, 51(3): 2423-2433.

[18] Imura T, Hori Y. Maximizing air gap and efficiency of magnetic resonant coupling for wireless power transfer using equivalent circuit and neumann formula[J]. IEEE Transactions on Industrial Electronics, 2011, 58(10): 4746-4752.

[19] Venugopal P, Shekhar A, Visser E, et al. Roadway to self-healing highways with integrated wireless electric vehicle charging and sustainable energy harvesting technologies[J]. Applied Energy, 2018, 212: 1226-1239.

[20] Choi S Y, Gu B W, Jeong S Y, et al. Advances in wireless power transfer systems for roadway-powered electric vehicles[J]. IEEE Journal of Emerging and Selected Topics in Power Electronics, 2015, 3(1): 18-36.

[21] 周诗杰. 无线电能传输系统能量建模及其应用[D]. 重庆: 重庆大学, 2012.

[22] Liao Z, Sun Y, Ye Z, et al. Resonant analysis of magnetic coupling wireless power transfer systems[J]. IEEE Transactions on Power Electronics, 2019, 34(6): 5513-5523.

[23] Wang Y, Yao Y, Liu X, et al. An LC/S compensation topology and coil design technique for wireless power transfer[J]. IEEE Transactions on Power Electronics, 2018, 33(3): 2007-2025.

[24] 吕玥珑. 磁耦合谐振式无线能量传输特性研究[D]. 哈尔滨: 哈尔滨工业大学, 2014.

[25] Li Z S, Li D J, Lin L, et al. Design considerations for electromagnetic couplers in contactless power transmission systems for deep-sea applications[J]. Journal of Zhejiang University, Science C: Computers & Electronics, 2010, 11(10): 824-834.

[26] Tang Y, Chen Y, Madawala U K, et al. A new controller for bidirectional wireless power transfer systems[J]. IEEE Transactions on Power Electronics, 2018, 33(10): 9076-9087.

[27] Zhang Y, Chen K, He F, et al. Closed-form oriented modeling and analysis of wireless power transfer system with constant-voltage source and load[J]. IEEE Transactions on Power Electronics, 2016, 31(5): 3472-3481.

[28] 赵争鸣, 张艺明, 陈凯楠. 磁耦合谐振式无线电能传输技术新进展[J]. 中国电机工程学报, 2013, 33(3): 1-13.

[29] Liu H, Huang X, Tan L, et al. Dynamic wireless charging for inspection robots based on decentralized energy pickup structure[J]. IEEE Transactions on Industrial Informatics, 2018, 14(4): 1786-1797.

[30] Qu X, Han H, Wong S, et al. Hybrid IPT topologies with constant current or constant voltage output for battery charging applications[J]. IEEE Transactions on Power Electronics, 2015, 30(11): 6329-6337.

[31] 张波, 疏许健, 黄润鸿. 感应和谐振无线电能传输技术的发展[J]. 电工技术学报, 2017, 32(18): 3-17.

[32] 陈文仙, 陈乾宏. 共振式无线电能传输技术的研究进展与应用综述[J]. 电工电能新技术, 2016, 35(9): 35-47.

[33] Hou J, Chen Q, Zhang Z, et al. Analysis of output current characteristics for higher order primary compensation in inductive power transfer systems[J]. IEEE Transactions on Power Electronics, 2018, 33(8): 6807-6821.

[34] 李阳, 董维豪, 杨庆新, 等. 过耦合无线电能传输功率降低机理与提高方法[J]. 电工技术学报, 2018, 33(14): 3177-3184.

[35] 杨庆新, 李阳, 尹建斌, 等. 基于移幅键控的磁耦合谐振式无线电能和信号同步传输方法[J]. 电工技术学报, 2017, 32(16): 153-161.

[36] 张焱强, 金楠, 唐厚君, 等. 无线电能传输基于负载阻抗匹配的最大效率追踪[J]. 电力电子技术, 2018, 52(5): 25-27.

[37] 傅旻帆, 张统, 马澄斌, 等. 磁共振式无线电能传输的基础研究与前景展望[J]. 电工技术学报, 2015, 30(S1): 256-262.

[38] 陈飞彬, 麦瑞坤, 李勇, 等. 基于调频控制的三线圈结构无线电能传输系统效率优化研究[J]. 电工技术学报, 2018, 33(z2): 313-320.

[39] 邓其军, 刘姜涛, 陈诚, 等. 多相并联的 15kW 无线电能传输系统[J]. 电力自动化设备, 2017, 37(11): 194-200.

[40] Lu J, Zhu G, Lin D, et al. Load-independent voltage and current transfer characteristics of high-order resonant network in IPT system[J]. IEEE Journal of Emerging and Selected Topics in Power Electronics, 2019, 7(1): 422-436.

[41] 蒋勇斌, 王跃, 刘军文, 等. 基于跳频控制策略的串联-串联谐振无线电能传输系统的参数优化设计方法[J]. 电工技术学报, 2017, 32(16): 162-174.

[42] Abou H M, Yang X, Chen W. Free angular-positioning wireless power transfer using a spherical joint[J]. Energies, 2018, 11(12): 34-88.

[43] 王亚楠, 冬雷, 鞠兴龙, 等. 脉冲注入型感应耦合式无线能量传输系统拓扑设计研究[J]. 中国电机工程学报, 2017, 37(20): 6059-6067.

[44] Shi W, Deng J, Wang Z, et al. The start-up dynamic analysis and one cycle control-PD control

combined strategy for primary-side controlled wireless power transfer system[J]. IEEE Access, 2018, 6: 14439-14450.

[45] 陈希有, 周宇翔, 李冠林, 等. 磁场耦合无线电能传输系统最大功率要素分析[J]. 电机与控制学报, 2017, 21(3): 1-9.

[46] 耿宇宇, 杨中平, 林飞, 等. 基于多接收耦合线圈模式的无线电能传输系统特性分析[J]. 电工技术学报, 2017, 32(A02): 1-9.

[47] Su M, Liu Z, Zhu Q, et al. Study of maximum power delivery to movable device in omnidirectional wireless power transfer system[J]. IEEE Access, 2018, 6: 76153-76164.

[48] Zhang K, Zhang X, Zhu Z, et al. A new coil structure to reduce eddy current loss of WPT systems for underwater vehicles[J]. IEEE Transactions on Vehicular Technology, 2019, 68(1): 245-253.

[49] 李艳红, 刘国强, 张超, 等. 宽频磁耦合谐振式无线电能传输系统电源变换器技术[J]. 电工技术学报, 2016, 31(S1): 25-31.

[50] Yin J, Lin D, Lee C K, et al. Front-end monitoring of multiple loads in wireless power transfer systems without wireless communication systems[J]. IEEE Transactions on Power Electronics, 2016, 31(3): 2510-2517.

[51] Zhang W, Wong S, Tse C K, et al. Design for efficiency optimization and voltage controlability of series-series compensated inductive power transfer systems[J]. IEEE Transactions on Power Electronics, 2014, 29(1): 191-200.

[52] Wang C S, Stielau O H, Covic G A. Design considerations for a contactless electric vehicle battery charger[J]. IEEE Transactions on Industrial Electronics, 2005, 52(5): 1308-1314.

[53] Zhang W, White J C, Abraham A M, et al. Loosely coupled transformer structure and interoperability study for EV wireless charging systems[J]. IEEE Transactions on Power Electronics, 2015, 30(11): 6356-6367.

[54] Budhia M, Covic G A, Boys J T. Design and optimization of circular magnetic structures for lumped inductive power transfer systems[J]. IEEE Transactions on Power Electronics, 2011, 26(11): 3096-3108.

[55] Kan T. Application-oriented coil design in wireless charging systems[D]. San Diego: San Diego State University, 2018.

[56] Budhia M, Boys J T, Covic G A, et al. Development of a single-sided flux magnetic coupler for electric vehicle IPT charging systems[J]. IEEE Transactions on Industrial Electronics, 2013, 60(1): 318-328.

[57] Budhia M, Covic G, Boys J T. A new IPT magnetic coupler for electric vehicle charging systems[C]. 36th Annual Conference on IEEE Industrial Electronics Society, Glendale, 2010: 2487-2492.

[58] Patil D, McDonough M K, Miller J M, et al. Wireless power transfer for vehicular applications:

Overview and challenges[J]. IEEE Transactions on Transportation Electrification, 2017, (99): 3-37.

[59] Zhang Z, Pang H, Georgiadis A, et al. Wireless power transfer—An overview[J]. IEEE Transactions on Industrial Electronics, 2019, 66(2): 1044-1058.

[60] 侯佳. 变参数条件下感应式无线电能传输系统的补偿网络的研究[D]. 南京: 南京航空航天大学, 2017.

[61] Nguyen T, Li S, Li W, et al. Feasibility study on bipolar pads for efficient wireless power chargers[C]. Applied Power Electronics Conference and Exposition, Fort Worth, 2014: 1676-1682.

[62] Covic G A, Kissin M L G, Kacprzak D, et al. A bipolar primary pad topology for EV stationary charging and highway power by inductive coupling[C]. Energy Conversion Congress and Exposition, Phoenix, 2011: 1832-1838.

[63] Zaheer A, Covic G A, Kacprzak D. A bipolar pad in a 10kHz 300W distributed IPT system for AGV applications[J]. IEEE Transactions on Industrial Electronics, 2014, 61(7): 3288-3301.

[64] Kim S, Covic G A, Boys J T. Tripolar pad for inductive power transfer systems for EV charging[J]. IEEE Transactions on Power Electronics, 2017, 32(7): 5045-5057.

[65] Kim S, Covic G A, Boys J T. Comparison of tripolar and circular pads for IPT charging systems[J]. IEEE Transactions on Power Electronics, 2018, 33(7): 6093-6103.

[66] Kan T, Nguyen T, White J C, et al. A new integration method for an electric vehicle wireless charging system using LCC compensation topology: Analysis and design[J]. IEEE Transactions on Power Electronics, 2017, 32(2): 1638-1650.

[67] Kan T, Lu F, Nguyen T D, et al. Integrated coil design for EV wireless charging systems using LCC compensation topology[J]. IEEE Transactions on Power Electronics, 2018, 33(11): 9231-9241.

[68] Jeong S Y, Choi S Y, Sonapreetha M R, et al. DQ-quadrature power supply coil sets with large tolerances for wireless stationary EV chargers[C]. PELS Workshop on Emerging Technologies: Wireless Power, Daejeon, 2015: 1-6.

[69] Li Y, Lin T, Mai R, et al. Compact double-sided decoupled coils-based WPT systems for high-power applications: Analysis, design, and experimental verification[J]. IEEE Transactions on Transportation Electrification, 2018, 4(1): 64-75.

[70] Khaligh A, Li Z. Battery, ultracapacitor, fuel cell, and hybrid energy storage systems for electric, hybrid electric, fuel cell, and plugin hybrid electric vehicles: State of the art[J]. IEEE Transactions on Vehicular Technology, 2010, 59(6): 2806-2814.

[71] Li Y, Hu J, Liu M, et al. Reconfigurable intermediate resonant circuit based WPT system with load-independent constant output current and voltage for charging battery[J]. IEEE Transactions

on Power Electronics, 2019, 34(3): 1988-1992.

[72] Chen Y, Mai R, Zhang Y, et al. Improving misalignment tolerance for IPT system using a third-coil[J]. IEEE Transactions on Power Electronics, 2019, 34(4): 3009-3013.

[73] Che B, Yang G, Meng F, et al. Omnidirectional non-radiative wireless power transfer with rotating magnetic field and efficiency improvement by metamaterial[J]. Applied Physics A, 2014, 116(4): 1579-1586.

[74] Lin D, Zhang C, Ron Hui S Y. Mathematical analysis of omnidirectional wireless power transfer, Part I: Two-dimensional systems[J]. IEEE Transactions on Power Electronics, 2017, 32(1): 625-633.

[75] Lin D, Zhang C, Ron Hui S Y. Mathematic analysis of omnidirectional wireless power transfer, Part II: Three-dimensional systems[J]. IEEE Transactions on Power Electronics, 2017, 32(1): 613-624.

[76] Zhang W, Chen Q, Wong S C, et al. A novel transformer for contactless energy transmission systems[C]. Energy Conversion Congress and Exposition, San Jose, 2009: 3218-3224.

[77] Elnail K, Huang X, Xiao C, et al. Core structure and electromagnetic field evaluation in WPT systems for charging electric vehicles[J]. Energies, 2018, 11(7): 17-34.

[78] Wen H, Liang Z, Wang J. Effects of coil parameters on transfer efficiency in LCL wireless power transfer system[C]. PELS Workshop on Emerging Technologies: Wireless Power Transfer, Chongqing, 2017: 1-5.

[79] Wang C S, Covic G A, Stielau O H. Power transfer capability and bifurcation phenomena of loosely coupled inductive power transfer systems[J]. IEEE Transactions on Industrial Electronics, 2004, 51(1): 148-157.

[80] Wang C S, Covic G A, Stielau O H. Investigating an LCL load resonant inverter for inductive power transfer applications[J]. IEEE Transactions on Power Electronics, 2004, 19(4): 995-1002.

[81] Elliott G A J, Covic G A, Kacprzak D, et al. A new concept: Asymmetrical pick-ups for inductively coupled power transfer monorail systems[J]. IEEE Transactions on Magnetics, 2006, 42(10): 3389-3391.

[82] Keeling N A, Covic G A, Boys J T. A unity-power-factor IPT pickup for high-power applications[J]. IEEE Transactions on Industrial Electronics, 2010, 57(2): 744-751.

[83] Villa J L, Sallan J, Sanz O J F, et al. High-misalignment tolerant compensation topology for ICPT systems[J]. IEEE Transactions on Industrial Electronics, 2012, 59(2): 945-951.

[84] Khaligh A, Dusmez S. Comprehensive topological analysis of conductive and inductive charging solutions for plugin electric vehicles[J]. IEEE Transactions on Vehicular Technology, 2012, 61(8): 3475-3489.

[85] Li W, Zhao H, Deng J, et al. Comparison study on S-S and double-sided LCC compensation topologies for EV/PHEV wireless chargers[J]. IEEE Transactions on Vehicular Technology, 2016, 65(6): 4429-4439.

[86] Li W, Zhao H, Li S, et al. Integrated LCC compensation topology for wireless charger in electric and plugin electric vehicles[J]. IEEE Transactions on Industrial Electronics, 2015, 62(7): 4215-4225.

[87] Li S, Li W, Deng J, et al. A double-sided LCC compensation network and its tuning method for wireless power transfer[J]. IEEE Transactions on Vehicular Technology, 2015, 64(6): 2261-2273.

[88] Madawala U K, Thrimawithana D J. A bidirectional inductive power interface for electric vehicles in V2G systems[J]. IEEE Transactions on Industrial Electronics, 2011, 58(10): 4789-4796.

[89] Deng J, Li W, Nguyen T D, et al. Compact and efficient bipolar coupler for wireless power chargers: Design and analysis[J]. IEEE Transactions on Power Electronics, 2015, 30(11): 6130-6140.

[90] Lu F, Zhang H, Hofmann H, et al. A dual-coupled LCC-compensated IPT system with a compact magnetic coupler[J]. IEEE Transactions on Power Electronics, 2018, 33(7): 6391-6402.

[91] Zhao L, Thrimawithana D J, Madawala U K. Hybrid bidirectional wireless EV charging system tolerant to pad misalignment[J]. IEEE Transactions on Industrial Electronics, 2017, 64(9): 7079-7086.

[92] Hou J, Chen Q, Wong S, et al. Analysis and control of series/series-parallel compensated resonant converter for contactless power transfer[J]. IEEE Journal of Emerging and Selected Popics in Power Electronics, 2015, 3(1): 124-136.

[93] Yao Y, Wang Y, Liu X, et al. A novel parameter tuning method for a double-sided LCL compensated WPT system with better comprehensive performance[J]. IEEE Transactions on Power Electronics, 2018, 33(10): 8525-8536.

[94] Yan K, Chen Q, Hou J, et al. Self-oscillating contactless resonant converter with phase detection contactless current transformer[J]. IEEE Transactions on Power Electronics, 2014, 29(8): 4438-4449.

[95] Wang Z, Li Y, Sun Y, et al. Load detection model of voltage-fed inductive power transfer system[J]. IEEE Transactions on Power Electronics, 2013, 28(11): 5233-5243.

[96] Li H L, Hu A P, Covic G A. A direct AC-AC converter for inductive power-transfer systems[J]. IEEE Transactions on Power Electronics, 2012, 27(2): 661-668.

[97] Li H L, Hu A P, Covic G A. Current fluctuation analysis of a quantum AC-AC resonant converter for contactless power transfer[C]. Energy Conversion Congress and Exposition,

Phoenix, 2010: 1838-1843.

[98] Zhao L, Thrimawithana D J, Madawala U K. A hybrid bidirectional IPT system with improved spatial tolerance[C]. 2nd International Future Energy Electronics Conference, Taipei, 2015: 1-6.

[99] Deng Q, Wang Z, Cheng C, et al. Modeling and control of inductive power transfer system supplied by multiphase phase-controlled inverter[J]. IEEE Transactions on Power Electronics, 2019, 34(9): 9303-9315.

[100] Jiang Y, Wang L, Wang Y, et al. Analysis, design, and implementation of accurate ZVS angle control for EV battery charging in wireless high-power transfer[J]. IEEE Transactions on Industrial Electronics, 2018, 66(5): 4075-4085.

[101] Meng X, Qiu D, Lin M, et al. Output voltage identification based on transmitting side information for implantable wireless power transfer system[J]. IEEE Access, 2019, 7: 2938-2946.

[102] Dai X, Li X, Li Y, et al. Impedance-matching range extension method for maximum power transfer tracking in IPT system[J]. IEEE Transactions on Power Electronics, 2018, 33(5): 4419-4428.

[103] Gish L A. Design of an AUV recharging system[D]. Cambridge: Massachusetts Institute of Technology, 2004.

[104] Ewachiw Jr M A. Design of an autonomous underwater vehicle (AUV) charging system forunderway, underwater recharging[D]. Cambridge: Massachusetts Institute of Technology, 2014.

[105] Kojiya T, Sato F, Matsuki H, et al. Automatic power supply system to underwater vehicles utilizing non-contacting technology[C]. IEEE Oceans'04 MTS/IEEE Techno-Ocean'04, Kobe, 2004: 2341-2345.

[106] 王海洋, 李德骏, 周杰, 等. 水下非接触电能传输耦合器优化设计[J]. 中国科技论文, 2012, 7(8): 622-626.

[107] 史剑光. 基于海底观测网络的 AUV 非接触接驳技术研究[D]. 杭州: 浙江大学, 2014.

[108] 周杰. 海水环境下非接触电能传输效率的优化研究[D]. 杭州: 浙江大学, 2014.

[109] Shi J, Li D, Yang C. Design and analysis of an underwater inductive coupling power transfer system for autonomous underwater vehicle docking applications[J]. Journal of Zhejiang University, Science C: Computers & Electronics, 2014, 15(1): 51-62.

[110] Yang C, Lin M, Li D. Improving steady and starting characteristics of wireless charging for an AUV docking system[J]. IEEE Journal of Oceanic Engineering, 2019, 45(2): 430-441.

[111] 阎龙斌. 基于磁共振的水下非接触式电能传输系统设计[D]. 西安: 西北工业大学, 2016.

[112] Zhang K, Zhu Z, Du L, et al. Eddy loss analysis and parameter optimization of the WPT system in seawater[J]. Journal of Power Electronics, 2018, 18(3): 778-788.

[113] 张克涵, 阎龙斌, 闫争超, 等. 基于磁共振的水下非接触式电能传输系统建模与损耗分析[J]. 物理学报, 2016, 65(4): 48401.

[114] Wen H, Zhang K, Yan Z, et al. A novel concentric circular ring structure applied in AUV's inductive power transfer system for resisting the disturbance of ocean current[J]. AIP Advances, 2018, 8(11): 115027.

[115] 康乐, 胡欲立, 张克涵. 水下磁谐振式无线电能传输系统的分析与设计[J]. 西安交通大学学报, 2015, 49(10): 41-47, 53.

[116] 康乐, 胡欲立, 郑唯. 水下磁谐振式电能传输最大效率追踪方法[J]. 哈尔滨工程大学学报, 2017, 38(6): 829-835.

[117] Cheng Z, Lei Y, Song K, et al. Design and loss analysis of loosely coupled transformer for an underwater high-power inductive power transfer system[J]. IEEE Transactions on Magnetics, 2015, 51(7): 1-10.

[118] Cai C, Qin M, Wu S, et al. A strong misalignment tolerance magnetic coupler for autonomous underwater vehicle wireless power transfer system[C]. International Power Electronics and Application Conference and Exposition, Shenzhen, 2018: 1-5.

[119] 于乐. 面向水下应用的无线能量传输系统关键技术研究[D]. 哈尔滨: 哈尔滨工程大学, 2016.

[120] 余涛. 水下无人航行器无线充电技术研究[D]. 哈尔滨: 哈尔滨工程大学, 2015.

[121] Fang C, Li X, Xie Z, et al. Design and optimization of an inductively coupled power transfer system for the underwater sensors of ocean buoys[J]. Energies, 2017, 10(1): 84-85.

[122] Xu J, Li X, Xie Z, et al. Research on a multiple-receiver inductively coupled power transfer system for mooring buoy applications[J]. Energies, 2017, 10(4): 5-19.

[123] 吴旭升, 孙盼, 杨深钦, 等. 水下无线电能传输技术及应用研究综述[J]. 电工技术学报, 2019, 34(8): 1559-1568.

[124] 陈贻想. 基于电磁耦合的水下非接触能量传输系统[D]. 杭州: 杭州电子科技大学, 2010.

[125] 周世鹏, 刘敬彪, 史剑光. 水下无线电能传输和信号接口系统设计和分析[J]. 杭州电子科技大学学报, 2018, 38(4): 6-10.

[126] 高雪飞, 张剑, 李金龙. 水下双向无线电能传输系统设计与实现[J]. 电子技术应用, 2018, 44(10): 162-166, 170.

[127] Zhou J, Li D, Chen Y. Frequency selection of an inductive contactless power transmission system for ocean observing[J]. Ocean Engineering, 2013, 60: 175-185.

[128] Lin M, Li D, Yang C. Design of an ICPT system for battery charging applied to underwater docking systems[J]. Ocean Engineering, 2017, 145: 373-381.

[129] Yan Z, Song B, Zhang K, et al. Eddy current loss analysis of underwater wireless power transfer systems with misalignments[J]. AIP Advances, 2018, 8(10): 101421.

[130] Zhang K, Duan Y, Zhu Z, et al. A coil structure applied in WPT system for reducing eddy loss[C]. PELS Workshop on Emerging Technologies: Wireless Power Transfer, Chongqing, 2017: 204-206.

[131] Boura A, Kulha P, Husak M. Simple wireless aid converter for isolated systems[C]. International Symposium on Industrial Electronics, Seoul, 2009: 323-328.

[132] 马运季. 磁耦合谐振式无线电能传输特性的分析与研究[D]. 兰州: 兰州交通大学, 2017.

[133] 富一博. 水下测量装置的无线电能传输技术研究[D]. 北京: 中国舰船研究院, 2015.

[134] Kan T, Mai R, Mercier P P, et al. Design and analysis of a three-phase wireless charging system for lightweight autonomous underwater vehicles[J]. IEEE Transactions on Power Electronics, 2018, 33(8): 6622-6632.

[135] Kan T, Zhang Y, Yan Z, et al. A rotation-resilient wireless charging system for lightweight autonomous underwater vehicles[J]. IEEE Transactions on Vehicular Technology, 2018, 67(8): 6935-6942.

[136] Orekan T, Zhang P, Shih C. Analysis, design, and maximum power-efficiency tracking for undersea wireless power transfer[J]. IEEE Journal of Emerging and Selected Topics in Power Electronics, 2018, 6(2): 843-854.

[137] Feezor M D, Sorrell F Y, Blankinship P R. An interface system for autonomous undersea vehicles[J]. IEEE Journal of Oceanic Engineering, 2001, 26(4): 522-525.

[138] Bradley A M, Feezor M D, Singh H, et al. Power systems for autonomous underwater vehicles[J]. IEEE Journal of Oceanic Engineering, 2001, 26(4): 526-538.

[139] Kojiya T, Sato F, Matsuki H, et al. Construction of non-contacting power-feeding system to underwater vehicle utilizing electro magnetic induction[C]. Europe Oceans, Brest, 2005: 709-712.

[140] McGinnis T, Henze C P, Conroy K. Inductive power system for autonomous underwater vehicles[C]. Oceans, Vancouver, 2007: 1-5.

[141] 李泽松. 基于电磁感应原理的水下非接触式电能传输技术研究[D]. 杭州: 浙江大学, 2010.

[142] Pyle D, Granger R, Geoghegan B, et al. Leveraging a large UUV platform with a docking station to enable forward basing and persistence for light weight AUVs[C]. Oceans, Hampton Roads, 2012: 1-8.

[143] Lin R, Li D, Zhang T, et al. A noncontact docking system for charging and recovering autonomous underwater vehicle[J]. Journal of Marine Science and Technology, 2019, 24(1): 902-916.

[144] 霍兆镜. 违规排污口侦测机器鱼的研究与设计[D]. 长沙: 长沙理工大学, 2013.

[145] 杨庆新, 张献, 李阳. 无线电能传输技术及其应用[M]. 北京: 机械工业出版社, 2014.

[146] 雷银照. 时谐电磁场解析方法[M]. 北京: 科学出版社, 2000.